Matemática Financeira e Comercial Para leigos

TAXAS DE JURO

Taxa de juro é uma maçaroca de conceitos e definições; existem dezenas de tipos de taxas e as suas aplicações podem produzir resultados muito diferentes. Quando estiver trabalhando com juro, faça com que a taxa seja muito bem explicada e entendida.

Taxas: Nominal; Efetiva; Real; de Câmbio; Desvalorização da Moeda; Inflação; Periódica; de Desconto; de Juro; por Dentro; por Fora; Equivalente; Over; Simples; Composta

Qualquer que seja a taxa aparente, sempre se pode calcular a Taxa Efetiva (custo real), ou seja, o que você está realmente pagando.

$$iq = [(1 + it)^{q/t} - 1] \times 100$$

Em que:
iq = taxa que eu quero
it = taxa que eu tenho
q = número de períodos que eu quero
t = número de períodos que eu tenho

JURO SIMPLES

O juro é simples quando é aplicado apenas sobre o capital inicial. Este tipo de juro tem enormes aplicações práticas, especialmente no setor bancário, pois tem características que se adaptam muito as operações de curto e curtíssimo prazo (um dia). Assim, para calcular o juro, usamos a seguinte fórmula:

$$J = VP \times i \times n$$

Em que:
J = juro
VP = capital emprestado ou valor presente
i = taxa de juro
n = número de períodos

Matemática Financeira e Comercial Para leigos

JURO COMPOSTO

O juro composto é também conhecido por juro capitalizado ou juro sobre juro, pois é calculado sobre o capital inicial e o juro do período anterior, um processo cumulativo conhecido como capitalização. Em outras palavras, o juro gerado em cada um dos períodos é incorporado ao principal para o cálculo do juro do período seguinte. No comércio, os consumidores enganam-se com os anúncios, iludindo-se, pois prestam atenção apenas no valor da prestação e, se ela cabe no bolso, o resto não importa e assim acabam pagando valores muito superiores ao valor à vista.

$$VF = VP \times (1 + i)n$$

Em que:
VF = valor futuro
VP = valor presente
i = taxa de juro
n = número de períodos

TIR – TAXA INTERNA DE RETORNO

A taxa interna de retorno é uma ferramenta mágica capaz de tornar a soma de todos os valores do fluxo de caixa, no instante zero, igual a zero. Perceba que a fórmula da TIR, das prestações (PMT) e do valor presente líquido (VPL) é a mesma. A TIR é a taxa mostrada na fórmula abaixo. Mas, desafortunadamente, para calcular esta TAXA você precisará do auxílio da calculadora ou do Excel. Para calcular pela fórmula você vai precisar da ajuda de, pelo menos, três engenheiros do ITA.

VPL – VALOR PRESENTE LÍQUIDO

Como o próprio nome indica o Valor Presente Líquido, é a soma, de todos os valores do fluxo de caixa, no instante "zero", descontados a uma determinada taxa de atratividade. Pelos conceitos que aprendemos neste livro, caso esta taxa de atratividade "zere" o fluxo de caixa, ela será chamada de TIR. Para relembrar, a TIR ou IRR em inglês, é uma taxa mágica, capaz de tornar a soma de todos os valores do fluxo de caixa, no instante "zero", igual a zero, ou seja, o Valor Presente Líquido será zero.

$$\underset{VPL}{VP} = PMT \, \frac{1 - (1 + i)^{-n}}{\underset{TIR}{i}}$$

Matemática Financeira e Comercial

Para leigos

Matemática Financeira e Comercial
Para leigos

Luis Roberto Antonik (Ph.D.)
Professor e executivo, autor de *Empreendedorismo: Gestão Financeira para Micro e Pequenas Empresas* e *Avaliação de Empresas para Leigos*

ALTA BOOKS
E D I T O R A
Rio de Janeiro, 2018

Matemática Financeira e Comercial Para Leigos®

Copyright © 2018 da Starlin Alta Editora e Consultoria Eireli. ISBN: 978-85-508-0028-8

Todos os direitos estão reservados e protegidos por Lei. Nenhuma parte deste livro, sem autorização prévia por escrito da editora, poderá ser reproduzida ou transmitida. A violação dos Direitos Autorais é crime estabelecido na Lei nº 9.610/98 e com punição de acordo com o artigo 184 do Código Penal.

A editora não se responsabiliza pelo conteúdo da obra, formulada exclusivamente pelo(s) autor(es).

Marcas Registradas: Todos os termos mencionados e reconhecidos como Marca Registrada e/ou Comercial são de responsabilidade de seus proprietários. A editora informa não estar associada a nenhum produto e/ou fornecedor apresentado no livro.

Impresso no Brasil — 2018 — Edição revisada conforme o Acordo Ortográfico da Língua Portuguesa de 2009.

Publique seu livro com a Alta Books. Para mais informações envie um e-mail para autoria@altabooks.com.br

Obra disponível para venda corporativa e/ou personalizada. Para mais informações, fale com projetos@altabooks.com.br

Produção Editorial	**Gerência Editorial**	**Produtor Editorial**	**Marketing Editorial**	**Vendas Atacado e Varejo**
Editora Alta Books	Anderson Vieira	**(Design)**	Silas Amaro	Daniele Fonseca
		Aurélio Corrêa	marketing@altabooks.com.br	Viviane Paiva
Produtor Editorial	**Assistente Editorial**			comercial@altabooks.com.br
Thiê Alves	Ian Verçosa		**Editor de Aquisição**	
			José Rugeri	**Ouvidoria**
			j.rugeri@altabooks.com.br	ouvidoria@altabooks.com.br

Equipe Editorial	Bianca Teodoro	Illysabelle Trajano	Juliana de Oliveira	Renan Castro

Revisão Gramatical	**Diagramação**
Vivian Sbravatti	Joyce Matos

Erratas e arquivos de apoio: No site da editora relatamos, com a devida correção, qualquer erro encontrado em nossos livros, bem como disponibilizamos arquivos de apoio se aplicáveis à obra em questão.

Acesse o site www.altabooks.com.br e procure pelo título do livro desejado para ter acesso às erratas, aos arquivos de apoio e/ou a outros conteúdos aplicáveis à obra.

Suporte Técnico: A obra é comercializada na forma em que está, sem direito a suporte técnico ou orientação pessoal/exclusiva ao leitor.

A editora não se responsabiliza pela manutenção, atualização e idioma dos sites referidos pelos autores nesta obra.

Dados Internacionais de Catalogação na Publicação (CIP)
Vagner Rodolfo CRB-8/9410

A635m   Antonik, Luis Roberto

         Matemática financeira e comercial: para leigos / Luis Roberto Antonik. - Rio de Janeiro : Alta Books, 2018.
         344 p. ; 17cm x 24cm.

         Inclui índice e apêndice.
         ISBN: 978-85-508-0028-8

         1. Matemática financeira. 2. Cálculo. 3. Conceito. I. Título.

                                           CDD 511.8
                                           CDU 51:336

Rua Viúva Cláudio, 291 — Bairro Industrial do Jacaré
CEP: 20970-031 — Rio de Janeiro - RJ
Tels.: (21) 3278-8069 / 3278-8419
www.altabooks.com.br — altabooks@altabooks.com.br
www.facebook.com/altabooks

Sobre o Autor

Luis Roberto Antonik é Doctor of Philosophy in Business Administration (Ph.D.), pela Florida Christian University em Orlando, Flórida. Mestre em Gestão Empresarial pela Escola Brasileira de Administração Pública (EBAP), da Fundação Getúlio Vargas do Rio de Janeiro. É graduado em Geografia, Ciências Econômicas e Administração. Autor de vários livros nas áreas de finanças, matemática comercial e filosofia. É professor e executivo de empresas.

Dedicatória

Dedico este livro para três pessoas importantes: Liris Rosalina Kröni Guerra, Paulo Norvaldo Negendang e Romano Berejuk. Eles me ajudaram no início da vida e carreira, comprovando que se você tiver paciência e dedicação, sempre é possível fazer de um menino pobre um cidadão.

Agradecimentos do Autor

Ao meu mentor e guru, estatístico e matemático, Glover Kujew, da FAE Business School.

Aos meus professores da Florida Christian University, Benedito Cabral de Medeiros Filho, Ph.D., P.D., C., Fernando Pianaro Ph.D., P.D., e Anthony B. Portigliatti, Ph.D.

Ao meu amigo Engenheiro Luiz Nicolaewsky, pela ajuda e orientação.

A Dione Patruni pela amizade, paciência e dedicação.

Sumário Resumido

Introdução 1

Parte 1: Um Pouco de História para Entender como Tudo Começou 9
- **CAPÍTULO 1:** Como Tudo Começou 11
- **CAPÍTULO 2:** Os Gênios que Atrapalharam a Ciência 17
- **CAPÍTULO 3:** A Matemática Comercial na Medição da Propriedade ... 23
- **CAPÍTULO 4:** O Gênio Pitágoras e o Desenvolvimento da Matemática ... 29

Parte 2: Conceitos e Fundamentos da Matemática Comercial 35
- **CAPÍTULO 5:** Os Fundamentos da Matemática Comercial e Financeira ... 37
- **CAPÍTULO 6:** Decimais 51
- **CAPÍTULO 7:** Frações 61
- **CAPÍTULO 8:** Porcentagens 71
- **CAPÍTULO 9:** Expoentes: um Cálculo Singelo com Aplicações Enormes ... 79
- **CAPÍTULO 10:** Logaritmos 85
- **CAPÍTULO 11:** Regra de Três e Razões e Proporções 89
- **CAPÍTULO 12:** Câmbio, Moedas, Razões e Porcentagens 105

Parte 3: A Base da Matemática Financeira 113
- **CAPÍTULO 13:** Conceito de Juros e Valor do Dinheiro no Tempo 115
- **CAPÍTULO 14:** Fluxo de Caixa 119
- **CAPÍTULO 15:** Taxas de Juros 129

Parte 4: Uma Viagem pelo Maravilhoso Mundo dos Juros 165
- **CAPÍTULO 16:** Notações, Abreviaturas e Juro Simples 167
- **CAPÍTULO 17:** Juros Compostos e suas Aplicações 179
- **CAPÍTULO 18:** Juros Compostos: Pagamentos e Prestações 203

Parte 5: Pagamentos Periódicos, Mas Não Uniformes, um Assunto para a Dupla VPL e TIR Resolverem 227
- **CAPÍTULO 19:** Séries de Pagamentos Não Uniformes 229
- **CAPÍTULO 20:** As Maravilhas do Valor Presente Líquido 239
- **CAPÍTULO 21:** A Maior Amiga dos Financeiros: a Taxa Interna de Retorno 255

Parte 6: Aprendendo a Calcular Variações e Desvios ... 271

CAPÍTULO 22: Divertindo-se com Variações e Taxas 273
CAPÍTULO 23: Desvios Percentuais: É Sempre Bom Saber 283

Parte 7: A Parte dos Dez 293

CAPÍTULO 24: Matemática Financeira e Comercial em Dez Passos............. 295

Apêndice: Formulário Utilizado Neste Livro.............. 317

Índice.. 323

Sumário

INTRODUÇÃO 1
    Sobre Este Livro.. 2
    Convenções Usadas Neste Livro 2
    O Que Você Não Deve Ler.. 3
    Só de Passagem.. 3
    Requisitos para ler este livro... 4
    Como Este Livro Está Organizado 4
        Parte I: Um Pouco de História para Entender como Tudo Começou.. 5
        Parte II: Alicerces, Conceitos e Fundamentos da Matemática Comercial e Financeira................................ 5
        Parte III: A Base de Toda Matemática Financeira: o Valor do Dinheiro no Tempo....................................... 6
        Parte IV: Uma Viagem pelo Maravilhoso Mundo dos Juros Simples e Compostos... 6
        Parte V: Pagamentos Periódicos, Mas Não Uniformes, um Assunto para a Dupla VPL e TIR Resolverem 6
        Parte VI: Aprendendo a Calcular Variações e Desvios 7
        Parte VII: A Parte dos Dez 7
    Ícones Usados Neste Livro 7
    De lá para cá, daqui para lá.. 8

PARTE 1: UM POUCO DE HISTÓRIA PARA ENTENDER COMO TUDO COMEÇOU.................................... 9

CAPÍTULO 1: Como Tudo Começou 11
    Pitágoras... 13
    Pitágoras, um Homem que Sabia Observar..................... 14
    Os Pitagóricos... 15

CAPÍTULO 2: Os Gênios que Atrapalharam a Ciência 17
    Platão: Conceitos Místicos Não Funcionam com Geometria....... 18
    Um Pouco Mais de História... 19
    Os Primeiros Passos da Matemática 19
    Os Gregos: Seres Maravilhosos 20
    Os Alienígenas São Chamados a Explicar os Fenômenos da Natureza 21

CAPÍTULO 3: A Matemática Comercial na Medição da Propriedade 23
    A Necessidade de Medir a Terra 24
    Entre Aprendizes e Feiticeiros... 27

CAPÍTULO 4: O Gênio Pitágoras e o Desenvolvimento da Matemática 29
    Simples, mas Genial 31
    Mais de Arquimedes... 32
    Da Geometria para a Matemática Financeira e Comercial 34

PARTE 2: CONCEITOS E FUNDAMENTOS DA MATEMÁTICA COMERCIAL 35

CAPÍTULO 5: Os Fundamentos da Matemática Comercial e Financeira 37
    Sinais e Convenções 38
    A Ordem das Operações Matemáticas 40
    Arredondamento 44
    Uma Breve Explicação sobre os Períodos de Tempo 44
    Calendário Gregoriano, de Que se Trata? 45
    Dias úteis. 46
    Uma Breve Explicação sobre a Apresentação de Valores 47

CAPÍTULO 6: Decimais 51
    O Poder de uma Simples Vírgula 52
        1226. 52
        1226, ... 53
        122,6 53
        12260, ... 53
    Como os Números se Formam 54
    Convertendo Números Fracionários em Decimais e Percentuais .. 56

CAPÍTULO 7: Frações 61
    Somando e Subtraindo Frações 62
    Somando Frações com Denominadores Diferentes 65
    Misturando Soma e Subtração de Frações 67
    Multiplicando Frações. 67
    Dividindo Frações 69

CAPÍTULO 8: Porcentagens 71
    O Que Exatamente Quer Dizer "Porcentagem"? 72
    Calculando Porcentagens com o Excel 73
    Como Calcular a Quantia Sabendo o Total e a Porcentagem ... 73
    Como Calcular a Porcentagem Sabendo o Total e a Quantia ... 74
    Como Calcular o Total Sabendo a Quantia e a Porcentagem ... 74
    Como Calcular a Diferença entre Dois Números com Porcentagem 75
    Aumentar ou Diminuir um Número em Determinada Porcentagem 75
    As Pizzas e a Matemática 76

CAPÍTULO 9: Expoentes: um Cálculo Singelo com Aplicações Enormes 79
    Como Trabalhar com Expoentes Sem a Calculadora 80
    Usando uma HP 12C no Cálculo de Expoentes.................. 81
    Expoentes Fracionários 82

CAPÍTULO 10: Logaritmos... 85
    Logaritmos e Expoentes, Qual a Relação? 86
    Uma Propriedade Fundamental dos Logaritmos 87
    Calculando Logaritmos no Excel............................... 88

CAPÍTULO 11: Regra de Três e Razões e Proporções 89
    Regra de Três 90
    Regra de Três na Prática Comercial............................. 90
    Regra de Três Composta: Simples e Fácil de Usar 90
    Razões e Proporções 92
    As Razões e Proporções Estão em Todos os Lugares 92
    Razões e Proporções para Comparar Grandezas................ 93
    Proporções na Vida Empresarial 94
    Divertindo-se com Razões e Proporções 97
    Alguns Exemplos de Proporções Usadas na Vida Comercial 97
    As Relações Diárias com as Grandezas Numéricas............. 99
    Divisões Diretamente Proporcionais 100
    Proporções Inversamente Proporcionais 102

CAPÍTULO 12: Câmbio, Moedas, Razões e Porcentagens........ 105
    Taxa de Câmbio.. 106
    O Que é Câmbio? 107
    Quem Regula o Câmbio no Brasil?............................. 108
    Vale a Pena Investir em Moeda Estrangeira? 110
    Câmbio Comercial.. 110
    Mercado de Câmbio 112

PARTE 3: A BASE DA MATEMÁTICA FINANCEIRA 113

CAPÍTULO 13: Conceito de Juros e Valor do Dinheiro no Tempo 115
    O Valor do Dinheiro no Tempo................................. 116
    Fundamentos do juro.. 116

CAPÍTULO 14: Fluxo de Caixa 119
    Tem Quem Goste de Fórmulas Matemáticas................... 120
    Por Que Precisamos Entender os Fluxos de Caixa? 121
    Formatos de Fluxos de Caixa 123
    Usando Fluxos de Caixa no Dia a Dia 125

Os Períodos Usados na Composição dos Fluxos de Caixa 126

CAPÍTULO 15: Taxas de Juros 129
Quantos São os Tipos de Taxas de Juros? 130
Taxa de Juros Simples 132
Taxas de Juros Simples ou Compostas 135
Taxa Efetiva de Juros: o Que Você Realmente Está Pagando 136
Taxa Efetiva de Juros e o Valor Futuro 137
Taxa Equivalente Composta 138
Brincando com a Taxa Equivalente Composta na HP 12C 140
Transformando Taxas Lineares/Simples em Efetivas/Compostas . 142
Taxa Real 143
A Taxa Real É Assustadora 145
Taxa Over 147
Cálculo de Empréstimos com Taxa Over 148
Taxas de inflação 148
Taxa de Inflação: ou Todos Mentem ou Erram Juntos 149
As aplicações dos índices de inflação 149
Entendendo os Principais Índices de Inflação 150
Como São Calculados os Índices de Inflação? 152
Índices de Inflação e o IBGE, este Herói Nacional 153
Índices de Inflação: uma Média de Médias 155
Taxa de Desvalorização da Moeda 157
A Relação do seu Salário com a Taxa de Inflação 158
Taxa por Dentro ou Taxa de Desconto 159
Taxa por Fora ou Taxa de Juro 162

PARTE 4: UMA VIAGEM PELO MARAVILHOSO MUNDO DOS JUROS 165

CAPÍTULO 16: Notações, Abreviaturas e Juro Simples 167
Uma Breve Explicação sobre Juros Simples e Compostos 168
Notações Técnicas e as Abreviaturas 168
Juros Simples: Parece Brincadeira de Tão Fácil 170
Aumentando o Número de Períodos 171
Juro Simples: Sempre Incidindo Sobre o Investimento Inicial 174
Compatibilizando os Períodos e as Taxas de Juro 175
Em Vez de Colecionar Fórmulas, Entenda os Conceitos 176
Valor Presente ou Capital Inicial 176
Taxa de Juro 177
Período do Empréstimo 177

CAPÍTULO 17: Juros Compostos e suas Aplicações 179
Sem Calculadora ou Excel Não Dá 180
Os Fundamentos do Juro Composto 180
Juros Simples e Compostos: a Semelhança Termina no
Primeiro Período 182

      Juro Composto: a Incidência da Taxa de Juro 184
      Taxas de Juros Compostos 185
      Juros Compostos: um Único Pagamento 187
      Preste Muita Atenção ao Aplicar a Taxa 188
      Entendendo a Lógica dos Juros Compostos...................189
      Redobre a Atenção na Aplicação da Taxa de Juros............191
      Um Modo Divertido de Dobrar o seu Dinheiro 194
      O Fantástico Euler e seus Números Mágicos..................196
      Equalizando Dívidas com Juros Compostos 199

CAPÍTULO 18: Juros Compostos: Pagamentos e Prestações ..203
      Uma Complicação: os Tipos de Prestações São Muitos.........204
      As Premissas sobre Prestações neste Livro....................205
      Quais Ferramentas São Usadas com as Prestações?...........206
            Tabelas 207
            Calculadoras Eletrônicas: uma Benção Divina..............209
            Planilhas Eletrônicas para Profissionais Exigentes 211
      Prestações sem Entrada 213
      Procura-se a Taxa de Juros Viva ou Morta 216
      Procura-se uma Prestação que Caiba no Bolso 217
      Não Deixe Espaços em Branco no Excel ou na Calculadora.....218
      Prestações com Entrada 221
      A Eterna Procura: a Taxa de Juros 223
      Quebrando a Cabeça para Fazer uma Boa Oferta 224

PARTE 5: PAGAMENTOS PERIÓDICOS, MAS NÃO UNIFORMES, UM ASSUNTO PARA A DUPLA VPL E TIR RESOLVEREM 227

CAPÍTULO 19: Séries de Pagamentos Não Uniformes 229
      Como Usar a Calculadora Eletrônica? 231
      Excel, Coisa de Profissional 232
      Brincando com Taxas de Atratividade.........................233
      Oportunidade Tem Custo? 234
      Como Definir uma Taxa de Atratividade 235
      Brincando com Séries de Pagamentos Não Uniformes.........235
      Quais São as Técnicas para Analisar Investimentos? 236
      VPL e TIR São a Mesma Coisa? 237

CAPÍTULO 20: As Maravilhas do Valor Presente Líquido......239
      Um Conceito Básico sobre VPL.................................240
      Mas Por Que Valor Presente Líquido?.........................242
      VPL na Calculadora: Mais Fácil, Impossível...................242
      Só para exigentes, VPL no Excel 243
      Um Exemplo Prático de Valor Presente Líquido 243
      Como Interpretar os Resultados do VPL.......................245
      Uma Arapuca no Seu Caminho: Despesa com Depreciação......245

O Que É Depreciação? 247
Se Estiver na Dúvida, Consulte um Contador. 247
Como a Depreciação Afeta os Fluxos de Caixa 248
Calculando Preços com a Técnica do Valor Presente Líquido 249
Calculando o Valor Presente Líquido de uma Perpetuidade 250

CAPÍTULO 21: A Maior Amiga dos Financeiros: a Taxa Interna de Retorno 255

Até Criancinha Faz esse Cálculo na Calculadora 256
Trabalhando com a Taxa Interna de Retorno 258
As Armadilhas dos Fluxos de Caixa Erráticos. 259
Mais de Uma ou Nenhuma TIR? 259
Aplicando a Taxa Interna de Retorno 261
Até Médico Pode Usar a Taxa Interna de Retorno? 261
Como Construir um Fluxo: Eis o Segredo. 262
Dê Asas à sua Imaginação e à TIR 264
Calculando a Taxa de Juro Efetivo em Empréstimos Bancários . . . 264
Não Importa o Modo de Fazer a Conta, as Taxas São as Mesmas. 265
Quanto Custou um Empréstimo? Use a Taxa Efetiva 266
Sem Excel Você Terá Mais Trabalho 267

PARTE 6: APRENDENDO A CALCULAR VARIAÇÕES E DESVIOS 271

CAPÍTULO 22: Divertindo-se com Variações e Taxas 273

Somar ou Diminuir Percentuais, Eis a Questão. 274
Não Decore Fórmulas, Exercite os Conceitos 275
Sucesso e Planilhas Eletrônicas: Amigos Inseparáveis. 277
Corrigindo Números Índices 278
Acompanhar Investimentos e Mercado: um Hábito Saudável . . . 279

CAPÍTULO 23: Desvios Percentuais: É Sempre Bom Saber 283

Não Tem Jeito, Algumas Coisas Você Tem que Decorar. 284
Esforços Recompensados 287

Acompanhando o Mercado Financeiro e de Commodities 289

PARTE 7: A PARTE DOS DEZ 293

CAPÍTULO 24: Matemática Financeira e Comercial em Dez Passos 295

    O Valor do Dinheiro no Tempo 296
    Taxas de Juro 298
    Juro Simples 300
    Juro Composto 301
    Calculadoras Financeiras 303
    O Excel e suas Funções Financeiras 305
    Prestações: Série de Pagamentos Uniformes 306
    TIR (Taxa Interna de Retorno) 308
    VPL (Valor Presente Líquido) 310
    Como Avaliar Aplicações Financeiras? 313
    Como Escolher o Seu Banco? 313
    Controlando Aplicações e Dados Pessoais 314

APÊNDICE: FORMULÁRIO UTILIZADO NESTE LIVRO 317

ÍNDICE 323

Introdução

A matemática acompanha a história do homem, evolui, e cresce com ele. A matemática comercial e financeira, por sua vez, mantém uma relação incestuosa com o mundo dos negócios, sejam quais forem. Foi aperfeiçoada nos últimos anos mas se aproximou mais das pessoas nos anos 1970 com o aparecimento das calculadoras e planilhas eletrônicas.

Do ponto de vista matemático, apesar de os cálculos parecerem elementares (as operações mais difíceis encontradas neste ramo da matemática são potências), eram muito difíceis de fazer, além do fato de que eram imprecisos. Uma continha básica, como calcular o valor presente de uma dezena de prestações, requeria o uso de tabelas previamente preparadas, interpolações e outras coisas muito complicadas.

Tão complicadas que a disciplina era conhecida como Engenharia Econômica, e seus cálculos mais sofisticados exigiam tanta destreza que apenas pessoas com sólida formação matemática, como os engenheiros por exemplo, poderiam atrever-se a resolvê-las.

Mas, graças a Deus e a tecnologia, isso é história. Com a planilha e a calculadora qualquer pessoa minimamente preparada pode executar todos os cálculos básicos. Mas atenção, os mercados comerciais e financeiros especializaram-se muito nos últimos anos, notadamente o segundo. Por conta dos níveis espetaculares de sofisticação, quando a questão exigir muito detalhe e complexidade, peça ajuda para um consultor especializado.

Neste livro você encontrará os conceitos e fundamentos da matemática comercial e financeira num tom lúdico e alegre. Para ser bom deve ser divertido. Procurei explicar todos os detalhes, alguns até excessivamente, mas o intuito é fazer com que pessoas sem nenhum contato com a área, mas com um conhecimento geral mínimo, possam ler e entender o seu conteúdo.

Espero que divirta-se lendo este livro, assim como eu me diverti quando o escrevi. Lembre-se da música da Cyndi Lauper: *girls and boys just want to have fun* (o "*boys*" eu acrescentei por minha conta).

Sobre Este Livro

Se já trabalha na área de negócios, em uma companhia minimamente organizada, provavelmente tenha acesso a todas as informações necessárias de pagamento, financiamento e análise de investimentos. Nas lojas de automóveis, por exemplo, percebo que, quando se negocia um pagamento com o vendedor, de R$ 20 mil por exemplo, ele logo saca uma tabela e pergunta: em quantas prestações quer fazer? Se responder em 24, ele procura na interseção da linha correspondente aos 24 meses, encontra um fator, multiplica pelos R$ 20 mil e diz: sua prestação será de R$ 1.118,26. Acontece que alguém estudou um livro como este que estou apresentando e compôs a tabela usada pelo vendedor. Mas se quiser saber quanto é o juro cobrado no financiamento, provavelmente terá que confiar na palavra dele.

Este livro permite fazer as duas coisas, análise dos números, taxas e períodos e também compor tabelas para serem usadas por pessoas que tenham outro tipo de inteligência, não comercial.

Assim, vou passando pelos conceitos, e, apesar de difícil, evitando fórmulas tanto quanto possível, tudo para que você adquira conhecimento e possa melhorar tanto na carreira quanto como consumidor, seja pessoa física ou jurídica.

Sinceramente, duvido que leia este livro de uma capa até outra. Pensando nisso, procurei fazer com que o leitor possa "pular" os assuntos que julga dominar. Aliás, essa modularidade é o ponto alto dos livros "Para Leigos".

Convenções Usadas Neste Livro

Este livro foi concebido para ser de fácil leitura e entendimento. Devo confessar que o assunto não é difícil, mas, como tudo, precisa de um certo treino. Os temas abordados são de extrema aplicação na vida pessoal, independentemente em que área trabalhem, e os assuntos são citados todos os dias em revistas e jornais, e não apenas nos especializados.

Aqui não há necessidade de consultar nenhum dicionário, pois todas as citações, nomes, siglas e significados são explicados detalhadamente de modo que qualquer um possa ler os textos e entendê-los. As explicações mais elaboradas estão nas caixas cinzas, no índice remissivo ou no próprio corpo do livro.

As convenções, notações e símbolos adotados são as mais próximas do dia a dia, de modo geral. Será possível constatar que me afastei um pouco do rigor matemático técnico, usando os termos do Excel e das calculadoras financeiras, em especial da HP 12C.

O Que Você Não Deve Ler

Abordo o assunto matemática financeira e comercial de modo gradativo e completo. Quer dizer, antes de falar em juro composto, o qual se utiliza largamente de potências, decimais e expoentes, por exemplo, fazemos um breve passeio de revisão destes temas. Caso se julgue conhecedor destes conceitos, recomendo passar adiante.

Entretanto, ao trabalhar com a matéria ao fim deste livro, poderá encontrar assuntos sobre os quais não lembre mais, desta forma sempre citarei onde poderá encontrar um complemento teórico para o assunto abordado.

Espero que entenda: a minha experiência como professor diz que conhecer o conceito de logaritmo é importante quando for calcular períodos de tempo, por exemplo. Você poderia dizer que o uso das calculadoras e do Excel simplificam estas questões nos dias de hoje. Eu tenho que concordar, entretanto, aquele que domina o conceito, pode muito mais assenhorar-se das ferramentas disponíveis e encontrar uma solução para o problema em estudo. Minha vivência ensina ainda que os profissionais que dominam completamente o Excel e a calculadora, quando fundamentados em conceitos, são os que fazem diferença no mundo dos negócios.

Só de Passagem

Acredito que separar minhas experiências e colocações daquilo que poderia ser considerado como tolo é um tanto difícil. Ademais, tudo que você considera tolice, os meus anos de vivência na área poderiam considerar importantes, e vice-versa.

Imagino que deva ter acesso a uma planilha Excel, pois elas estão em todos os computadores. Se não tiver uma calculadora financeira, compre logo a sua, além de chique dá um certo status. Por pura desinformação, algumas pessoas acham que esta ferramenta é um instrumento para especialistas, mas não é verdade. Também não importa a profissão, é impossível viver sem calculadora hoje, ao menos que abdique de uma parte da sua realidade. Recomendo, não faça como os comuns, em vez de somar alguma coisa na mão ou naquelas calculadoras xingling de R$ 2,00, alimentadas por bateria solar, some no Excel ou na HP 12C. Isso aumentará gradativamente os seus conhecimentos destas ferramentas espetaculares. Ademais, falando como executivo de empresas, se soubesse que nunca sequer olhou no Excel, mesmo que o estivesse contratando para um cargo de fisioterapeuta ou de psicólogo, você imediatamente estaria fora da lista. Essas profissões, por exemplo, são altamente dependentes da estatística, um dos pontos fortes de qualquer planilha.

Finalmente, a matemática usada neste livro nem mereceria ser chamada como tal, tão simples e elementar como é. Tratamos de pura aritmética, o básico do básico. Mas, sobretudo, não se apavore, sei que pode ler este livro, ademais, me esmerei para explicar todos os detalhes numa linguagem simples e acessível.

Requisitos para ler este livro

Para ler este livro não é preciso nenhuma das duas ferramentas: calculadora financeira ou Excel, pois todos os cálculos são minuciosamente explicados e representados por figuras e fórmulas. Em muitos casos, até uma figura da calculadora ou da planilha do Excel é inserida no texto, de modo a permitir ao leitor ver como a equação foi resolvida.

Entretanto, sempre digo de forma muito transparente e direta aos meus alunos das disciplinas de matemática financeira e comercial que o uso da calculadora financeira é indispensável nas aulas, sem ela não é possível acompanhar as aulas, muito menos trabalhar. Isso pode ser compensado pelo uso do Excel, caso não disponha da calculadora, ou seja, se o aluno puder contar com a planilha em tempo integral, a aula poderá ser desenvolvida da mesma forma. É claro que em contraste com o mencionado no parágrafo anterior, a minha afirmação justifica-se devido o aluno da disciplina ser obrigado a treinar os cálculos, sem os quais não será possível fazer a prova e os exames finais, o que não é o caso do leitor.

A respeito de conhecimentos necessários, nada aprofundado é exigido, pois a matemática aqui desenvolvida é básica e a maior dificuldade está na racionalização e composição do problema, entretanto, isso não está relacionado à matemática, mas à inteligência e vivência comercial do leitor, independente da área que atue.

Como Este Livro Está Organizado

De início, o livro conta um pouco da história da matemática, com curiosidades e informações recebidas dos precursores, como Pitágoras e Arquimedes. Os primeiros não tinham nada de gênios da matemática, eram, sim, excelentes observadores da natureza. Só de passagem, os gênios aparecerão no século XVI, com Newton, Euler e Descartes.

É claro que eu estou exagerando, mas você pode constatar isso por si mesmo. Posteriormente, como considero que os executivos se iniciam no trabalho anos após aprenderem as questões básicas, tomado por um impulso de ousadia, tento explicar algumas coisas fundamentais para o bom desempenho profissional, aquilo que costumo chamar de "matemática comercial elementar", ou seja: frações, decimais, proporções, regras de três, percentagens, raiz, potência e logaritmos.

Finalmente, após ter acesso ao básico, passamos a estudar os juros simples, composto e as prestações. Mas a parte alta do livro é o uso do VPL e da TIR. Essas duas técnicas, quando dominadas corretamente, combinadas com o uso do Excel e da calculadora, poderão fazer uma diferença enorme na sua empregabilidade.

De todo modo, seguem as partes do livro:

Parte I: Um Pouco de História para Entender como Tudo Começou

Nesta primeira parte do livro, é contada um pouco da história da matemática e a sua evolução. Falamos dos gregos, especialmente de Pitágoras (não sei se ele era um gênio, mas tenho que admitir que tinha um senso de observação da natureza maravilhoso). Acredita-se que a matemática tenha nascido da necessidade do homem medir o tamanho das suas terras, das distâncias entre cidades e também para poder contar o "troco", quando estivesse transacionando. Conto, finalmente, a evolução da matemática, que, como tudo, esbarrou na ignorância da religião e da política.

Parte II: Alicerces, Conceitos e Fundamentos da Matemática Comercial e Financeira

A matemática comercial e financeira foi construída baseada em elementos existentes no mundo da métrica e dos números. Assim, conhecer operações algébricas básicas é essencial. Dentre estas, destaco o conhecimento dos números decimais, das frações e das percentagens. Tais elementos são a base do comércio e das relações entre firmas e pessoas. Como complemento, operações matemáticas, tais como os expoentes e logaritmos, inventadas com o objetivo de simplificar os cálculos antes da existência das planilhas e das calculadoras largamente usados no comércio, também serão revisados. Finalmente, as operações elementares de razões, proporções e regras de três são revistas e estudadas. Para encerrar, um pouco de câmbio e conversão de moedas e uma brevíssima explanação sobre os períodos de tempo utilizados no mundo dos negócios.

Parte III: A Base de Toda Matemática Financeira: o Valor do Dinheiro no Tempo

Toda a matemática financeira está alicerçada sobre o conceito do valor do dinheiro no tempo. Neste capítulo, dedicamos uma longa reflexão ao conceito da usura e da manipulação do dinheiro. Depois, considerando que as calculadoras e o Excel fazem todas as operações de matemática financeira baseadas no conceito de fluxo de caixa, contando entradas e saídas de dinheiro, comparando-as entre si e calculando resultantes e taxas, estudaremos detalhadamente os chamados *cash flows* (do inglês, fluxo de caixa). Finalmente, desmitificaremos um assunto que parece complicado e difícil, pois recebe milhares de abordagens diferentes, especialmente na aplicação prática, assumindo diferentes formatos e aterrorizando os estudantes: as taxas de juros.

Parte IV: Uma Viagem pelo Maravilhoso Mundo dos Juros Simples e Compostos

Nesta altura do livro, já estamos calculando operações reais e dando exemplos práticos. Primeiro explicamos as notações técnicas, os símbolos e as abreviaturas, uma verdadeira maçaroca, porque cada autor cria a sua, justificando-as. Para não fugir à regra, também farei isso. Estudaremos como a matemática financeira funciona nos EUA, pois somos altamente influenciados pela literatura deles, sem falar que não raramente trabalhamos em suas filiais aqui no Brasil. Finalmente, os juros. Explicaremos o funcionamento dos juros simples e compostos, operações com um único pagamento ou com múltiplos, e as famosíssimas prestações, com e sem entrada.

Parte V: Pagamentos Periódicos, Mas Não Uniformes, um Assunto para a Dupla VPL e TIR Resolverem

Afinal o ponto alto dos cursos de matemática financeira, as espetaculares técnicas para analisar investimentos, preços e projetos de investimento, a *taxa interna de retorno*, carinhosamente apelidada por TIR e o *valor presente líquido*, cujo sisudo apelido é VPL. Nesta parte também são abordadas as chamadas taxas de atratividade, ou seja, o nível de rendimento esperado por um investidor para colocar dinheiro no negócio.

Parte VI: Aprendendo a Calcular Variações e Desvios

Uma das maiores dificuldades mostradas pelos alunos de matemática financeira e comercial é entender a avaliação numérica de metas e objetivos. Neste capítulo, aprenderemos a calcular as variações entre previsto e realizado, saber como compor taxas de juros e a corrigir valores e números usando as informações da Fundação Getúlio Vargas (FGV) e do Instituto Brasileiro de Geografia e Estatística (IBGE).

Parte VII: A Parte dos Dez

Nesta parte, faremos um resumo dos assuntos estudados neste livro em dez passos. Deste modo, quando precisar, basta ler este capítulo para recordar os temas abordados, sempre com a indicação do capítulo para aprofundar os conhecimentos. A primeira abordagem diz respeito às revisões importantes dos conceitos fundamentais de matemática financeira e comercial, sobre o valor do dinheiro no tempo e suas repercussões sobre empréstimos, financiamentos, taxas de juros e formas de capitalização de juro. Em seguida, faremos uma revisão das ferramentas usadas em matemática financeira, mais particularmente as calculadoras eletrônicas e a planilha Excel. Ao final, revisamos as técnicas mais sofisticadas e com grandes aplicações práticas, como as prestações, TIR e VPL.

Ícones Usados Neste Livro

É uma informação para você guardar, baseada na vivência do professor. Trata-se de algo para decorar e nunca mais esquecer.

Tome cuidado com as armadilhas da matemática financeira e comercial, lembre-se que elas dependem muito de outras disciplinas e precisamos ter atenção com estes detalhes.

É um tema para refletir e, se possível, tentar aprofundar seus conhecimentos a respeito.

De lá para cá, daqui para lá

Os assuntos abordados neste livro são muitos, e dominá-los profundamente vai lhe dar uma habilidade inigualável no trabalho, aumentando a sua empregabilidade. Deste modo, sugiro analisar os tópicos abordados aqui superficialmente, e se aprofundar naquilo que julgar mais importante para seus objetivos pessoais e profissionais.

De todas as maneiras, o livro foi construído para que possa lê-lo em partes, sem necessariamente iniciar pela parte um e terminar na seis. Evidentemente, se ler o livro inteiro, um assunto ajuda a embasar o outro e poderá formar uma base sólida para trabalhar em negócios e finanças.

Assim, se julgar que expoentes, decimais e logaritmos são pouco para a sua capacidade, passe para a frente e leia as partes nas quais acha que precisa melhorar.

Se estiver trabalhando com este assunto e ele não for uma mera curiosidade, aconselho que compre e leia outros livros *Para Leigos* sobre o mesmo tema. Se você tiver uma pequena capacidade para ler na língua inglesa, aproveite e compre os livros nesta língua, pois são muito fáceis de entender, estão escritos em linguagem básica, são lúdicos e ainda poderá "matar dois coelhos com uma só cajadada": aperfeiçoa a língua e estuda matemática financeira.

1 Um Pouco de História para Entender como Tudo Começou

NESTA PARTE...

Faremos uma breve viagem pela história, pesquisando como surgiram as primeiras formulações da matemática, decorrentes das necessidades dos homens de trocarem mercadorias e medirem a terra. As trocas tratam de cálculos elementares, no entanto medir a terra e estabelecer limites de propriedades é algo que requer um pouco mais de desenvolvimento histórico e aprofundamento matemático. Mas, como tudo na vida, a evolução da matemática também esbarrou na ignorância da religião e da política.

> **NESTE CAPÍTULO**
>
> Uma explicação divina para o desconhecido
>
> Pitágoras, um tremendo observador das leis da natureza
>
> A espetacular fórmula matemática de Pitágoras
>
> Os números dominam o universo
>
> A matemática e o cosmo

Capítulo 1
Como Tudo Começou

É peculiar nos homens: tudo aquilo que não conhece atribuir a Deus. Sempre foi assim, por séculos e séculos. Agora, nos tempos modernos, passaram a creditar também as naturalidades ou manifestações desconhecidas do universo aos alienígenas, especialmente as ligadas à matemáticas e à geometria. Embora os estudiosos e escolásticos discordem, a matemática foi inventada pelo homem com uma única finalidade: **negócios**.

Entretanto, vejamos um pouco da sua história. Caso você não tenha interesse nesta parte, recomendo que passe para a Parte II: alicerces, conceitos e fundamentos da matemática comercial e financeira, onde começam as aplicações práticas e os fundamentos da matemática comercial.

Este livro, por meio de uma pequena viagem ao maravilhoso mundo da matemática comercial, tem por objetivo mostrar que as manifestações numéricas são na maioria naturais. Acontece que a matemática permeia o universo; no cosmo tudo são números e durante a história antiga o homem observou a natureza e a partir de dado momento passou a descrevê-la. Um pouco desses escritos chegaram aos nossos dias, dando crédito aos seus autores como inventores ou descobridores da matemática, mas na verdade não sabemos, com certeza, se eram realmente gênios ou apenas "colocaram o que viam no papel", mas, ainda assim, temos sorte de ter alguns registros chegando até nossos dias. Isso mesmo, ao examinar a história poderá constatar que tivemos muito "mais sorte que juízo". Veja um exemplo maravilhoso disso: no século XII, um monge católico coletou uma série de pergaminhos antigos, cujo conteúdo ele não entendia muito bem, lavou-os, cortou-os e os reaproveitou naquilo que chamamos de palimpsesto, pois ele precisava de pergaminhos para escrever um texto litúrgico de 177 páginas.

Mal sabia ele que os escritos que estava apagando tratavam de trabalhos de um escriba anônimo que no Século X copilara as ideias e constatações de Arquimedes (287 a.C. – 212 a.C.), um grego que, entre outras coisas, foi matemático, físico, astrônomo e inventor genial, mas que passou para a história quando descobriu um enigma que lhe fora proposto pelo rei de Siracusa, cidade onde morava no sul da Itália, e foi lá que ele exclamou a famosa palavra: EUREKA.

FIGURA 1-1: A descoberta de Arquimedes.

Em 1840, um acadêmico francês chamado Constantine Tischendorf, que teria visitado a cidade de Istambul na Turquia, ficou intrigado com a escrita grega visível no palimpsesto católico do século XII, e deduziu se tratar de algo importante. E era. Os textos religiosos foram apagados na tentativa de descobrir o que havia sido registrado anteriormente, sem muito sucesso.

Só em 1906 descobriu-se que o palimpsesto continha um texto de Arquimedes que todos acreditavam estar perdido. Todavia, o mais interessante e incrível é que os textos apenas foram interpretados e traduzidos totalmente em 1998, com o uso de tecnologia e métodos de processamento de imagens digitais com ultravioleta, raio-X e infravermelho.

Muitos dos grandes matemáticos e geômetras do passado não foram mais que meros observadores da natureza e tiveram a sorte de passar suas observações para o papel, eternizando-se na história dos homens. Veja o exemplo de Pitágoras, um tremendo observador e que sabia pensar. Mas não os diminua, nem por isso eles deixam de ser gênios.

Pitágoras

Certo dia, ao observar uma pirâmide, o grego Pitágoras dividiu-a mentalmente ao meio (linha tracejada da Figura 1-2) e apenas com o olhar concluiu que os três lados do triângulo retângulo que restou, não eram iguais. Mediu os lados e concluiu ainda que a linha horizontal tinha três centímetros, a vertical tinha quatro centímetros e a perpendicular tinha cinco centímetros. E que esta proporção se mantinha sempre.

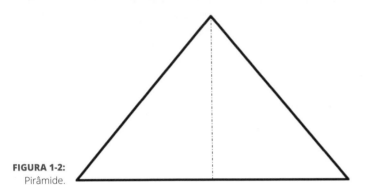

FIGURA 1-2: Pirâmide.

Não satisfeito em sua curiosidade, percebeu que poderia traçar três quadrados a partir destas linhas (a, b e c).

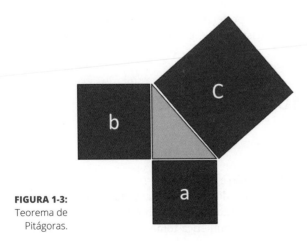

FIGURA 1-3: Teorema de Pitágoras.

CAPÍTULO 1 **Como Tudo Começou** 13

O TEOREMA DE PITÁGORAS

Pitágoras de Samos (570 – 497), matemático cuja vida sabemos pouco, pois está envolta em lendas e histórias. Entretanto, seus relatos matemáticos e principalmente registros chegaram até os dias de hoje. Sua maior contribuição é chamada de Teorema de Pitágoras, que estabelece a relação entre os comprimentos e lados de qualquer triângulo retângulo (Figura 1-3). O teorema diz que, em qualquer triângulo retângulo, o quadrado do comprimento da hipotenusa é igual à soma dos quadrados dos comprimentos dos catetos. A hipotenusa é o lado oposto ao ângulo reto (a linha mais comprida), e os catetos são os dois lados que o formam. O teorema também pode ser enunciado como uma relação entre áreas, ou seja, em qualquer triângulo retângulo, a área do quadrado cujo lado é a hipotenusa é igual à soma das áreas dos quadrados cujos lados são os catetos. A partir das deduções de Pitágoras, inúmeras outras aplicabilidades foram desenvolvidas, dando forma à matemática e são usadas até os dias de hoje.

Obsessivo e com grande capacidade de abstração, concluiu que a soma das áreas dos quadrados "a" e "b", eram iguais à área do quadrado "c" (Figura 1-3), daí concluindo a espetacular fórmula matemática:

$$a^2 + b^2 = c^2$$

Na verdade, como veremos adiante, outros povos, milhares de anos antes, já haviam pensado nisso, mas o documento de Pitágoras foi o único que chegou aos nossos dias com um formato mais didático e explicado. Então Pitágoras foi um gênio da matemática? Não sabemos; gênio da matemática mesmo foi Mileva Marić, Pitágoras foi um grande observador da natureza, pois a matemática contida no Teorema de Pitágoras não representa nada mais que uma manifestação da realidade do universo; não muitos podem ver, mas está lá. Qual o seu mérito então? Vários, pois além de demonstrar enorme sagacidade e inteligência para observar, descreveu a ideia em forma escrita. "Cego é aquele que não quer ver" diz o dito popular, porque muitos preferem fechar os olhos e ignorar o mundo a sua volta. Entretanto, mais triste ainda, é aquele que tudo enxerga e nada consegue ver.

Pitágoras, um Homem que Sabia Observar

Pitágoras ensinava: "com organização e tempo, acha-se o segredo de fazer tudo e bem-feito". Seus seguidores, chamados de pitagóricos, diziam que o universo é pleno de matemática e regido por estas relações. Observando os planetas e as estrelas, concluíram que uma ordem numérica toma conta do cosmo. Cosmo é o universo em seu todo, o conjunto de tudo que existe, desde as galáxias com milhares de estrelas até as menores ou mesmo ínfimas partículas subatômicas. Cosmo significa harmonia e ordem, o belo e a organização. Os Pitagóricos concluíram que o planeta Terra é redondo e se move, assim como os outros astros; falaram também que a Terra se rotaciona ao redor do seu próprio eixo. Mas a sua maior contribuição é ligada à geometria, ou seja, a posição e a forma de objetos no espaço e os referenciaram às relações que existem entre os lados do triângulo retângulo, o chamado de *Teorema de Pitágoras*.

Pitágoras é responsável por uma série infindável de conhecimentos que usamos hoje. Descobriu, por exemplo, que existe outra forma de calcular potências: por meio da soma de números ímpares. Ele descobriu que n^2 (qualquer número elevado ao quadrado) é igual a soma dos *n* primeiros números naturais ímpares (consulte `www.somatematica.com.br/curiosidades.php` para mais informações). Vejamos um exemplo para os quadrados dos números 6, 7, 8 e 9.

$6^2 = 6 \times 6 = \mathbf{36}$
$6^2 = 1+3+5+7+9+11 = \mathbf{36}$

$7^2 = 7 \times 7 = \mathbf{49}$
$7^2 = 1+3+5+7+9+11+13 = \mathbf{49}$

$8^2 = 8 \times 8 = \mathbf{64}$
$8^2 = 1+3+5+7+9+11+13+15 = \mathbf{64}$

$9^2 = 9 \times 9 = \mathbf{81}$
$9^2 = 1+3+5+7+9+11+13+15+17 = \mathbf{81}$

Os Pitagóricos

De acordo com os Pitagóricos, o princípio fundamental de todas as coisas são os números. Eles não "distinguem forma, lei, e substância, considerando o número como elo entre esses elementos. Para esta escola, existiam quatro elementos: terra, água, ar e fogo". Observando e pesquisando tais relações, eles definiram os fundamentos da matemática e da física.

A matemática está presente no universo, manifestando-se em diversas formas. É o alfabeto com o qual Deus escreveu o universo, disse Galileu Galilei. Aristóteles, por sua vez, afirmou ser ciência tudo que sofre a interferência do homem, transformando e alterando os objetos estudados. Observar o mapa estelar, simplesmente, não é ciência, é apenas uma constatação, já construir um telescópio para ver as galáxias, tudo tem de científico.

> **NESTE CAPÍTULO**
>
> Aristóteles e Platão atrapalharam o progresso da ciência?
>
> Como a distância entre as cidades ajudou a construir a matemática
>
> O osso é um objeto produzido pelo homem?
>
> Os gregos contribuíram muito para construir a matemática de hoje

Capítulo 2

Os Gênios que Atrapalharam a Ciência

Aliás, Aristóteles, magnífico filósofo, que tanto ajudou a humanidade com a sua genialidade, contribuiu muito para o atraso da ciência, pois, como não sabia observar e tampouco ler o alfabeto com o qual Deus escreveu o universo, baseado nas teorias alheias, deu muitos "palpites" (a palavra é ótima para definir sua posição quanto à astronomia), que atrapalhariam a vida de cientistas por milênios. Um exemplo disso foi quando adotou *a teoria de Eudoxo de Cnido*, segundo a qual a terra era o centro e os planetas giravam em torno dela. Como as posições tomadas pelo "grande" filósofo eram transformadas em lei, até mesmo quem pensava diferente, como Arquimedes, aceitou a concepção de Eudoxo.

TRÊS GREGOS GENIAIS

Aristóteles (384 – 322 a.C.), reconhecido como o pai da filosofia ocidental, é, sem dúvida, o grego mais famoso e admirado de todos os tempos. Foi filósofo, físico, metafísico, poeta e dramaturgo. Deixou grande legado na música, retórica, biologia e zoologia. Aluno de Platão, Aristóteles foi professor de Alexandre Magno da Macedônia.

Eudoxo de Cnido (390 – 338 a.C.), grego da cidade de Cnido, foi filósofo, matemático e astrônomo. Viajante, visitou o Egito, donde acredita-se que trouxe os conhecimentos para calcular o ano solar com mais exatidão, e que séculos depois seriam adotados pelo Papa Juliano com um ano de 365 dias e 1/4, valor usado pelo calendário juliano. Foi Eudoxo quem definiu o chamado Octateride, período de oito anos usado no calendário grego.

Platão (428/427 – 348/347 a.C.), foi aluno de Sócrates e professor de Aristóteles. Filósofo e matemático do período clássico da Grécia, fundou a academia de Atenas e escreveu diversos textos filosóficos que se constituíram nas bases daquilo que chamamos de filosofia natural.

Platão: Conceitos Místicos Não Funcionam com Geometria

Outro famoso que mutilou a ciência e especialmente a geometria com seus conceitos místico-filosóficos foi Platão. Seus pensamentos e conclusões baseados na religiosidade estavam errados e tiveram ação tão forte sobre a ciência que foram necessários dois mil anos para que René Descartes conseguisse romper a forma Platônica de pensar, isso apenas no século XVII. Platão acreditava que Deus a tudo geometrizava, assim a geometria ficaria limitada às formas traçadas pela régua e pelo compasso: figuras puras e infinitas. As outras figuras eram referidas como "mecânicas", ou seja, apenas poderiam ser formadas por movimento mecânico, sem serem infinitas ou perfeitas.

Einstein abstraiu que a luz não se propaga em linha reta, mas é desviada pelos campos gravitacionais e a ciência, por sua vez, comprovou por meio da matemática esta verdade, quebrando a teoria de Newton.

A ciência é sustentada por teorias que representam a confiança de uma explicação científica. "Essas teorias passam por um processo de observação, resultados repetíveis e por experimentos, para poder ganhar tal credibilidade. Caso contrário elas são rejeitadas, pois, para que uma área se configure numa ciência, é necessário que ela seja universal e as demonstrações matemáticas, por sua vez, são as mesmas em qualquer lugar e em qualquer época. Sendo considerada uma ciência exemplar e perfeita".[1]

Um Pouco Mais de História

A posse de uma porção de terra, a distância entre duas vilas ou a simples troca de um cavalo por cinco cabras foi determinante nos primeiros passos do homem em direção à matemática escrita e registrada. Entretanto, como estamos tratando da matemática escrita, é mais verossímil que a propriedade de extensões de terras tenha dado início na matemática formal, pois o instinto animal de "marcar território" remonta às nossas origens como seres pensantes. Ainda, nesta mesma linha, faz muito sentido também que entre os vários tipos e aplicações matemáticas, antes mesmo do escambo que obrigou o homem a "somar" e "diminuir", tenha aparecido a geometria, ou o estudo das formas, no modelo escolástico. Aliás, a palavra geometria tem como significado "medir a terra". Mas não restam dúvidas de que os primeiros passos práticos em direção aos números foram as trocas. Todavia, a matemática está presente em todo o universo: razões, proporções, sequências e formas geométricas fazem parte do nosso mundo.

ALGUNS MATEMÁTICOS ESPETACULARES

Mileva Mari (1875 – 1948) matemática sérvia de incrível capacidade, foi casada com Albert Einstein até 1914. Dizem, sem diminuir Einstein, que ele era capaz de abstrair o universo, mas apenas ela poderia desenvolver a formulação matemática dessas abstrações, por esta razão e gratidão, ele teria casado com ela.

Albert Einstein (1879 – 1955), físico teórico alemão, radicou-se nos Estados Unidos para fugir das perseguições nazistas aos judeus. Uma das maiores inteligências conhecidas de todos os tempos, Einstein desenvolveu um dos pilares da física moderna, a teoria da relatividade geral.

Os Primeiros Passos da Matemática

É provável que o relacionamento do homem com os números tenha tido origem com a fala, pois tamanho, distâncias e quantidades prescindem da escrita, assim, quando o homem começou a se comunicar passou a usar quantidades. O

---

[1] *Ciência da Matemática, A Importância da Matemática da Antiguidade ao Mundo Contemporâneo* — Adílio Livramento Santos, Ana Paula Cardoso, Marina Gomes Passos e Naianna da Silva Leite.

mais antigo objeto produzido pelo homem relacionado a matemática é o *osso de Lebombo*, com possível datação de trinta e sete mil anos, consistindo de 29 caracteres distintos (*notches*), marcados numa mandíbula de babuíno (fíbula).

Entretanto, especulações à parte, é difícil determinar o início, pois a ciência baseia-se em fatos e os documentos mais antigos nos foram legados por povos que escreveram sobre a pedra, como os babilônios e os egípcios, por exemplo. Os textos mais antigos relativos à matemática tratam de assuntos relacionados ao teorema de Pitágoras (embora esse grego maravilhoso só tenha nascido no ano 550 a.C.) e têm idade aproximada de quatro mil anos, como é o caso do Plimptom 322, com origem na Babilônia, datando de 1900 a.C., do Papiro Matemático de Moscou de 1890 a.C. e do papiro matemático Rhind de 2000 / 1800, estes dois últimos com origem no Egito.

Os Gregos: Seres Maravilhosos

Alguns outros, entretanto, muito mais recentes, escreveram sobre pergaminhos, a exemplo dos gregos a partir do século cinco antes de Cristo. Todavia, não é possível atribuir aos gregos a invenção da matemática ou a descoberta da geometria e menos ainda do cálculo, pois, ao que tudo indica, eles tiveram o grande mérito de "colocar no papel" aquilo que estudaram e tiveram competência de aprender junto aos outros povos, mas isso não significa necessariamente que foram eles, os helênicos, os descobridores. É mais verossímil que a escrita e o papel, somados à organização social alcançada pelos gregos, permitiram a manutenção de tais estudos deixando que os mesmos chegassem até os nossos dias. Vejamos, por exemplo, um dos mais antigos e fantásticos documentos matemáticos sobreviventes: os Elementos de Euclides, sem dúvida o mais importante compêndio matemático escrito pelo homem, o qual, ainda nos dias de hoje, tem enorme aplicação escolar, mas que provavelmente tenha sido uma compilação de outros documentos resumindo o conhecimento do homem, até então.

Ao que parece, a história é muito mais antiga do que a própria história conta. Como poderiam os povos americanos terem desenvolvido tamanho conhecimento astronômico e matemático, criando calendários perfeitos, quando lhes atribuímos, cientificamente, uma existência de pouco mais de mil e quinhentos anos? É de se supor que outra cultura, predecessora, tenha desenvolvido tais conhecimentos, a qual, por alguma razão, desapareceu. Os motivos? Poderiam ser naturais: asteroides, vulcões e terremotos, ou foram destruídos por outros povos sem cultura, mas com força militar, assim como fizeram os bárbaros europeus que a tudo destruíam em seu caminho na busca de metais preciosos; ademais, eles ainda trouxeram consigo, no seu rastro, o preconceito religioso, salgando a terra, queimando e erradicando a cultura local, a ciência e o conhecimento; tudo em nome de Deus. Deu no que deu, o que não estava gravado na pedra, foi destruído, e pior, deliberadamente.

Os Alienígenas São Chamados a Explicar os Fenômenos da Natureza

As culturas americanas inexplicavelmente eram tão avançadas que acabaram por dar origens a milhares de especulações de pessoas como Erick Von Danigen, um dos precursores da teoria de que alienígenas nos legaram os conhecimentos científicos. A contribuição para a matemática por meio da igreja católica é paradoxal. Ao mesmo tempo em que os monges compilavam documentos antigos e os armazenavam em suas bibliotecas, dogmas, superstição, ganância e ignorância mantiveram mentiras como verdades. Como, por exemplo, a concepção aristotélica do geocentrismo e da inquisição que condenou Galileu Galilei e Nicolau Copérnico (1473 – 1543). Este, astrônomo e matemático polonês que, ao desenvolver a chamada teoria heliocêntrica, enfrentou a inquisição por ter contrariado a igreja católica, que adotava a teoria geocêntrica defendida por Aristóteles como verdade. Sem tais bibliotecas não teríamos tido chance de conhecer a maioria dos estudos desenvolvidos pelos gregos e egípcios.

> **NESTE CAPÍTULO**
>
> A matemática na necessidade de medir a terra
>
> No princípio, a matemática era pura observação da natureza
>
> As triangulações e observações das formas piramidais

Capítulo 3
A Matemática Comercial na Medição da Propriedade

Voltando ao passado, quando o homem se tornou homem, isto é, antes de contemplar as estrelas e teorizar sobre o universo, ele exerceu um instinto animal, ainda hoje visto nos seres mais primitivos: a defesa e a marcação do seu território.

Desse modo, na evolução, chegou um tempo em que o homem concluiu: este território me pertence. Por outro lado, a autoridade instituída: rei, líder tribal, feiticeiro ou outra espécie qualquer de explorador de debilidades humanas, precisava cobrar impostos e impor regras. Mas como faria isso se a propriedade não era limitada e o volume daquilo que se produzia nesta mesma terra não podia ser medido?

A Necessidade de Medir a Terra

Inicialmente, para exemplificar a tese de propriedade, imagine uma família detendo certa porção de terra. A "área" em questão era delimitada por um rio, um caminho, uma colina e um bosque de árvores. Percebe-se na delimitação do território a figura imaginária de um quadrado, embora naqueles tempos isso ainda não fosse cogitado.

Mas esse quadrado ou retângulo precisou ser medido, em geral com três finalidades. Primeiramente para representar a propriedade de alguém (Figura 3-1). Depois para que a família pudesse ter aquilo como sua área de trabalho, exploração, pastoreio e plantio; e, em terceiro lugar, porque algum governante ou "senhor" necessitava cobrar impostos pela propriedade, ou garantir segurança ao súdito. Podemos supor, por lógica, que a primeira medida realizada foi feita com passadas, ou seja, os "lados" da propriedade representavam uma determinada quantidade de passos.

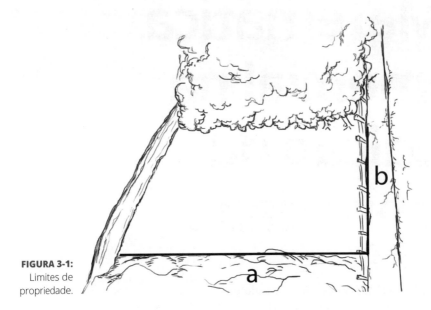

FIGURA 3-1: Limites de propriedade.

Assim, por hipótese, a linha entre o rio e o caminho, representava 750 passos (a) e a parte da terra fazendo frente ao caminho (b) tinha o comprimento de 500 passos. Entretanto, passos é uma medida muito pequena e, para facilitar o raciocínio e controles, o feiticeiro da comunidade, a pessoa mais "preparada", a qual supostamente detinha todo o conhecimento daquela época, mandou fazer uma corda com comprimento de 250 passos, e, com essa corda, o desenho ou "mapa da terra" terá a forma da Figura 3-1.

Desta maneira, o feiticeiro concluiu que a terra em discussão tinha três medidas com 250 passos pelo lado "a" e duas medidas pelo lado "b". Para saber a área do terreno, ele espertamente consultou alguns oráculos e depois traçou linhas imaginárias ligando os pontos, obtendo seis pequenas áreas (Figura 3-2). Pronto, estava criada a matemática, a propriedade tinha seis "quadrados" de tamanho que ele chamou de "porções". É claro que o feiticeiro não ficou satisfeito com isso, pois o desenho não ficava perfeito e a coisa toda parecia meio desconexa.

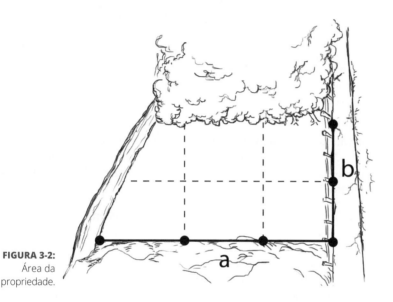

FIGURA 3-2: Área da propriedade.

Mas a conclusão a que ele chegara era satisfatória: **A = a × b**, ou seja: **A = 3 × 2**, o que resulta em **A = 6** porções de terra. Ainda, para poder melhor explicar e ensinar seu aprendiz, colocou o raciocínio no papel. É evidente que na prática as áreas sempre seriam um pouco erráticas e a medida realizada com a Figura 3-2 não estava muito dentro da conformidade, mas quando ele escreveu o seu raciocínio no papel, objetivando transferir o conhecimento ao aprendiz, o cálculo fazia sentido, como também resultava num método para medir a área de uma porção de terra. Doravante ninguém mais diria: "tudo isso é meu, até onde a vista alcança", mas sim: eu tenho 6 porções de terra.

Mais tarde ainda, alguém mais sábio diria que estas porções significariam hectares, acres ou alqueires.

Assim, escreveu o feiticeiro para o seu aprendiz: para medir uma área de terra, conte quantas medidas ela possui em um lado (cada medida tem 250 passos) e faça o mesmo com o outro lado correspondente. Uma vez que obtêve essas duas informações, basta apenas multiplicar o número de medidas de um lado pelo do outro: "**A = a × b**".

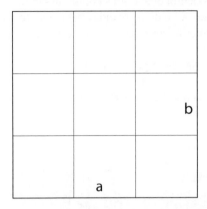

FIGURA 3-3: Medindo a área do quadrado.

$$A = a \times b$$

O aprendiz, muito feliz com a sua nova descoberta, sai a campo para fazer a primeira medida, entretanto, volta mais tarde com um problema maior: a área em questão não era quadrada, pois a parte superior do terreno tinha 1/3 a menos de comprimento (Figura 3-4).

Desde tempos imemoriais, é sempre assim: o professor é quem mais aprende na relação com os alunos. O feiticeiro pensou muito, fez alguns cálculos, comparações e concluiu que a área poderia ser calculada com base no mesmo conceito do quadrado, ou seja, multiplicando os lados. Entretanto, como eles não eram iguais, tirou a média, ou seja, um lado tem três medidas e o outro duas, somou as duas e dividiu por dois (sendo área = A e altura = h). Depois, multiplicou o resultado pela altura: A = h × [(a + b) / 2].

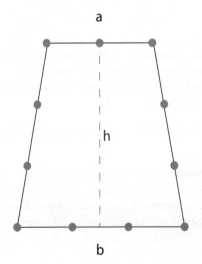

FIGURA 3-4: Pirâmide truncada.

Desse modo, o terreno teve a área assim calculada, sabendo que altura (h) é 3:
A = 3 × [(3 + 2) /2] que representa: A = 3 × 2,5, então A = 7,5 porções de terra.

Entre Aprendizes e Feiticeiros

Mas nada é pior do que um aprendiz de feiticeiro cioso de saber e preocupado em encantar seu mestre. Assim, ele apresentou ao seu mentor mais um problema. E se um dos lados não existisse, ou seja, se a área a ser medida fosse um triângulo? Contudo, depois que o feiticeiro aprendeu a deduzir o cálculo da área baseado no quadrado tudo ficou mais simples, pois trata-se apenas de adaptação.

Considerando que o feiticeiro já havia desenvolvido a tecnologia, o cálculo da área do terreno com forma de triângulo (ângulos iguais de 60°) foi facilmente realizado, chegando à conclusão que é de 6 porções. Explicando melhor: A = [(b × h) / 2]. Ou seja: A = (3 × 4) / 2, temos então que a área do terreno em forma de triângulo é igual a: A = 6. Esse último cálculo acabou por "teorizar" um pouco a questão, pois dificilmente conheceremos algum terreno em forma de pirâmide.

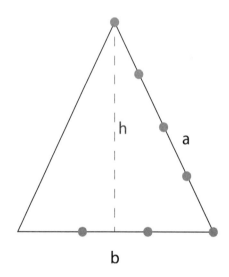

FIGURA 3-5:
Triângulo.

> **NESTE CAPÍTULO**
>
> Como calcular volume e área nos quadrados e círculos
>
> Usando quadrados para medir círculos
>
> Pi, uma constante matemática
>
> Arquimedes de Siracusa, um grego muito inteligente e observador

Capítulo 4
O Gênio Pitágoras e o Desenvolvimento da Matemática

Mas já que estamos falando de teoria, usaremos esses conceitos para calcular a área de um terreno "redondo"? Evidentemente que terrenos redondos não existem e o exemplo que se segue é apenas um esforço de teorização.

Na Figura 4-1, inserimos um círculo dentro de um quadrado, o qual, por sua vez, foi dividido em quatro partes iguais. Os chamaremos de "quadradinhos", tal como a Figura 4-2, e os utilizaremos como unidade de medida para o raciocínio que faremos em seguida.

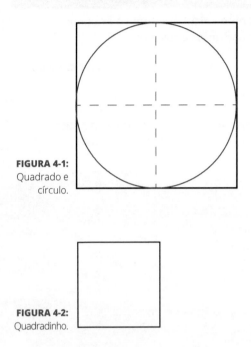

FIGURA 4-1: Quadrado e círculo.

FIGURA 4-2: Quadradinho.

Na Figura 4-1, a área do círculo é menor do que a área do quadrado (não confundir quadrado com quadradinho). Considerando que a nossa unidade (cada um dos quatro quadrinhos) tem uma "folga" de área, quando comparados com as quatro partes do círculo, podemos dizer seguramente que a área do círculo em questão é menor do que a soma das áreas dos quatro quadradinhos.

Por outro lado, se desenharmos um círculo e dentro dele colocarmos um quadrado, dividindo-o em quatro subquadradinhos, percebemos que a área de cada um destes subquadradinhos menores (tracejados) corresponde a meio quadradinho. Isso nos permite concluir que a área do círculo é maior que a área de dois quadradinhos. Para não perder o raciocínio, lembre que estamos trabalhando com quadrados, quadradinhos e subquadradinhos.

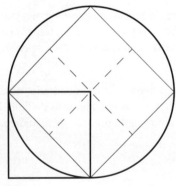

FIGURA 4-3: Quadrado e círculo.

30　PARTE 1 **Um Pouco de História para Entender como Tudo Começou**

Depois de todas essas elucubrações, concluímos que a área do círculo tem tamanho equivalente a área entre dois e quatro quadradinhos. Mesmo que tenha estudado esse assunto há muito tempo, sabe que o valor correto é de 3,1416 (π).

Mas não se apresse, por favor, pois o homem só chegará a essa conclusão milhares de anos à frente. Ora, se somarmos 4 e 2 e tirarmos uma média, obteremos a área de 3 ((4+2)/2) quadradinhos. Uma boa aproximação para os primórdios da matemática se você considerar que o número correto é 3,1416.

LEMBRE-SE

Como entender esse raciocínio é muito importante, repetiremos o cálculo para firmar o conceito. Toda matemática virá desta dedução. Vimos que os quatro quadradinhos somados têm área um pouco maior do que a área do círculo (Figura 4-1). Em seguida, vimos que a área do círculo é maior do que dois quadradinhos (Figura 4-3). Finalmente, deduzimos que a área do círculo é menor do que 4 e maior do que dois quadradinhos. Fizemos a média entre dois e quatro para encontrar o valor de três quadradinhos.

Simples, mas Genial

Entretanto, imaginemos por hipótese, pois os centímetros ainda não foram inventados, como visto na Figura 4-4. Sabemos que, ao multiplicar os lados de um quadrado, obtemos a sua área A = $a \times b$. Sabemos ainda que a área do círculo da Figura 4-3 é menor do que quatro quadradinhos.

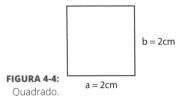

FIGURA 4-4: Quadrado.

Assim, para encontrar a área do círculo aplicaremos o seguinte processo: área do círculo = β × a × b, sabemos que o valor de "a" e de "b" é 2 cm, assim: área do círculo = β × 2 × 2. Deste modo resta achar o valor de "β", que sabemos ser menor do que quatro e maior do que dois; no raciocínio anterior estimamos grosseiramente em três. Deste modo, se fizermos a conta por estimativa e erro, chegaremos ao valor exato de 3,1416 (π). Você verá adiante que um grego genial chamado Arquimedes usou um processo parecido para encontrar o valor de *Pi* e que este valor é uma constante.

Explicando novamente em português. Na Figura 4-4, como cada lado do quadradinho tem 2 centímetros, a sua área é de 4 centímetros quadrados (2 cm × 2 cm). Do mesmo modo, o raio do círculo da Figura 4-3 tem 2 centímetros, assim, para calcular a área do círculo teríamos que multiplicar o raio ao quadrado (4 cm²), por π (3,1416), ou seja uma área de 12,57 centímetros.

Mas o animal homem é insaciável e não se contenta com aproximações tão grosseiras como as feitas até agora para encontrar o valor de três. Assim, outro feiticeiro, algum tempo depois, teve a ideia de fazer a mesma comparação da Figura 4-3, mas agora usando um hexágono, ou seja, em vez de um quadrado com quatro lados, uma figura com seis lados. Quanto mais figuras forem colocadas dentro do círculo, triângulos, por exemplo, menor será a área restante e assim mais nos aproximaremos do valor de Pi. Ademais, como já vimos anteriormente, calcular a área do triângulo é fácil.

Na Figura 4-5 pode-se perceber seis triângulos inseridos dentro do círculo. É possível notar ainda, comparando as Figuras 4-3 e 4-5, que a área que "sobra" entre os seis triângulos (a meia lua) é menor do que a área que sobra entre os quatro quadradinhos. Assim, calculando as áreas dos triângulos e somando-as, obteremos uma aproximação maior, em direção ao valor exato 3,1416 (π).

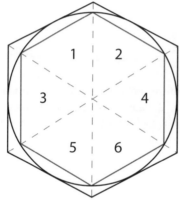

FIGURA 4-5: Cálculo da área do círculo.

Mais de Arquimedes...

Arquimedes de Siracusa, um observador incansável, realizou este cálculo por exaustão obtendo uma precisão impressionante quando inseriu uma figura com 96 lados dentro do círculo (nos exemplos inserimos uma figura com quatro lados e depois com seis lados). Arquimedes calculou a área de cada um deles, somou tudo e afirmou que o valor real estava situado entre 3,14 e 3,15. Vale lembrar que a letra grega "pi" (π), apenas foi introduzida como notação científica pelo mais fabuloso matemático de todos os tempos, Leonhard Euler, no século XVII.

MAIS MATEMÁTICOS FABULOSOS

Leonhard Euler (1707 – 1783) foi um matemático e físico suíço. Fez importantes descobertas em campos bem diversos, como o cálculo infinitesimal e a teoria dos gráficos. Ele também introduziu muito da terminologia matemática moderna e notação, em especial para a análise matemática, como a noção de uma função matemática. Mas Euler também é conhecido por seu trabalho em mecânica, dinâmica de fluídos, óptica, astronomia e teoria musical. Euler é considerado o matemático preeminente do século XVIII e um dos maiores matemáticos que já viveram. Ele também é um dos mais prolíficos; suas obras completas preenchem 80 volumes. Uma declaração atribuída a Laplace expressa a influência de Euler na matemática: leia Euler, leia Euler, ele é o mestre de todos nós.

Galileu Galilei (1564 – 1642), físico, astrônomo e matemático. Galileu é considerado como o pivô central da revolução científica iniciada no século XVI. Personagem controverso, é considerado o inventor do telescópio. Foi condenado pela inquisição por defender o heliocentrismo, contrariando a filosofia Aristotélica, cuja teoria havia sido adotada pela Igreja. Sua condenação foi revogada em 1983.

René Descartes (1596 –1650), matemático, físico e filósofo francês, se imortalizou em matemática e filosofia. Entre os seus feitos estão a geometria analítica e o sistema de coordenadas que leva o seu nome (coordenadas cartesianas). Escreveu um livro de matemática cujo prefácio, escrito por ele mesmo, chamava-se O Discurso do Método. Do livro ninguém mais lembra, entretanto, o prefácio tornou-se um dos livretos mais vendidos em todos os tempos, sendo considerado a base da ciência da administração.

Finalmente, após concluir que o nosso quadradinho, cujo comprimento do lado corresponde ao "raio" do círculo (linha tracejada da Figura 4-6), tem o cumprimento de 100 passos, basta apenas fazer o cálculo: $A = \pi \times r \times r$, ou como gostam de escrever os matemáticos: $A = \pi \times r^2$.

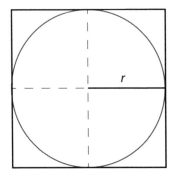

FIGURA 4-6: Raio do círculo.

Para exemplificar numericamente o cálculo do terreno "redondo", imaginemos que ele tenha um raio com 100 passos de comprimento, assim, sua área total será calculada como: $A = \pi \times r^2$, ou melhor: $A = 3,1416 \times 100^2$, ou ainda $A = 3.141,60$ passos quadrados. Mas isso é assunto para outro livro, voltemos às origens da matemática na sua mais pura essência: os negócios, afinal foi por conta disso que ela foi "inventada" se é que se pode assim dizer.

Da Geometria para a Matemática Financeira e Comercial

Você deve estar se perguntando o porquê de eu ter incluído uma história sobre o desenvolvimento da geometria, medidas de quadrados, triângulos e círculos em um livro sobre matemática financeira.

Acontece que esses desenvolvimentos da geometria requeriam grandes quantidades de cálculos, os quais, com as ferramentas que temos a nossa disposição nos dias de hoje, parecem banais, mas naquela época eram muito difíceis. Para exemplificar, imagine o cálculo de uma simples multiplicação de 485.394,89 por 91.935.029,15, a qual, por acaso resulta em 4,46248 elevado a 13ª potência. Já pensou em fazer essa conta sem uma calculadora? Daria um enorme trabalho e levaria horas. Assim, os geômetras e especialmente aqueles que tentavam medir áreas redondas e triangulares desenvolveram "facilitações" para que esses cálculos imensos fossem feitos à mão. Quais facilitações são essas? A principal é o logaritmo, mas também há a potência, os decimais, as porcentagens e as frações, apenas para mencionar algumas.

Isso mesmo, as propriedades de logaritmos permitem que em vez de somar números longos e complexos, você os some em uma operação muito mais fácil. Deste modo, você se diverte aprendendo um pouco da história da matemática, adquire mais cultura e passa a entender melhor a próxima parte, que aborda justamente as facilitações às quais me referi anteriormente: logaritmos e potências, por exemplo.

2 Conceitos e Fundamentos da Matemática Comercial

NESTA PARTE...

Os alicerces, conceitos e fundamentos da matemática comercial e financeira dependem de um conjunto pequeno de conhecimentos básicos e elementares conhecidos pelo homem há vários séculos, mas desenvolvidos comercialmente e cientificamente a partir do século XVI, como: decimais, frações, percentagens, expoentes e logaritmos. Estudaremos noções básicas da regra de três e suas aplicações comerciais, bem como suas primas irmãs: razão e proporção. Descobriremos também o funcionamento dos mercados de moedas e câmbio e a sua relação incestuosa com proporções e percentagens.

> **NESTE CAPÍTULO**
>
> Conceitos e fundamentos de matemática comercial e financeira
>
> Uniformizando sinais, notações e convenções
>
> Estabelecendo a ordem de prevalência das operações matemáticas
>
> Criando um padrão para arredondar e apresentar valores monetários
>
> Entendendo e aplicando os períodos de tempo

Capítulo 5

Os Fundamentos da Matemática Comercial e Financeira

Os alunos dos cursos de graduação voltados para negócios reclamam muito da disciplina "Elementos de Matemática". Na verdade, eles têm certa dificuldade para entender a razão de calcular raiz, potência, frações e logaritmos nos cursos de marketing, recursos humanos, economia, administração e contábeis. Aonde será usado tudo isso? Arrume um chefe e logo descobrirá isso.

Entretanto, a matemática nada mais é do que um processo de facilitação para melhor calcular as operações. Contam os livros que as operações fundamentais são quatro: soma, subtração, multiplicação e divisão. Na verdade, são apenas duas: soma e subtração. As demais operações, conforme veremos a seguir, são facilitações. Se você somar cinco, cinco vezes, terá vinte e cinco, para facilitar aprendemos a multiplicar 5 vezes 5 e obtemos 25.

Parece tolo, mas não é. Se tivesse que somar 5 quinhentas vezes, você muito provavelmente se perderia no caminho, assim, é muito mais fácil multiplicar 5 vezes 500 e obter 2.500. Facilitando ainda mais, para não ser obrigado a somar 5 cinco vezes, eleve 5 ao quadrado (2) e terá como resultado 25 (5^2 = 25). Mais simples ainda, eleve 50 ao quadrado e terá 2.500 (50^2 = 2.500).

Veja o caso dos logaritmos: as multiplicações são dificílimas de operar, especialmente se tiverem vários dígitos, assim elas podem ser substituídas por tabelas ou por somas, o que simplifica muito, pois a propriedade do logaritmo de um produto é a soma dos logaritmos dos fatores.

Deste modo, todas as operações estão conectadas às duas operações básicas: soma e subtração. Caso conheça um pouco da sua aplicação, poderá obter resultados mais facilmente e resolver problemas mais complexos.

Vejamos um pouco destas operações: decimal, fração, porcentagem, raiz, potência e logaritmo. Caso seja um expert nesses conceitos e já domine a matéria, passe para a Parte III, a base de toda a matemática financeira: o valor do dinheiro no tempo. Nesta parte já discutiremos o objeto final deste livro: a matemática financeira e comercial.

Sinais e Convenções

Nos cálculos matemáticos, é necessária grande atenção antes de efetuar as operações, observando os sinais e verificando a ordem de precedência de cada uma delas. Esses cuidados também devem ser observados quando estiver usando uma planilha eletrônica, Excel, ou uma calculadora científica programável, por exemplo.

FIGURA 5-1: Sinais utilizados para indicar multiplicação.

Inicialmente, tenha atenção para os sinais das operações, pois eles podem assumir diferentes formatos nas calculadoras e planilhas, conforme exemplo de multiplicação da Figura 5-1, ou seja, um ponto, um asterisco ou simplesmente o sinal de vezes. Na multiplicação, por convenção, não colocamos o sinal quando o multiplicador está ligado a um parêntese, por exemplo: VF = VP(1+i)^n. Perceba que, embora não tenhamos assinalado convencionalmente uma operação de multiplicação, o **VP** está multiplicando a parte de dentro dos parênteses **(1+i)**^{n}.

TABELA 5-1   Símbolos e Convenções

Símbolos	Convenções
+	soma
–	subtração
×	multiplicação
.	multiplicação
*	multiplicação
÷	divisão
/	divisão
a^x	potência
a ^ x	potência
(3)	número negativo
–3	número negativo
3	número positivo

Quando se tratarem de valores muito extensos, o Excel e a calculadora representam tais grandezas multiplicadas por mil, chamadas de **Notação Científica**, caso contrário, os números ficariam excessivamente grandes, tornando a sua leitura impossível. Veja a multiplicação 125.125.125 × 125.125.125 = 15.656.296.906.265.600. Difícil de ler, não? Então a calculadora e o Excel o apresentam no seguinte formato 1,56562969063**E16** (eu coloquei a parte final em negrito para chamar a sua atenção, a calculadora não fará isso). Qual o significado do final **E16**? Quer dizer que, se você multiplicar 1, 56562969062969063 por 1 seguido de 16 zeros, obterá o mesmo resultado, ou seja: 15.656.296.906.265.600.

Você poderia dizer que o universo tem 10.000.000.000.000.000.000.000 de estrelas, ou simplesmente poderia dizer que o universo tem 1,0**E21** de estrelas. Ou seja, 1, seguido de 21 zeros.

Por outro lado, se o número for muito pequeno como 0,000 000 000 000 000 000 000 012, usando a mesma lógica, pode representá-lo por $1{,}2^{-23}$, informando que entre as vírgulas existem 23 casas decimais.

Veja mais algumas convenções comuns que simplificam as operações, como por exemplo, numa soma: 4 + 4 = 8, matematicamente os números são representados por: $\frac{4}{1} + \frac{4}{1} = \frac{8}{1}$, mas, por convenção e pelo uso, há tempos eliminamos a indicação do denominador 1.

LEMBRE-SE

Da mesma forma, todos os números estão elevados a potência de **1**: $4^1 + 4^1 = 8^1$ embora os representemos simplesmente por 4 + 4 = 8. Isso é importante? Em matemática comercial é muito.

Quando escrevemos a raiz quadrada de um número, o dois da raiz não é colocado, $\sqrt{4}$ é igual a raiz quadrada de quatro. Mas, matematicamente, ele é representado por $\sqrt[2]{4}$. Já se estivéssemos trabalhando com a raiz cúbica de 27, a indicação seria mandatória: $\sqrt[3]{27}$. Assim, quando mais adiante estiver calculado períodos de juros e quiser eliminar uma raiz, estando na posse de uma calculadora eletrônica, o melhor e mais fácil é transformar a conta em potência: $\sqrt[3]{27}$, a regra diz, manter o radicando elevando-o ao inverso da raiz: $27^{1/3}$, então: $\sqrt[3]{27} = 27^{1/3}$.

A Ordem das Operações Matemáticas

Da mesma forma, como vimos na seção precedente Sinais e Convenções, ao efetuar algumas operações não colocamos os parênteses para indicar esta precedência, pois já sabemos que a multiplicação e a divisão prevalecem sobre a soma e a subtração: 3 + 4 × 2 = 11. O melhor, para evitar erros, é colocar parênteses em tudo, por exemplo 3 + (4 × 2) = 11, ao contrário poderia cometer um deslize imperdoável, alterando significativamente o resultado:

3 + 4 × 2 = 11

3 + (4 × 2) = 11

(3 + 4) × 2 = 14

As raízes e as potências têm preferência então, quando encontrá-las em operações com multiplicações e divisões, resolva-as primeiro:

$3 + 5^2 = 28$, porque $3 + (5^2) = 28 \; 3 + (5 \times 5) = 28 = 3 + 25 = 28$

$3 \times 5^2 = 75$, porque $3 \times (5^2) = 75 \; 3 \times (5 \times 5) = 75 = 3 \times 25 = 75$

TABELA 5-2   Ordem das Operações

ORDEM	O QUE FAZER	EXEMPLO
Primeiro	Resolva da esquerda para a direita	$\Rightarrow 2 \times 3 \times 4 + 3 = 27$
Segunda	Resolva o que está dentro dos parênteses e dos agrupamentos	$(x + x)$; $\{a + a\}$; $[c + c]$; agrupados pelo traço de fração $\frac{6}{3}$; agrupados pelo símbolo de radical $\sqrt{2+3}$
Terceiro	Resolva as potências e raízes	4^2; $\sqrt[3]{9}$
Quarto	Resolva as multiplicações e divisões	$3 \times 4 + 3 = (3 \times 4) + 3 = 12 + 3 = 15$
Quinto	Resolva as somas e subtrações	$2 + 3 + 4 - 3 = 6$

Veja como funciona:

2 + 3 − 4 + 7 − 6 − 2 + 8 =

5 − 4 + 7 − 6 − 2 + 8 =

1 + 7 − 6 − 2 + 8 =

8 − 6 − 2 + 8 =

2 − 2 + 8 =

8

Qual resultado você julga ser o correto (do site www.profcardy.com)?

12 ÷ 4 × (2 + 4) = 18

12 ÷ 4 × (2 + 4) = 2

Considerando que devemos iniciar as operações pela esquerda, mas resolver primeiro o que está agrupado, ou seja, dentro dos parênteses, o resultado correto seria 18.

12 ÷ 4 × (2 + 4) = 12 ÷ 4 × 6 = 3 × 6 = 18

Vamos exemplificar cada uma delas para melhor entender os conceitos, seguindo os passos indicados.

Primeiro: resolver da esquerda para a direita, mantendo as ordens de precedência que enumeramos anteriormente.

12 ÷ 4 × (2 + 4) + 7 =

12 ÷ 4 × 6 + 7 =

3 × 6 + 7 =

18 + 7 = 25

Segundo: resolva o que está dentro dos parênteses, chaves, colchetes e os agrupamentos, como: (x); [x]; {x}; agrupados por fração ($\frac{6}{3}$) e também os agrupados pelo símbolo de radical $\sqrt{3+6}$. Assim, nos agrupamentos pré-definidos pelo uso dos parênteses, chaves ou colchetes, obedeça a seguinte ordem de precedência:

$\{[(6 + 12) - (9 - 3)] + 3\} + 6 - (3 + 18) =$

$\{[18 - (9 - 3)] + 3\} + 6 - (3 + 18) =$

$\{[18 - 6] + 3\} + 6 - (3 + 18) =$

$\{12 + 3\} + 6 - (3 + 18) =$

$15 + 6 - (3 + 18) =$

$21 - (3 + 18) =$

$21 - 21 = 0$

Se estiver trabalhando no Excel, utilize apenas os parênteses, dispensando as chaves e os colchetes. O exemplo aqui mostrado é apenas ilustrativo, também poderíamos tê-lo construído apenas com parênteses e o resultado seria o mesmo.

Caso esteja trabalhando com uma fração, faça primeiro os cálculos necessários no numerador e no denominador, depois resolva a fração.

$$\frac{3+9}{6+3} = \frac{12}{9} = \frac{2}{3}$$

Entretanto, se a equação contiver uma fração, resolva-a primeiro e depois continue os demais cálculos:

$\frac{3+6}{3} + 4 \times 2 - 3 =$

$\frac{9}{3} + 4 \times 2 - 3 =$

$3 + 4 \times 2 - 3 =$

$3 + 8 - 3 =$

$11 - 3 = 8$

Terceiro: nas equações contendo radicais e potências, usando os critérios de precedência que vimos anteriormente.

$\sqrt{4+12} + 2 =$

$\sqrt{16} + 2 =$

$4 + 2 = 6$

E, caso o radical contenha alguma potência, mantenha a mesma ordem: primeiro os agrupamentos, depois as outras operações pela ordem:

$\sqrt{(2+1)^2} + 2^2 \times 4 =$

$\sqrt{(3)^2} + 2^2 \times 4 =$

$\sqrt{9} + 2^2 \times 4 =$

$3 + 2^2 \times 4 =$

$3 + 4 \times 4 =$

$3 + 16 = 19$

Quarto: efetuaremos os cálculos das divisões e multiplicações seguindo a mesma ordem de prioridade, começando com as operações da esquerda:

$25 \div 5 \times 7 \times 2 =$

$5 \times 7 \times 2 =$

$35 \times 2 = 70$

Quinto: finalmente, o mais fácil ficou para o final, pois resta testar os cálculos que envolvem somas e subtrações, mas lembre-se: faça sempre os cálculos iniciando da esquerda para a direita:

$6 - 4 + 2 + 5 - 1 =$

$2 + 2 + 5 - 1 =$

$4 + 5 - 1 =$

$9 - 1 = 8$

Sexto: chegou a hora do teste final para verificar se absorvemos todos os conceitos:

$(2+2) \times (\sqrt{2+1})^2 + (3^3 - 19) \div \frac{8}{2} + 1 =$

$(2+2) \times (\sqrt{3})^2 + (3^3 - 19) \div \frac{8}{2} + 1 =$

$(2+2) \times 3 + (3^3 - 19) \div \frac{8}{2} + 1 =$

$(2+2) \times 3 + (3^3 - 19) \div 4 + 1 =$

$(2+2) \times 3 + (27 - 19) \div 4 + 1 =$

$4 \times 3 + 8 \div 4 + 1 =$

$12 + 8 \div 4 + 1 =$

$12 + 2 + 1 =$

$14 + 1 = 15$

É claro que não precisa fazer os cálculos tão cuidadosamente como exemplifiquei, muito pode ser simplificado sem alterar o resultado da operação. Em qualquer caso, lembre-se: não economize nos parênteses, eles serão de grande auxílio nas contas, especialmente se estiver trabalhando no Excel.

Arredondamento

Na matemática financeira e comercial, utilizamos muitos arredondamentos. As calculadoras, como a HP 12C podem ser programadas para mostrar quantas casas decimais quiser (assunto que veremos na parte dedicada aos Decimais). Assim também acontece nas planilhas eletrônicas. Entretanto, na legislação brasileira não existem "milésimos de Real", devemos contar apenas até o centésimo: R$ 25,34, ou seja, fazemos as contas com todas as casas decimais e posteriormente arredondamos segundo as regras da numeração decimal (ABNT NBR 589 — não é lei, apenas uma recomendação), esse é o critério usado nas práticas comerciais.

Vejamos um exemplo prático. Após efetuar todos os cálculos, chegamos ao resultado de R$ 25,343434.

A regra geral, universalmente adotada, ensina que deve ser usado o "arredondamento estatístico", ou seja, se a terceira casa decimal for um número entre 0 e 4, simplesmente se despreza a fração resultante. Já se o número estiver entre 5 e 9, a segunda casa decimal é arredondada em um centésimo, veja os cálculos:

R$ 25,343434........=	R$ 25,3**4**
R$ 25,348922........=	R$ 25,3**5**
R$ 25,341943........=	R$ 25,3**4**
R$ 25,995326........=	R$ 26,0**0**

Assim, para o valor R$ 25,343434, simplesmente eliminamos os números restante e teremos:

R$ 25,34.

Uma Breve Explicação sobre os Períodos de Tempo

Na universidade que trabalho, uma hora de aula tem cinquenta minutos. Você já viu isso? Uma hora tem sessenta minutos, caso contrário não é uma hora. Mas todas as escolas são assim. Quem trabalha cinquenta minutos está dedicando

1/6 a menos do seu tempo ou 16,67%. Por que isso acontece? Nós estamos sempre inventando novas unidades de medida para atender necessidades específicas fora dos padrões e isso dificulta o entendimento dos problemas.

Com os períodos da matemática comercial e financeira, isso não é diferente. Inventamos todos os tipos de calendários, servindo cada um a sua função maior: confundir a cabeça dos consumidores.

Dezembro 2014

Dom	Seg	Ter	Qua	Qui	Sex	Sab
	1	2	3	4	5	6
7	8	9	10	11	12	13
14	15	16	17	18	19	20
21	22	23	24	25	26	27
28	29	30	31			

FIGURA 5-2: Calendário.

Calendário Gregoriano, de Que se Trata?

Segundo o Calendário Gregoriano, introduzido no século XVIII pelo Papa Gregório e largamente usado no ocidente (com exceções), o ano tem 365 dias. Entretanto, os anos divisíveis por quatro têm um dia a mais, ou seja, 366 dias, como por exemplo 2008, 2012 e 2016. Assim, pela regra, os anos 2009, 2010, 2011, 2013 e 2014 têm 365 dias. Ainda, os anos múltiplos de cem, divisíveis por 400, também têm 366 dias, ou são bissextos, como o 2000, mas não será o caso do ano de 2100. Por convenção, estipulamos que o ano comercial tem 360 dias, uma diferença considerável se pensar que um ano bissexto tem 366 dias.

No setor bancário, é muito usado o conceito de dias úteis, deste modo, para calcular determinadas taxas de juro, um ano tem 252 dias úteis fixos (veja exemplos na Parte III, Capítulo 15), pois, nos anos 1980, as altas taxas de juros do chamado *overnight*, agravadas pela espetacular inflação, levaram o Banco Central a adotar este sistema de 252 dias úteis para operações financeiras.

Quanto aos meses do ano, os ímpares têm 31 dias, exceto agosto que também tem 31 dias. Já o fiel da balança, o mês usado para fazer todos os ajustes, fevereiro tem 28 dias, o qual será acrescido de um dia nos anos bissextos, passando a ter 29 dias.

CAPÍTULO 5 **Os Fundamentos da Matemática Comercial e Financeira**

Dias úteis

Entretanto, o mais complicado de tudo são os chamados dias úteis. Para efeitos comerciais, qualquer dia é útil desde que não seja domingo ou feriado (Art. 175 do Código de Processo Civil), isso já começa um grande problema, pois os feriados variam de município e também de estado. Ademais, muitas empresas e prestadores de serviço como bancos, por exemplo, especialmente as áreas burocráticas, não contam o sábado como dia útil. Em alguns países, especialmente nos de religião muçulmana e judaica, usa-se a sexta-feira e o sábado no lugar do nosso sábado e domingo.

O dia útil é contado a partir do final do dia seguinte. Por exemplo, você recebe um documento na sexta-feira e tem prazo de três dias úteis para responder, isso quer dizer que poderá entregar a resposta até o final do expediente de quarta-feira. Também é muito usado o prazo de dias corridos: no exemplo anterior, se o prazo for de cinco dias corridos, terá que entregar a resposta também até quarta-feira.

Para calcular o número de dias corridos entre datas de assinatura e vencimento de operações financeiras, é melhor usar a planilha Excel. Essa função também é usada na maioria das calculadoras financeiras. Mas cuidado, evite usar planilhas ou softwares para calcular dias úteis, pois a chance de errar é muito grande e poderá perder um prazo de vencimento importante.

Em qualquer caso, muita atenção e cuidado com o assunto, deixando todas essas questões especialmente claras nos contratos que administrar.

TABELA 5-3 **Contagem de Períodos**

Ano	Dias
Ano comercial	360 dias
Ano normal	365 dias
Ano bissexto	366 dias
Mês comercial	30 dias
Mês normal	28, 29, 30 ou 31 dias

Uma Breve Explicação sobre a Apresentação de Valores

É muito comum, ao ler o jornal, encontrar resultados econômicos e financeiros como balanço patrimonial e demonstração de resultados do exercício, tudo para dar aos acionistas maior transparência sobre as contas e resultados da administração.

Embora não exista uma regra rígida, para facilitar a leitura e deixar os relatórios menos "poluídos", os contadores costumam simplificar os números, ou melhor, deixá-los menores. De tais publicações, podemos fazer três observações importantes. Em primeiro lugar, é sempre indicado em qual moeda as demonstrações estão representadas, normalmente o Real (R$). Posteriormente, os contadores indicam também qual é o tipo da moeda, e valores correntes também são os costumeiramente adotados. Finalmente, há a indicação de uma possível simplificação ou diminuição dos números, entre parênteses (R$ mil). Veja um exemplo na Tabela 5-4.

TABELA 5-4   Demonstração do Resultado do Exercício

Item	2016	2015
Receita Operacional Bruta	R$ 6.457,62	R$ 6.419,27
Deduções da Receita Operacional Bruta	-R$ 750,16	-R$ 699,13
Receita Operacional Líquida	R$ 5.707,46	R$ 5.720,14
Custo da Mercadoria Vendida	-R$ 4.070,87	-R$ 4.072,74
Lucro Operacional Bruto	R$ 1.636,60	R$ 1.647,40
Despesas com Vendas	-R$ 573,03	-R$ 583,84
Despesas Gerais e Administrativas	-R$ 45,97	-R$ 80,34
Depreciação	-R$ 124,37	-R$ 68,35
Resultado Financeiro	R$ 893,22	R$ 914,87
Outras Receitas/Despesas não Operacionais	-R$ 181,22	-R$ 190,24
Lucro antes do IR e da CSLL	R$ 712,00	R$ 724,63
IR e Contribuição Social	-R$ 85,44	-R$ 86,96
Lucro Líquido do Exercício	R$ 626,56	R$ 637,68
Margem Líquida	15%	16%

Valores Correntes do Ano de 2015 (R$ mil)

Das observações iniciais, surgem algumas questões;

» Qual a diferença entre um valor nominal ou corrente e um valor datado?
» Como fazer para indicar a moeda em R$ mil?

O sistema de contabilidade brasileiro simplesmente soma os valores das receitas da empresa, dia a dia, mês a mês, e os apresenta. Por exemplo, a Receita Operacional Bruta do ano de 2016, no valor de R$ 6.457,62 é a simples e direta soma da receita de janeiro, fevereiro, até dezembro. Em matemática financeira, há um princípio que não deve fazer tal procedimento: para somar dois valores, eles precisam, necessariamente, estar no mesmo instante de tempo. Então, não seria possível somar a receita de janeiro com dezembro. Entenda melhor esse assunto lendo o Capítulo 13.

Então a contabilidade está errada? Nunca. Aliás, deixa eu te contar um segredo: na dúvida, sempre consulte a contabilidade, eles sempre estão certos. Acontece que esse é o modo de fazer as demonstrações financeiras, segundo os princípios normalmente aceitos de contabilidade.

LEMBRE-SE

Os princípios geralmente aceitos de contabilidade são os chamados GAAP, do inglês *General Accept Accounting Principles*. Cada país adota o próprio GAAP, mas, devido à globalização, nos últimos tempos as regras têm convergido, muito embora ainda estejamos distantes de um padrão mundial. Quer dizer que os mesmos números podem gerar resultados diferentes se mudar a regra de contabilização? Isso mesmo, o GAAP americano é conhecido por sua rigidez, assim, é possível apurar um lucro no Brasil e, ao transformar para o padrão americano, os mesmos números virarem prejuízo.

Resumindo esse ponto, existem dois tipos de valores, os correntes, também chamados de valores nominais e os datados. Os valores datados são os valores "daquela data indicada".

Analisando a Figura 5-3, pode-se perceber que o valor a direita, de R$ 2.028,07, tem data certa, ou seja, é uma moeda do dia 30 de abril. Ele foi obtido porque "levamos" as parcelas de janeiro, fevereiro e março até abril e depois somamos tudo. Entretanto, para "mover" o dinheiro no tempo é preciso uma taxa de juro associada de, no caso, 3% ao mês. Já o valor a esquerda, de R$ 2.000,00 é um valor corrente, pois neste caso simplesmente somamos os quatro valores de R$ 500,00, assim como fazemos em contabilidade.

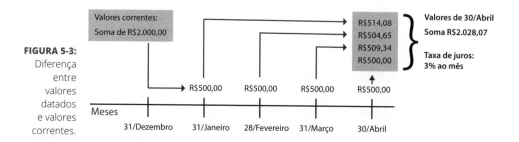

FIGURA 5-3: Diferença entre valores datados e valores correntes.

A partir de agora, comece a prestar atenção nas demonstrações financeiras e perceba como os contadores nunca deixam de indicar a moeda. O outro ponto é que, para facilitar a leitura e ficarem menos poluídos, os relatórios costumam apresentar os resultados em outros formatos, assim como a Tabela 5-4, mostrando números em R$ mil. Qual o seu significado? Na verdade, eles simplesmente foram divididos por mil.

Analise a Tabela 5-5 e veja que, com um resultado de dois bilhões, a leitura fica difícil, pois são muitos dígitos, então, a apresentação no formato de *R$ milhão*, permite uma leitura mais simples e palatável. Qual o número correto? O valor em Real (R$), é claro.

TABELA 5-5 Formatos de Apresentação de Moeda

Moeda	Apresentação
R$ 2.345.683.987,32	Real (R$)
R$ 2.345.683,99	Real mil
R$ 2.345,68	Real milhão

CAPÍTULO 5 **Os Fundamentos da Matemática Comercial e Financeira** 49

> **NESTE CAPÍTULO**
>
> O poder de uma simples vírgula: alegrias e estragos
>
> Como transformar e usar as casas decimais
>
> Convertendo números fracionários em decimais e percentuais

Capítulo 6
Decimais

Um número decimal, ou seja, um número baseado em 10, contém um ponto decimal, no caso brasileiro a "vírgula" e no americano o "ponto". Esse ponto, ou vírgula, tem a função de indicar onde terminam os números inteiros e começam os fracionários. Vejamos um exemplo simples: 26,4 (vinte e seis, vírgula quarto) escrito como número decimal. Perceba que o nosso número tem duas dezenas (20), seis unidades (6) e quatro décimos (0,4), assim = 20 + 6 + 4/10 = 26,4.

Observe ainda que o número quatro foi dividido em quatro partes de dez, ou seja, quatro décimos.

FIGURA 6-1: Decimais.

CAPÍTULO 6 **Decimais** 51

Quando escrevemos qualquer número, a sua posição em relação à vírgula interessa muito, principalmente porque mostra sua importância (Figura 6-2).

No exemplo do número **1.226,4**, temos:

1 = um mil

2 = duas centenas (duzentos)

2 = duas dezenas (vinte)

6 = 6 unidades

4 = quatro décimos (0,4) ou quatro partes de dez

Um mil, duzentos e vinte e seis e quatro décimos.

FIGURA 6-2: Unidades e decimais.

O Poder de uma Simples Vírgula

Lembre-se que, sempre que mover a vírgula para a direita, cada uma das posições aumenta dez vezes.

1226

Já o contrário ocorrerá se você mover para a esquerda, ou seja, diminuirá dez vezes. Entender este conceito facilitará em muito a sua vida quando estiver trabalhando com juros e porcentagens.

E não se esqueça: se estiver trabalhando com um número como o do exemplo (1226), ele tem uma vírgula depois das 6 unidades; nós não a colocamos, mas ela está lá por convenção.

LEMBRE-SE

1226,

Mas isso é importante? Muito, pois, por exemplo, se você dividir este número por 10, a vírgula se moverá para a esquerda, resultando em um número menor.

122,6

Ao mesmo tempo, se multiplicar por 10, a vírgula se moverá uma casa para a direita.

12260,

Esse raciocínio é a base de todo o conceito de juros, pois nesses casos trabalharemos ora com números na forma decimal, ora com os números no formato de percentual. Para transformar um no outro, multiplicaremos ou dividiremos por 100. Para exemplificar, 50% (por cento) é a forma literal de escrever a metade de alguma coisa, entretanto, ao fazer contas, o transformamos em número decimal, ou seja, o dividimos por 100, obtendo 0,50. O que aconteceu? Movemos a vírgula duas casas para direita.

Assim, o nosso sistema matemático nos permite escrever números maiores ou menores, para tanto basta apenas "mover" a vírgula para o lado direito ou esquerdo. Em resumo, um número decimal quase sempre pressupõe uma vírgula, ou seja, trata-se de um número inteiro (226) mais décimos, centésimos, etc.

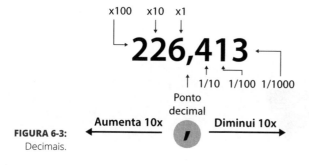

FIGURA 6-3: Decimais.

Como os Números se Formam

Um número é formado por partes inteiras, décimos, centésimos, milésimos, etc.. Vejamos mais um exemplo prático, representando-o nos três formatos: decimal, fracionário e percentual: **1,5**

Ora, se olharmos a parte que fica à esquerda da vírgula, temos 1 (um) inteiro. O número 5, por sua vez, representa cinco partes de dez, ou, como se diz em matemática, cinco décimos (5/10).

Representado como fração, o número terá a seguinte configuração: 15/10, ou seja, na forma decimal 1,5.

$$\frac{15}{10} = 1 \text{ inteiro} + \frac{5}{10}$$

Simplificando mais um pouco este número, ou seja, dividindo o numerador e o denominador por 5, teremos:

$1 + \frac{1}{2}$, uma parte inteira e uma metade, ou um meio.

Mas vamos por partes, primeiro observe que a parte fracionada, na forma percentual que vamos estudar um pouco mais a frente, representa quantas partes do cem (todo) ele contém: a resposta é 50%. Isso ficará claro se pensar que 0,5 (uma metade ou ½) significa 50%, ou seja, multiplicamos por 100 e acrescentamos o símbolo de porcentagem "%". Note ainda que a pizza da Figura 6-4 tem uma metade mais escura, ou, em linguagem de negócios, 50%.

FIGURA 6-4: Representação de um meio.

Já o número todo, **1,5**, pode ser representado por uma pizza inteira mais a metade de uma de pizza (1 + 0,50). Multiplicando **1,5** por cem e adicionando o símbolo de percentual, resulta em 150%. Então, 1,5 é igual a 150% (Figura 6-5).

FIGURA 6-5: Representação de um inteiro e um meio.

Em resumo, expressando as três formas matemáticas, seus valores ficariam representados na Figura 6-6. A pizza da esquerda está dividida em quatro partes, sendo três delas escurecidas, então 3 partes de 4, ou no formato de fração ¾. Já a pizza da direita da Figura 6-6, tem duas das suas 4 partes escurecidas, no formato de fração 2/4, ou ½.

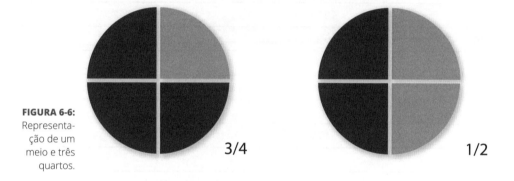

FIGURA 6-6: Representação de um meio e três quartos.

Vamos conferir na Tabela 6-1 quais as possibilidades de representação das duas pizzas da Figura 6-6.

TABELA 6-1 **Representação das Frações ¾ e ½**

Representando 3/4	Representando 1/2
Como decimal = 0,75	Como decimal = 0,50
Como fração = 3/4	Como fração = 1/2
Como percentual = 75%	Como percentual = 50%

A Tabela 6-2 mostra as relações entre os três formatos: porcentagem, decimal e fração. Em termos de valores não há alteração, trata-se apenas de mudar a forma de representar a grandeza.

TABELA 6-2   **Porcentagem, Decimal e Fração**

Porcentagem	Decimal	Fração
1%	0,01	1/100
5%	0,05	1/20
10%	0,1	1/10
12½%	0,125	1/8
20%	0,2	1/5
25%	0,25	¼
33⅓%	0,333...	1/3
50%	0,5	½
75%	0,75	¾
80%	0,8	4/5
90%	0,9	9/10
99%	0,99	99/100
100%	1	1/1
125%	1,25	5/4
150%	1,5	3/2
200%	2	2/1

Fonte: www.mathisfun.com

Convertendo Números Fracionários em Decimais e Percentuais

LEMBRE-SE

É muito importante saber converter entre os três formatos: decimal, fracionário e percentual. Vamos começar pelo mais fácil: decimal em percentual. Você deve sempre racionalizar que 0,50 corresponde a metade, ou seja, 50%, ora, se 0,50 é 50% então 100% é igual a 1,0. Simples assim.

PARTE 2 **Alicerces, Conceitos e Fundamentos da Matemática Comercial...**

Para transformar de decimal em percentual, apenas deslocamos a vírgula duas casas para a direita e acrescentamos o símbolo "%". Então, do mesmo modo, para transformar de percentual em decimal devemos deslocar a vírgula duas casas para a esquerda e eliminar o símbolo "%". Se esquecer de inserir o símbolo, cometerá um erro enorme, em termos de valor, pois os significados são muito diferentes, como mostra a Tabela 6-3.

TABELA 6-3   **Conversão de Decimal para Percentual**

Decimal para percentual		Percentual para decimal	
0,50	50%	50%	0,50
A vírgula vai para a direita →		A vírgula vai para a esquerda ←	

Vejamos mais alguns exemplos:

TABELA 6-3B

Decimal para percentual		Percentual para decimal	
0,1257	12,57%	500%	5,00
1,2930	129,30%	150%	1,50
0,7684	76,84%	19%	0,190

Converter números decimais em fração e vice-versa requer um pouco mais de trabalho. Não trataremos aqui da conversão de percentagens em fração, pois é mais fácil converter o percentual em decimal como explicamos acima e depois o decimal em fração.

Para converter uma fração em número decimal, é preciso dividir o numerador pelo denominador, ou seja, a parte de cima da fração pela parte de baixo. Veja um exemplo: a fração $\frac{3}{5}$, quando convertida em decimal, resulta em 0,60, ou seja, dividimos 3 por 5 e obtivemos 0,60.

$$\frac{3}{5} = 0,60$$

Caso você esteja trabalhando com uma fração imprópria, como por exemplo: 2 inteiros e $\frac{3}{4}$, para converter e simplificar, multiplique a parte inteira pelo denominador e some o resultado ao numerador: 2 × 4 = 8 + 3 =11.

O resultado dessa conta (11) será o numerador, o denominador da fração deve permanecer o mesmo (4). Observe como fica matematicamente: 2 × 4 = 8 + 3 = 11 (numerador) e repita o 4 no denominador, ou seja, $\frac{11}{4}$.

Fração imprópria = $2\frac{3}{4}$

Multiplicando a parte inteira (2) pelo denominador (4) = $2\frac{3}{4}$ = 2 × 4 = 8

Somando o resultado (8) com o numerador (3) = 8 + 3 = 11

Mantém o denominador (4) sob o novo numerador (11) = $\frac{11}{4}$

Uma vez que temos a fração imprópria, $\frac{11}{4}$, basta dividir o numerador pelo denominador: $\frac{11}{4}$ = 2,75 (dois inteiros e setenta e cinco centésimos). Caso já domine o assunto um pouco mais, poderia somar a parte inteira com a fracionária, porque $\frac{3}{4}$ = 0,75, que somado com dois resulta em 2,75. Em percentual, diríamos dois inteiros e 75% de um inteiro.

A transformação de um número decimal em fração é um pouco mais trabalhosa e requer domínio do conceito. O número decimal 0,60 está escrito desta forma simplificada por uma convenção, mas, matematicamente, ele na verdade é $\frac{0,60}{1}$.

Assim, para transformar em fração, multiplique o numerador e o denominador por 10, pois neste caso 0,6 tem uma casa depois da vírgula e terá uma nova fração: $\frac{6}{10}$. Ótimo, está pronto. Entretanto, verifique se é possível reduzir esta fração. Neste caso é possível, pois o numerador e o denominador são divisíveis por 2, então temos $\frac{6}{2}$ = 3 e $\frac{10}{2}$ = 5. Remontando a fração, temos o resultado $\frac{3}{5}$. Isso em matemática chamamos de "reduzir uma fração aos seus números mínimos". Acompanhe o cálculo completo pela Tabela 6-4.

TABELA 6-4 **Redução de Frações**

Operação	Resultado
Número decimal na sua forma original	$\frac{0,60}{1}$
Multiplicamos por dez, pois tem uma casa depois da vírgula. Se fossem duas casas multiplicaríamos por 100, se fossem 3 casas por mil e assim por diante.	$\frac{0,60 \times 10}{1 \times 10}$
Obtivemos uma nova fração. Mas é preciso reduzi-la aos seus menores termos dividindo por 2, pois o numerador e o denominador são divisíveis por 2.	$\frac{6}{10}$
Temos o resultado final, 0,60 é igual a 3/5.	$\frac{3}{5}$

Para consolidar o que estudamos, exploraremos mais alguns exemplos na Tabela 6-5:

TABELA 6-5 **Percentual, Decimal e Fração**

Percentual para decimal		Decimal para fração		Fração para decimal	
500%	5,00	0,75	$\frac{3}{4}$	$\frac{6}{10}$	0,60
150%	1,50	0,60	$\frac{3}{5}$	$\frac{1}{4}$	0,25
19%	0,190	2,75	$2 e \frac{3}{4}$	$\frac{1}{2}$	0,50

> **NESTE CAPÍTULO**
>
> Tudo no cosmo são números
>
> Soma e subtração são operações essenciais
>
> Frações com denominadores iguais e diferentes
>
> As quatro operações matemáticas nas frações

Capítulo 7
Frações

Fração é uma forma de representar quantidades a partir de partes iguais. Numa fração $\frac{Y}{Z}$, estamos representando que "Y" (numerador) compreende partes de "Z", então "Z" é o todo ou 100% e "Y" é uma parte desse 100%.

Por exemplo, na fração $\frac{5}{5}$, representamos que um todo foi dividido em cinco partes. $\frac{5}{5}$ representa cinco partes do todo, que também é cinco. Então $\frac{5}{5}$ é um inteiro? Isso mesmo, quem tem cinco partes de um todo composto por cinco partes, tem tudo, ou 100%.

Já na fração $\frac{2}{5}$, o numerador 2 representa duas partes de um todo formado por cinco partes. As frações estão diretamente relacionadas às porcentagens, pois 2 partes de 5 é 40%, ou seja, dividindo 2 por 5 = 0,4 e transformando para decimal (multiplicando por 100 e acrescentando o símbolo de porcentagem, temos 40%).

FIGURA 7-1: Representação de frações em formato de blocos.

Conforme indicados abaixo, nas frações de $\frac{1}{4}, \frac{1}{2}, \frac{4}{7}, \frac{5}{8}$ a fração indica quantas partes de um todo você possui. Confira a Figura 7-2, que apresenta as frações também em formato de pizza.

FIGURA 7-2: Representação de frações em formato de pizza.

LEMBRE-SE

É muito importante saber as quatro operações aplicadas às frações. Tal habilidade melhorará sua capacidade de trabalhar com a matemática comercial aplicada.

Somando e Subtraindo Frações

Quando as frações tiverem o mesmo denominador, a soma ou subtração é fácil, basta apenas repetir o denominador e somar ou diminuir os numeradores. Veja um exemplo:

Somando   Subtraindo

$\frac{2}{5} + \frac{1}{5} = \frac{3}{5}$ ou $\frac{2}{5} - \frac{1}{5} = \frac{1}{5}$

Ao analisar o cálculo da soma, percebe-se que temos duas partes de cinco mais uma parte de cinco, que, somadas, representam 3 partes de cinco. Veja na Figura 7-3: o resultado é a soma do numerador que resultou em 3 quadradinhos, do total de 5 quadradinhos: $\frac{3}{5}$.

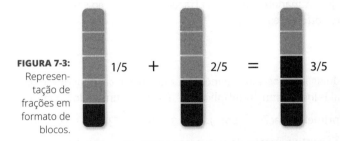

FIGURA 7-3: Representação de frações em formato de blocos.

Entretanto, antes de realizar a operação, preste muita atenção se a fração pode ser reduzida aos seus mínimos. Quero dizer, imagine que está somando $(\frac{1}{2}) + (\frac{4}{8})$. Ora, $\frac{1}{2}$ já está reduzido ao seu mínimo, entretanto é possível simplificar a fração $\frac{4}{8}$, ou seja, pode-se reduzi-la, pois tanto o numerador quanto o denominador podem ser divididos por dois, assim: $\frac{2}{4}$. Mas, observando o resultado mais detalhadamente podemos ver que ainda é possível dividir os dois elementos por 2 mais uma vez. Efetuando a operação, temos $\frac{1}{2}$. É claro que com um pouco de prática você dividirá a fração inicial $\frac{4}{8}$ direto por 4, obtendo o mesmo resultado, ou seja, $\frac{1}{2}$. Uma vez que as duas frações têm o mesmo denominador, é só somar.

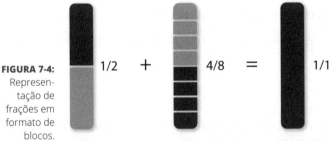

FIGURA 7-4: Representação de frações em formato de blocos.

Somando as duas frações obtemos o resultado de $\frac{1}{2}$, $\frac{1}{2} + \frac{1}{2}$, simplificando tudo, temos **1**. Lembre-se de sempre simplificar aos mínimos termos sempre que trabalhar com frações. Ademais, por convenção, quando o número for inteiro como o resultado $\frac{1}{1}$, represente apenas como **1**. O raciocínio apresentado vale igualmente para a subtração, a única diferença é que em vez de somar diminui.

Caso as frações somadas ou subtraídas tenham denominadores diferentes e já estejam reduzidas aos seus mínimos, ou seja, não possam mais ser simplificadas, teremos um pouco mais de trabalho, pois será necessário usar um artifício para "tornar" os denominadores iguais. As frações $\frac{3}{5}$ e $\frac{7}{15}$ serão somadas, mas tem denominadores diferentes.

$$\frac{3}{5} + \frac{7}{15} = ?$$

Não é possível reduzir mais os seus elementos, mas, neste caso, pode-se usar um truque e igualá-los. Assim, multiplicamos tanto o numerador quanto o denominador da primeira fração $\frac{3}{5}$ por 3: (3 × 3 = **9** e 5 × 3 = **15**). Veja que a proporção 0,60 ($\frac{3}{5}$) continua mantida com o novo número $\frac{9}{15}$, ou 0,60.

$$\frac{3 \times 3}{5 \times 3} = \frac{9}{15}$$

Multiplicar os dois elementos da primeira fração por 3 não altera a proporção que ela contém, pois tanto a divisão de 3 por 5 quanto a de 9 por 15 são 0,60. Agora que as duas frações têm o mesmo denominador, basta somar (ou diminuir, se fosse o caso). Repete-se o denominador (15) e somam-se os numeradores (9 + 7).

Somando   Subtraindo

$$\frac{9}{15} + \frac{7}{15} = \frac{16}{15} \quad \text{ou} \quad \frac{9}{15} - \frac{7}{15} = \frac{2}{15}$$

Se a soma contiver uma fração imprópria, precisamos estar preparados para transformar os números e verificar qual a melhor maneira de fazer a operação. No caso, $\frac{16}{15}$ é uma fração imprópria, mas podemos reduzi-la, obtendo o resultado de 1 inteiro e $\frac{1}{15}$, ou seja, um inteiro e um quinze avos (um inteiro e uma parte de 15 partes).

$$\frac{16}{15} = 1\frac{1}{15}$$

Para tirar a prova, multiplique a parte inteira (1) pelo denominador (15) e some ao numerador = 1 × 15 = 15 e 15 + 1 = 16, ou seja, $\frac{16}{15}$.

Mas como foi que concluímos que $\frac{16}{15}$ é igual a 1 inteiro e $\frac{1}{15}$? Fácil, pois a parte inteira é igual a $\frac{15}{15}$, assim, resta $\frac{1}{15}$. Tem lógica, quer ver?

$$\frac{15}{15} + \frac{1}{15} = \frac{16}{15} = 1\frac{1}{15}$$

Mas existem alguns casos nos quais não será possível usar este "truque" para igualar os denominadores, e neste caso será preciso encontrar um "múltiplo comum" às frações somadas ou diminuídas.

Somando Frações com Denominadores Diferentes

Assim, é preciso igualar os denominadores para depois somar ou subtrair as frações. A técnica mais comum é encontrar um denominador comum às frações trabalhadas.

CUIDADO

Não podemos somar ou subtrair frações com denominadores diferentes!

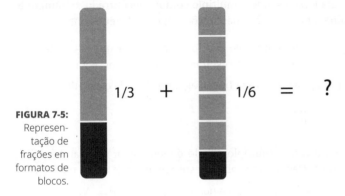

FIGURA 7-5: Representação de frações em formatos de blocos.

No exemplo dado, é necessário encontrar um múltiplo que seja comum às duas frações dadas: $\frac{1}{3}$ e $\frac{1}{6}$.

Ora, os múltiplos de cada uma delas são:

- Os múltiplos de 3 são = **3, 6, 9, 12, ...**
- Os múltiplos de 6 são = **6, 12, 18, 24, ...**

Listando os múltiplos, percebemos que o número **6** é o primeiro múltiplo comum de ambas frações.

Outro modo de encontrá-lo é dividir pelos seus múltiplos até encontrar a unidade e depois multiplicar estes divisores, para então encontrar o múltiplo comum. Assim, colocamos os denominadores 3 e 6, lado a lado e fazemos dois traços em cruz. Primeiro dividimos por 3, obtendo 1 e 2, respectivamente. Depois dividimos por 2, obtendo 1 e 1. Finalmente, basta multiplicar os dois divisores (3 e 2) para obter o múltiplo comum aos dois números = 6 (confira na Figura 7-6).

CAPÍTULO 7 **Frações**   65

FIGURA 7-6: Calculando o mínimo múltiplo comum.

```
3 6 | 3
1 2 | 2
1 1 | 0
```

Isso feito, resta fazer a soma (ou subtração) das frações, mas antes é preciso igualar os denominadores usando o múltiplo comum encontrado, o número **6**, ou seja, o denominador comum às duas frações. Agora é fazer a conta.

Na primeira fração, divida o múltiplo 6 pelo denominador que é 3, obtendo o resultado 2. Depois multiplique este resultado (2) pelo numerador, no caso 1, obtendo o resultado 2, assim a nossa fração agora é $\frac{2}{6}$. Veja o cálculo:

$$\frac{6 \div 3 = 2 \times 1 = 2}{6} = \frac{2}{6}$$

Na segunda fração, divida o múltiplo 6 pelo denominador que também é 6, obtendo o resultado 1. Depois multiplique este resultado (1) pelo numerador, no caso 1, obtendo o resultado 1, assim a nossa fração agora é $\frac{1}{6}$. Veja o cálculo:

$$\frac{6 \div 6 = 1 \times 1 = 1}{6} = \frac{1}{6}$$

Como as duas novas frações têm o mesmo denominador (6), basta somar:

$$\frac{2}{6} + \frac{1}{6} = \frac{3}{6} = \frac{1}{2}$$

Vamos conferir esse resultado na prática. A soma dos quadrados coloridos resultou na metade, ou seja, $(\frac{1}{3}) + (\frac{1}{6}) = \frac{1}{2}$.

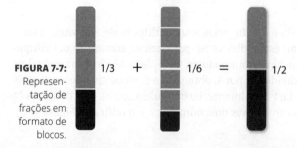

FIGURA 7-7: Representação de frações em formato de blocos.

Misturando Soma e Subtração de Frações

Vejamos outro exemplo, um pouco mais complexo, misturando soma e subtração:

$$\frac{1}{2} + \frac{2}{3} - \frac{3}{5}$$

Ora, os múltiplos de cada uma delas são:

» Os múltiplos de 2 são = 2, 4, 6, 8, 10, 12, 14, 16, 18, 20, 22, 24, 26, 28, **30**
» Os múltiplos de 3 são = 3, 6, 12, 18, 24, 27, **30**
» Os múltiplos de 5 são = 5, 10, 15, 20, 25, **30**

Deste modo, nossas frações agora terão um denominador comum entre elas, ou seja, o número 30 (divida o mínimo múltiplo comum 30, pelo denominador 2 e multiplique pelo numerador 1, repetindo o mesmo para as três frações)

$$\frac{(30 \div 2 = 15 \times 1 = \mathbf{15})}{30} + \frac{(30 \div 3 = 10 \times 2 = \mathbf{20})}{30} - \frac{(30 \div 5 = 6 \times 3 = \mathbf{18})}{30}$$

$$\frac{(15) + (20) - (18)}{30} = \frac{17}{30}$$

Ao operar a conta, encontramos o resultado $\frac{17}{30}$ ou 0,57, ou ainda na forma percentual 57%. Veja:

$$\frac{(15) + (20) - (18)}{30} = \frac{17}{30} = 0,57 \text{ ou } 57\% \ (0,57 \times 100)$$

Multiplicando Frações

Multiplicar frações é muito fácil e pode ser feito em três simples passos:

» Multiplicar os numeradores
» Multiplicar os denominadores
» Simplificar a fração resultante, se necessário.

$$\frac{1}{2} \times \frac{2}{3} = ? \quad \begin{matrix}\leftarrow \text{numerador}\\ \leftarrow \text{denominador}\end{matrix} \qquad \frac{1}{2} \times \frac{2}{3} = \left(\frac{1 \times 2}{2 \times 3}\right) = \frac{2}{6} = \frac{2}{3}$$

Vejamos outro exemplo. Como multiplicar as frações $\frac{2}{6}$ por $\frac{3}{8}$ = ?

$$\frac{2}{6} \times \frac{3}{8} = ?$$

Seguindo a mesma regra anterior, basta multiplicar os numeradores e denominadores e depois simplificar, se for necessário.

Multiplicamos os numeradores 2 × 3 = 6 e os denominadores 6 × 8 = 48 e obtemos o resultado de $\frac{6}{48}$, sendo que essa fração pode ser reduzida, dividindo ambos o numerador e o denominador por 6.

$$\frac{2}{6} \times \frac{3}{8} = \frac{(2 \times 3)}{(6 \times 8)} = \frac{6}{48} = \frac{1}{8}$$

Em formato de pizza, as frações multiplicadas ficariam assim representadas na Figura 7-8:

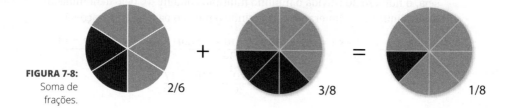

FIGURA 7-8: Soma de frações.

2/6   3/8   1/8

Como dissemos anteriormente, embora não representemos, o número inteiro 5 na verdade pode ser matematicamente representado por $\frac{5}{1}$. Entretanto, por convenção, não escrevemos o denominador quando ele for representado por **1**.

LEMBRE-SE

Isso é importante? É fundamental, pois ao operar com frações deverá considerar o denominador 1 e fazer os cálculos com ele. Nunca se esqueça que esse raciocínio vale para qualquer operação: soma, subtração, multiplicação ou divisão.

$$\frac{1}{4} \times \frac{4}{1} = ?$$

Perceba que, para fazer a multiplicação, acrescentamos o denominador 1 no segundo número (4), sem o qual não é possível multiplicar. Assim, 1 vezes 4 é igual a 4 e 4 vezes 1 também é igual 4, resultando na fração ($\frac{4}{4}$). Reduzindo a fração temos que o resultado é igual a 1. Veja como fica na pizza da Figura 7-9.

FIGURA 7-9: Multiplicação de frações.

1/4   4/4   4/4

Dividindo Frações

Dividir frações é um pouco mais trabalhoso que multiplicar, mas também muito simples. Para dividir frações, basta apenas inverter a segunda fração antes de efetuar a operação; pode ser feito em quatro simples passos:

- » Inverter a segunda fração
- » Multiplicar os numeradores
- » Multiplicar os denominadores
- » Simplificar a fração resultante, se necessário.

Vejamos um exemplo dividindo as frações $\frac{1}{2}$ por $\frac{2}{3}$, passo a passo:

- » Inverter a segunda fração, de $\frac{2}{3}$ para $\frac{3}{2}$.
- » Multiplicar os numeradores = 1 × 3 = 3
- » Multiplicar os denominadores = 2 × 2 = 4
- » Não será necessário simplificar a fração resultante, pois $\frac{3}{4}$ já está em sua forma mais simples.

Como fica o resultado matematicamente? Uma vez invertida a segunda fração, e depois de multiplicados os numeradores e os denominadores, temos o resultado de $\frac{3}{4}$.

$$\frac{1}{2} \div \frac{2}{3} = ? \qquad \frac{3}{2} = \frac{1}{2} \times \frac{3}{2} = \frac{3}{4}$$

Como dissemos no início deste capítulo, as operações matemáticas são consequência das duas operações principais, ou seja: soma e subtração. No caso da divisão, quando dividimos 20 por 4, na verdade estamos "verificando" quantas vezes o número 4 "cabe" dentro do número 20. Também poder-se-ia dizer, quantas vezes 4 pode ser subtraído de 20. No caso das frações, o funcionamento é o mesmo: no exemplo, $\frac{5}{6}$ divido por $\frac{1}{2}$, estamos perguntando quantas vezes $\frac{1}{2}$ pode ser retirado de $\frac{5}{6}$.

$$\frac{5}{6} \div \frac{1}{2} = ?$$

$$\frac{(5 \times 2)}{(6 \times 1)} = \frac{10}{6} = 1\frac{4}{6}$$

Para firmar o raciocínio, quantas vezes $\frac{1}{2}$ cabe em $\frac{5}{6}$? Cabe uma vez, e ainda sobram 4 das 6 partes (que é o todo). Veja na pizza da Figura 7-10.

$$\frac{5}{6} \div \frac{1}{2} = \frac{(5 \times 2)}{(6 \times 1)} = \frac{10}{6} = 1\frac{4}{6}$$

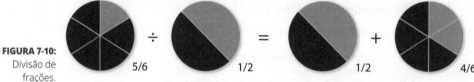

FIGURA 7-10: Divisão de frações.

5/6   1/2   1/2   4/6

DICA

Então, guarde a dica: para dividir uma fração por outra, apenas inverta a segunda fração e depois multiplique.

NESTE CAPÍTULO

Tudo no universo dos negócios está relacionado às porcentagens

Descobrindo a relação entre pizzas e matemática

Calculando porcentagens no Excel

Capítulo 8
Porcentagens

O Que Exatamente Quer Dizer "Porcentagem"?

De acordo com o *Dicionário Houaiss*, é possível usar os dois termos: percentagem ou porcentagem. O termo percentagem tem origem no inglês *percentages*, mais antigo, portanto. A palavra porcentagem, por outro lado é considerada como uma forma abrasileirada, mais ligada à expressão "por cento", bastante popular na língua brasileira. Assim, as palavras percentagem ou porcentagem têm origem no latim "per centum", cujo significado é "a cada centena", uma medida comparativa cuja base é o número 100. Em linguagem mais popular, "quantas partes de um todo chamado 100"?

$$\frac{?}{100}$$

Ela expressa uma proporção relativa a dois valores, sendo uma parte, o numerador, e um todo, o denominador. (Tudo de acordo com o que vimos no Capítulo 7, dedicado ao estudo das frações). Já os matemáticos diriam tratar-se de uma fração, cujo denominador é 100.

A Figura 8-1 mostra um conjunto de cem quadrados simétricos, os quais, quando agrupados, formam um novo quadrado (100%). Esse grande quadrado tem trinta e oito pequenos quadrados, do total de 100, coloridos com um tom mais forte, ou seja:

$$\frac{38}{100}$$

Isso mostra que a porcentagem é de 0,38, ou seja, 38 dividido por 100, ou melhor, trinta e oito partes de cem. Movendo a vírgula para a direita duas casas e acrescentando o símbolo, temos a expressão equivalente a 38%, confira:

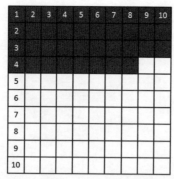

FIGURA 8-1: Quadrados.

Calculando Porcentagens com o Excel

No pacote do Office/Microsoft/Excel, há uma explicação completa sobre o cálculo de porcentagens, utilizando uma equação:

$$\frac{quantia\ ou\ parte}{total} = percentagem$$

Vamos começar pelo final. Entenda por "total" o "todo" ou, ainda melhor: 100%. Entenda por "quantia" uma parcela desse "total". Resumindo, a porcentagem é a parcela do "todo" a qual está representada. Por exemplo, 28% dos alunos da classe de matemática financeira alcançaram a média e foram aprovados sem o exame final. Isso quer dizer que, do "total" de alunos da classe, 28% passaram sem exame. A seguir, veremos alguns exemplos de cálculo de porcentagem no Excel.

Como Calcular a Quantia Sabendo o Total e a Porcentagem

Se um computador custa R$ 1.100,00 e por fora desse valor for cobrado um imposto de 8,5% sobre a venda, qual seria o valor do imposto? Perceba que estamos calculando a porcentagem de 8,5% de R$ 1.100,00. No Excel, abra uma pasta e nesta abra uma planilha para o primeiro exemplo:

TABELA 8-1   **Cálculo de Imposto**

	A	B
1	Preço de Compra	Imposto sobre vendas (em formato decimal)
2	R$ 1.100,00	0,085
3	Fórmula	Descrição (Resultado)
4	=A2*B2	Multiplica R$ 1.100,00 por 0,085 para saber a quantia do imposto sobre vendas a ser pago (R$ 93,50)

CAPÍTULO 8 **Porcentagens**

Como Calcular a Porcentagem Sabendo o Total e a Quantia

Um aluno acertou 45 questões de matemática financeira, entre as 60 que havia na prova. Qual é a porcentagem de acerto deste estudante? No Excel, abra uma pasta e nesta abra uma planilha para o primeiro exemplo:

TABELA 8-2 Cálculo de Respostas Corretas

	A	B
1	Pontos de respostas corretas	Total de pontos possíveis
2	45	60
3	Fórmula	Descrição (Resultado)
4	=A2/B2	Divide 45 por 60 para calcular a porcentagem de respostas corretas (0,75 ou 75%)

Como Calcular o Total Sabendo a Quantia e a Porcentagem

O preço de venda de um terno é R$ 350,00, que corresponde a um desconto de 25% sobre o preço da vitrine. Qual é o preço original? Neste exemplo, pretendemos encontrar o valor original, mas sabemos que o preço com desconto representa 75% (100% menos 25% de desconto). Ou seja, vamos dividir R$ 350,00 por 0,75 (75 dividido por cem). Sempre que dividir um número por outro menor que um, ele aumenta. No Excel, abra uma pasta e nesta abra uma planilha para o primeiro exemplo:

TABELA 8-3 Cálculo do Preço de Vendas do Terno

	A	B
1	Preço de venda	100% menos o desconto (em formato decimal)
2	R$ 350,00	0,75
3	Fórmula	Descrição (Resultado)
4	=A2/B2	Divide R$ 350,00 por 0,75 para saber o preço original (R$ 466,67)

Como Calcular a Diferença entre Dois Números com Porcentagem

O salário de 2015 é de R$ 3.800,00 e o de 2014 era de R$ 3.300,00. Qual a diferença de salário em porcentagem entre os dois anos? No Excel, abra uma pasta e nesta abra uma planilha para o primeiro exemplo:

TABELA 8-4 Cálculo da Diferença Percentual entre os Salários de 2015 e 2014

	A	B
1	Salário de 2014	Salário de 2015
2	R$ 3.300,00	R$ 3.800,00
3	Fórmula	Descrição (Resultado)
4	=(B2-A2)/A2	Divide a diferença entre o segundo e o primeiro números pelo valor absoluto do primeiro número para obter a porcentagem da diferença (0,1515 ou 15,15%).
5	=B2/A2-1	Ou então, divide o número mais recente pelo número antigo e subtrai 1 (0,1515 ou 15,15%).

Aumentar ou Diminuir um Número em Determinada Porcentagem

Uma pessoa gasta em média R$ 50,00 por semana com alimentação e pretende reduzir essa despesa em 25%. Quanto passará a gastar? Mas, se quiser aumentar a despesa de alimentação de R$ 50,00 em 25%, qual será o novo gasto semanal? Mais ainda, se quiser aumentar a despesa de alimentação de R$ 50,00 em 35%, qual será o novo gasto semanal? No Excel, abra uma pasta e nesta abra uma planilha para o primeiro exemplo:

TABELA 8-5 Cálculo de Respostas Corretas

	A	B
1	Número	Porcentagem
2	R$ 50,00	25%
3	Fórmula	Descrição (Resultado)
4	=A2*(1−B2)	Diminui R$ 50,00 em 25% (R$ 37,50)
5	=A2*(1+B2)	Aumenta R$ 50,00 em 25% (R$ 62,50)
6	=A2*(1+35%)	Aumenta R$ 50,00 em 35% (R$ 67,50)

As Pizzas e a Matemática

Uma pizza de oito partes, da qual um pedaço foi comido, é representada por $\frac{1}{8}$, ou seja, uma parte de oito partes foi comida (a pizza toda tem oito partes). Nesse caso, a proporção é encontrada dividindo 1 por 8, obtendo o resultado de 0,125. Tal resultado, quando transformado em porcentagem, multiplicando por cem ou simplesmente movendo a vírgula duas casas para a direita e acrescentando o sinal de percentual, é 12,5%, conforme indica a Figura 8-2.

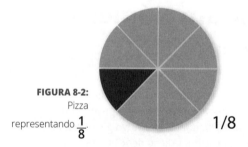

FIGURA 8-2: Pizza representando $\frac{1}{8}$.

Sempre que estiver em dúvida, parta de uma metade, ou seja, $\frac{1}{2}$, ou ainda 0,50.

Ora, aplicando o conceito que estudamos, a multiplicação por 100 e o acréscimo do sinal de percentual, resulta em 50%. Deste modo, conclui-se que 0,50 mais 0,50 (duas metades) resultam em 1,00, ou melhor 100%. Veja mais exemplos na Tabela 8-6:

TABELA 8-6 Relação entre Fração, Decimal e Porcentagem

Fração		Decimal		Porcentagem
$\frac{1}{2}$	=	0,50	=	50%
$\frac{1}{1}$	=	1	=	100%
$\frac{2}{1}$	=	2	=	200%
$\frac{3}{1}$	=	3	=	300%
$\frac{1}{3}$	=	0,3333	=	33,33%
$\frac{1}{4}$	=	0,25	=	25%

> **NESTE CAPÍTULO**
>
> Sem a calculadora é mais difícil trabalhar com expoentes
>
> Usando uma HP 12C no cálculo de expoentes
>
> Expoentes fracionários

Capítulo 9
Expoentes: um Cálculo Singelo com Aplicações Enormes

O expoente é um número indicando em quantas vezes a base será **multiplicada por si mesma**, por exemplo, 4^3 (quatro elevado a terceira potência) mostra que a base 4 será multiplicada três vezes, ou seja é igual a $4 \times 4 \times 4 = 64$, ou melhor, $4 \times 4 = 16 \times 4 = 64$ (Figura 9-1).

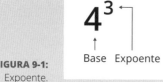

FIGURA 9-1: Expoente.

CAPÍTULO 9 **Expoentes: um Cálculo Singelo com Aplicações Enormes**   79

Vejamos mais alguns exemplos muito simples:

2^2	$2 \times 2 = 4$
5^4	$5 \times 5 \times 5 \times 5 = 625$
8^3	$8 \times 8 \times 8 = 512$
3^5	$3 \times 3 \times 3 \times 3 \times 3 = 243$

Mas, não se engane, esse cálculo singelo tem aplicações enormes no mundo dos negócios e em especial na matemática financeira e comercial. Deste modo, não se pode ficar multiplicando os números, primeiro porque pode ser muito complexo, ou seja, o expoente poderá resultar numa equação enorme e, segundo, não dá para correr o risco de fazer a conta errada. Assim, recomendamos: use o Excel ou uma calculadora eletrônica.

Como Trabalhar com Expoentes Sem a Calculadora

Não será necessária uma calculadora financeira para calcular potência, basta apenas um equipamento contendo funções básicas, como a função y^x (Para mais informações, consulte no Capítulo 5 os subtítulos Ordem das Operações Matemáticas e Arredondamento). Procure esta tecla na calculadora:

$\sqrt{x}$	Ln	MC
x^2	y^x	MS
$\frac{1}{x}$	x^2	MR

Assim, qualquer número y^n indica que a base "b" será multiplicada "n" vezes como nos exemplos colocados. Entretanto, se está usando uma planilha eletrônica Excel e também algumas calculadoras eletrônicas programáveis, é possível que o símbolo "n", seja trocado pelo símbolo **"^"**. Por exemplo, 4^3 é a mesma coisa que 4 ^ 3. Deste modo, ao calcular um expoente no Excel, seria necessário escrever na célula B1 do Excel, do mesmo modo como escrevi na Tabela 9-1:

TABELA 9-1   Calculando Potência no Excel

Você escreveria:				Resultado			
	A	B	C		A	B	C
1		=4^3		1		64	
2				2			
3				3			

Repetindo, os expoentes indicam em quantas vezes a base está sendo multiplicada por si mesmo. Do mesmo modo, a operação inversa é a divisão, portanto, expoentes negativos mostram por quantas vezes a base será dividida pelo expoente, como por exemplo $3^{-3} = 1 \div 3 \div 3 \div 3 = 0,037037$, ou seja, essa equação também poderia ser escrita no seguinte formato $\frac{2}{3^3}$.

Para facilitar as contas, calcule a equação como se o expoente fosse positivo e, ao final, como dizem os matemáticos financeiros, "inverta" o resultado, usando a tecla $\frac{1}{x}$ da sua calculadora.

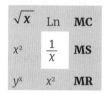

Aliás, a tecla $\frac{1}{x}$ chamada de "tecla de inverter" é uma grande ferramenta, muito amigável e útil para aqueles que operam com matemática financeira. Localize a tecla e faça alguns cálculos para se acostumar com o seu uso.

Usando uma HP 12C no Cálculo de Expoentes

Veja um exemplo de transformação de uma taxa efetiva de 12,68% ao ano em taxa efetiva mensal na calculadora HP 12C. Veremos esse assunto adiante no Capítulo 15.

TABELA 9-2   Operando com Expoentes na Calculadora HP 12C

Número	Tecla	Visor	Cálculo
12,68	Enter	12,68	Digite 12,68 e tecle "enter"
100	÷	0,1268	Digite 100 e tecle divide (÷)
1	+	1,1268	Digite 1 e tecle mais (+)
12	$\frac{1}{x}$	0,08333	Digite 12 e tecle "inverter"
	y^x	1,0099982	Tecle potência
1	−	0,0099982	Digite 1 e tecle menos (−)
100	×	1%	Digite 100 e tecle multiplicar (×)

Expoentes Fracionários

Por último, os expoentes fracionários. A maneira mais fácil para operar com eles é transformá-los em decimais e, com o auxílio da calculadora ou do Excel, resolver a equação.

Vejamos um exemplo: $9^{1/2}$, ou com o expoente transformado em decimal $9^{0,5}$, é igual a 3. Você percebeu que a raiz quadrada de 9 é igual a 3, então $9^{1/2} = \sqrt{9}$ isso acontece porque, no caso da raiz quadrada, embora por convenção não se escreva, matematicamente a equação é: $\sqrt[2]{9}$, ora, a raiz é a operação inversa do expoente, assim, para transformar uma raiz em expoente repita o nove (radicando), elevando-o ao "inverso" da raiz, no exemplo o número $\frac{2}{1}$.

Daí a importância das duas teclas $\frac{1}{x}$ e y^x em aplicações de matemática financeira. Com um pouco de treino, você vai adquirir mais habilidade e poderá facilmente operar com taxas de juro efetivo. Veja outro exemplo: $\sqrt[3]{12} = 12^{(1/3)} = 2,289428$.

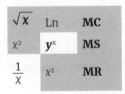

Finalmente, vejamos algumas propriedades básicas dos expoentes. Para evitar confusão e erros comuns de cálculos, abuse dos parênteses: eles são a sua salvação quando estiver na dúvida.

Esta sequência de dicas e informações é muito importante, e qualquer tempo que gaste treinando estes cálculos aumentará "exponencialmente" sua capacidade matemática.

Na multiplicação de potência de mesma base pode-se resolver a equação simplesmente operando as potências:

$$3^1 \times 3^2 = 3 \times 3^2 = 3 \times 9 = 27$$

Ainda, sem utilizar a propriedade, resolvemos a multiplicação de potências de mesma base como:

$$3^1 \times 3^2 = 3 \times 3 \times 3 = 3^3 = 27$$

Entretanto, aplicando a propriedade, repete-se a base e somam-se os expoentes:

$$3^1 \times 3^2 = 3^{(1+2)} = 3^3 = 27$$

Para as divisões de potências de mesma base, aplica-se o mesmo conceito da multiplicação, apenas que, neste caso, subtraímos os expoentes:

$$5^3 \div 5^2 = 5^{(3-2)} = 5^1 = 5$$

Exagere na colocação de parênteses, pois eles serão fundamentais em determinados casos e evitarão erros catastróficos, veja este exemplo com um número negativo:

$$(-4)^5 \div (-4)^3 = (-4)^{(5-3)} = (-4)^2 = 16$$

Neste caso, como o expoente é par, o resultado será positivo; entretanto, se o expoente fosse ímpar, o resultado seria negativo:

$$(-3)^5 \div (-3)^2 = (-3)^{(5-3)} = (-3)^3 = -27$$

Já se as bases forem diferentes mas os expoentes forem iguais, multiplique as bases e mantenha o expoente.

$$5^3 \times 7^3 = (5 \times 7)^3 = 35^3 = 42.875$$

Se o caso for de divisão, conserve o expoente e divida as bases:

$$5^3 \div 7^3 = \left(\frac{5}{7}\right)^3 = (0{,}714286)^3 = 0{,}354431$$

Para os casos de potência de potência, deve-se resolver primeiro o conteúdo dentro dos parênteses e depois elevar ao expoente que está fora dos parênteses:

$$(4^2)^2 = (4 \times 4)^2 = 16^2 = 256$$

Entretanto, se utilizar a propriedade vista anteriormente, o cálculo será mais simples, ou seja, repita a base e multiplique os expoentes. Mas, utilizando a propriedade de potência, a resolução ficará ainda mais simplificada: basta multiplicar os dois expoentes, veja:

$$(4^2)^2 = (4)^{(2 \times 2)} = 4^4 = 256$$

Já se a potência for de um produto, resolva primeiro a multiplicação dentro do parêntese e depois a potência:

$$(4 \times 5)^2 = (20)^2 = 400$$

E que também poderia ser resolvido assim:

$$(4 \times 5)^2 = (4)^2 \times (5)^2 = 16 \times 25 = 400$$

LEMBRE-SE

Em matemática financeira, é importante lembrar-se das convenções, por exemplo, embora nunca se escreva $\frac{2}{1}$ ao trabalharmos com o número 2, saiba que o denominador 1 está lá. Conceito simples de frações, expoente, logaritmos e raiz irão ajudá-lo muito no desempenho do dia a dia. O seu sucesso na empresa dependerá da rapidez que conseguir fazer os cálculos, mas para isso é necessário dominar os conceitos básicos (Tabela 9-3).

TABELA 9-3 Operações com Expoentes

Equação	Cálculo	Resultado
4^2	$1 \times 4 \times 4$	16
4^1	1×4	4
4^0	1	1
4^{-1}	$\frac{1}{4}$	0,25
4^{-2}	$\frac{1}{4^2}$ ou $\frac{1}{4 \times 4}$	0,0625
$4^2 + 4^2$	$(4 \times 4) + (4 \times 4)$	32
$4^2 \times 4^3$	$4^{(2+3)}$	1024
$4^4 \div 4^2$	$4^{(4-2)}$	16
$4^2 \times 3^2$	$(4 \times 3)^2$	144
$4^{1/2}$	$4^{0,5}$	2

> **NESTE CAPÍTULO**
>
> Os logaritmos facilitam a vida das pessoas
>
> Logaritmos e expoentes: existe alguma relação entre eles?
>
> Uma propriedade fundamental para calcular períodos de tempos
>
> Como calcular logaritmos no Excel

Capítulo 10
Logaritmos

Na parte dedicada ao estudo do expoente (exponenciação ou potenciação) do Capítulo 9, aprendemos que $4^3 = 64$, ou seja, o expoente (3) indica em quantas vezes a base (4) será **multiplicada por si mesma**. No exemplo, 4^3 (quatro elevado a terceira potência) mostra que a base (4) será multiplicada três vezes, ou seja, $4 \times 4 \times 4 = 64$, ou melhor, $4 \times 4 = 16 \times 4 = 64$.

FIGURA 10-1: Expoente.

Já no estudo dos logaritmos, aprenderemos a olhar a potência sobre outro ângulo, ou melhor, qual seria o expoente necessário para que a base 4 produzisse o resultado 64?

$4^? = 64$

CAPÍTULO 10 **Logaritmos** 85

Partindo desse conceito, concluímos que a expressão matemática $4^3 = 64$ poderia ser representada da seguinte forma: $\log_4 64 = 3$, cuja leitura é: logaritmo de 64 na base 4, é igual a três.

$$\log_y X = Z \qquad \log_4 64 = 3$$

Deste modo, pode-se entender que a nomenclatura dessa nova equação será:

» 3 é o logaritmo de 64 na base 4;
» 4 é a base do logaritmo;
» 64 é o logaritmando.

Logaritmos e Expoentes, Qual a Relação?

Repetindo: o logaritmo é o expoente, ou seja, por quantas vezes a base 4 terá que ser multiplicada por si mesma para alcançar o resultado 64. Saber isso é útil em matemática financeira? Certamente, pois quando a incógnita (o número que estamos procurando) for o período (expoente), conhecer as propriedades dos logaritmos poderá salvar a situação.

Conforme explicamos no Capítulo 7, por convenção, não usamos os denominadores nas frações, mas sabemos que estão lá, por exemplo:

$\sqrt{4} = \sqrt[2]{\frac{4}{1}}$ ou ainda o simples número $4 = \frac{4}{1}$

A mesma coisa acontece quando trabalhamos com logaritmos na base 10, ou seja, $\log_{10} 100 = 2$, não usamos colocar a base, assim, quando se deparar com uma expressão como esta: log 100 = 2, saberá tratar-se de "logaritmo de 100 na base 10 é igual a 2".

Os logaritmos têm inúmeras propriedades, no entanto, para as finalidades da matemática financeira, demonstraremos apenas duas.

» O logaritmo na base "x" de um produto será igual a soma dos logaritmos na mesma base "x" dos valores que estão sendo multiplicados: $\log_2 (4 \times 8) = (\log_2 4) + (\log_2 8) = (2^2 = 4) + (2^3 = 8) = 4 + 8 = 12$.

» Já o logaritmo de uma divisão ou de um quociente, pela mesma propriedade será o inverso, ou seja, a subtração dos mesmos: $\log_2 (8/4) = \log_2 (8 \div 4) = (\log_2 8) - (\log_2 4) = (2_3 = 8) - (2_2 = 4) = 8 - 4 = 4$.

Uma Propriedade Fundamental dos Logaritmos

LEMBRE-SE

A propriedade mais importante e fundamental quando estiver calculando o período de tempo dos juros compostos, sempre representados no formato de expoente, é apresentada no raciocínio que se segue.

Se você decompor 27 em fatores obterá 3^3. A propriedade de logaritmo de uma potência diz que nestes casos a potência multiplica o logaritmo da base, então, $\log_3 27 = \log_3 (3^3)$. Revendo e testando: $3 \times \log_3 3$, porque $\log_3 3$ é igual a 1, então $3 \times 1 = 3$, logo, as igualdades se confirmam.

Veja um exemplo na equação: tendo os valores futuro de R$ 75,00, presente de R$ 50,00 e taxa de juro de 50%, em quanto tempo R$ 50,00 acumula R$ 75,00 a juro de 50%?

$VF = VP(1 + i)^n$
$75 = 50(1,5)^n$
$75 / 50 = 1,5^n$
$1,5 = 1,5^n$
$\log 1,5 = \log 1,5^n$ (aplica log nos dois lados da igualdade)
$\log 1,5 = n \times \log 1,5$ (a potência multiplica o log da base)
$\log 1,5 / \log 1,5 = n$
$n = 1$

FIGURA 10-2: Expoentes e logaritmos.

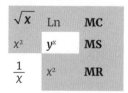

Daí a importância das duas teclas $\frac{1}{x}$ e y^x em aplicações de matemática financeira nas calculadoras.

$\sqrt{x}$	Ln	MC
x^2	y^x	MS
$\frac{1}{x}$	x^2	MR

Com um pouco de treino, você adquirirá mais habilidade e poderá operar com taxas de juro efetivo. Exemplo: $\sqrt[3]{12} = 12^{(1/3)} = 2,289428$.

A calculadora HP 12C, assim como os demais equipamentos eletrônicos para uso financeiro, trabalham com o logaritmo natural (**ln**) e pode ser usado pela tecla Ln. Trata-se de um logaritmo com base **e**, de um número irracional aproximadamente igual a 2,718281828459045..., chamado de número de Euler (para saber mais a respeito de Euler, revise o Capítulo 4). Apesar do logaritmo natural ser usualmente chamado de logaritmo neperiano, por causa de seu inventor, o matemático escocês John Napier (ou John Naper), este utilizou a base $\frac{1}{e}$ e não a base e.

Calculando Logaritmos no Excel

Já nas planilhas eletrônicas, especialmente no Excel, na parte de funções (*f*), estão disponíveis três tipos de logaritmo: Ln, Log e Log_{10}.

TABELA 10-1 Logaritmos

Tipo	Notação	Logaritmo do número	Logaritmo
Logaritmo natural	Ln	2,71828182845904	1
Logaritmo	Log	27 na base 3	3
Logaritmo de base 10	Log 10	100	2

NESTE CAPÍTULO

Usando a famosa regra de três

Mil e uma utilidades da regra de três composta

As razões e proporções estão presentes em todos os lugares

Divertindo-se com razões e proporções na vida empresarial

Divisões diretamente e inversamente proporcionais

Capítulo 11

Regra de Três e Razões e Proporções

Regra de Três

Algumas vezes os alunos questionam sobre a necessidade de entender conceitos matemáticos, pois nas suas ideias e bases escolares, ainda não conseguem entender tal utilidade. Por que racionalizar com fórmulas e conceitos se no trabalho os juros e pagamentos dos empréstimos são todos tabelados? Para isso tenho sempre uma resposta pronta: existem aqueles que leem as tabelas e outros que as constroem, a diferença salarial entre eles é enorme. Você já escolheu de qual grupo quer fazer parte?

DICA

A chamada *Regra de Três* é um conjunto de normas matemáticas simples que facilitam a comparação de grandezas proporcionais, ou seja, se numa determinada comparação de grandezas conhecemos três desses "termos", é possível calcular o quarto, aplicando um conceito elementar de proporção conhecido como regra de três e sua propriedade: o produto dos meios é igual ao produto dos extremos.

Regra de Três na Prática Comercial

Vejamos um exemplo. Se uma fábrica de equipamentos monta 28 monitores de televisão por semana, quantos montará no mês?

7 dias → 28 monitores
30 dias → ?

$$\frac{7 \text{ dias}}{30 \text{ dias}} = \frac{28 \text{ monitores}}{x \text{ monitores}} = \frac{7}{30} = \frac{28}{X} = X = \frac{30 \times 28}{7} = 120 \text{ monitores}$$

Mas isso não é tudo, pois o exemplo dos monitores trata apenas de duas grandezas: dias e monitores, aquilo que os matemáticos chamam de Regra de Três Simples. Entretanto, se acrescentarmos mais de uma variável, "número de montadores" por exemplo, operaremos a chamada Regra de Três Composta: em sete dias, dois montadores produzem 28 monitores. Quantos serão montados em trinta dias se o número de operários for aumentado para cinco?

Regra de Três Composta: Simples e Fácil de Usar

A regra de três composta é uma regra matemática simples e fácil de usar que auxilia na resolução de problemas, especialmente em ambientes de negócios. Entretanto, como o próprio nome indica, envolve três ou mais grandezas relacionadas e proporcionais. Para a resolução dos problemas é preciso colocar as grandezas em linhas sobrepostas.

"y" operários → "z" televisores → "x" dias

"β" operários → "α" televisores → "?" dias

Vejamos um outro exemplo. Para começar, é preciso colocar as informações "em linha".

"4" operários → montam "40" cadeiras → em "3" dias

Considerando que a empresa recebeu um grande pedido para equipar um auditório com 500 lugares, contanto que o mobiliário fosse entregue em duas semanas, quantos operários seriam necessários "alocar" na tarefa de montar cadeiras, para poder atender o cliente?

"4" operários → montam "40" cadeiras → em "3" dias

"y" operários → montam "500" cadeiras → em "14" dias

Uma vez colocados os dados "em linha", é possível suprimir os textos e, na equação resultante, "isolar" a incógnita, ou seja, começar a responder a pergunta. De início, colocaremos uma seta virada para baixo na relação que contém a letra "y".

$$\frac{4}{y}\downarrow = \frac{40}{500} = \frac{3}{14}$$

Em seguida, iniciamos a comparação de cada uma das relações com aquela que contém o "**y**". Aumentando o número de cadeiras montadas para 500, serão necessários mais operários (mais cadeiras, mais operários). Relação diretamente proporcional com o "**y**", seta para baixo nela. Aumentando o número de dias para 14 são necessários menos operários, então a relação é inversamente proporcional (mais dias, menos operários), coloque a seta para cima.

$$\frac{4}{y}\downarrow = \frac{40}{500}\downarrow = \frac{3}{14}\uparrow$$

Isso feito, resta agora igualar a razão que contém o termo "**y**" com o produto das outras razões, mas considerando o sentido das setas. Agora é montar a equação, mas não se esqueça de inverter o número de dias (14) para manter a coerência das setas.

$$\frac{4}{y} = \frac{40}{500} = \frac{3}{14} \rightarrow \frac{40 \times 14}{500 \times 3} = \frac{4}{y} \rightarrow \frac{560}{1.500} = \frac{4}{y}$$

$$\frac{560}{1.500} = \frac{4}{y} \rightarrow \frac{1.500 \times 4}{560} = 10,7, \text{ ou seja, 11 operários}$$

Razões e Proporções

O leitor deve ter percebido: tudo está ligado a frações, as quais, na linguagem comercial, são traduzidas em porcentagens e possuem uma aplicabilidade enorme no mundo empresarial. Dominar esses conceitos é fundamental para aquele que pretende vencer nos negócios.

Quais negócios, professor? Todos, simples assim, pois mesmo o consultório do terapeuta, o escritório do advogado, ou ainda a loja do agente de turismo, todos, indistintamente, precisam se expressar comercialmente, fazer pequenos cálculos, emitir recibos, dominar estatísticas, tudo isso para ganhar dinheiro. Ademais, uma vez ganha a remuneração, é necessário aplicar, ver quanto rendeu e assim por diante. Ou seja, os cálculos estão presentes na vida de todos na sociedade.

Nesse contexto, os conceitos de proporções e razões são de grande utilidade, pois servem como complemento da atividade empresarial. As razões e proporções são, em última análise, frações e, por conseguinte, porcentagens.

As Razões e Proporções Estão em Todos os Lugares

Ao ler o jornal antes de uma manhã de trabalho, recebemos a notícia de que a taxa de desemprego havia subido para 6%, isso significa que, em um grupo de 100, 6 pessoas que poderiam trabalhar não estavam empregadas.

Mesmo sem querer ou perceber, estamos permanentemente comparando grandezas por meio de uma divisão ou "razão". Operando o cálculo, obtemos o resultado em decimal, ou seja, 0,06 (6 dividido por 100), o qual, multiplicado por 100 e acrescentado o símbolo, mostra o resultado de 6%.

$$\frac{6 \ (pessoas \ desempregadas)}{100 \ (pessoas \ passíveis \ de \ ser \ empregadas)} = 0,06 = 6\%$$

Assim, matematicamente falando, a razão de dois números "a" e "b", ou quanto "a" está para "b", é a divisão entre "a" e "b". Mas, não se esqueça, "b" deve ser diferente de zero (b ≠ 0). Finalmente, a razão de "a" para "b" é assim exemplificada:

TABELA 11-1 Razão

Cálculo	Representação
A razão de 4 tentativas bem-sucedidas ao arremessar 8 bolas ao cesto é de 50%.	$\frac{4}{8} = \frac{2}{4} = \frac{1}{2} = 0{,}50 = 50\%$
A razão do salário de R$ 8 mil de João, para o salário de Pedro de R$ 2 mil, é de 200%.	$\frac{8}{4} = \frac{4}{2} = \frac{2}{1} = 2 = 200\%$
A razão das 6 pessoas desempregadas, para as 100 aptas a trabalhar, é de 6%.	$\frac{6}{100} = \frac{3}{50} = 0{,}06 = 6\%$

É claro que, se estiver trabalhando com números de mesma unidade, ou "grandezas da mesma espécie", como chamamos na matemática comercial, o raciocínio fica mais fácil: pessoas empregadas e pessoas desempregadas, em qualquer caso estamos tratando de "pessoas".

$$\frac{6 \ (pessoas \ desempregadas)}{100 \ (pessoas \ passíveis \ de \ ser \ empregadas)} = 0{,}06 = 6\%$$

Razões e Proporções para Comparar Grandezas

Todavia, a maior utilidade e aplicabilidade das propriedades das razões está nas comparações de grandezas cujas unidades são diferentes, por exemplo, televisores montados por operários, litros consumidos por segundo, quilômetros percorridos por hora e litros de combustível consumidos por quilômetro.

TABELA 11-2 Exemplo de Razão

Cálculo	Representação
A razão de 20 litros de água gastos em cada 5 segundos, é de...	$\frac{20}{5} = 4$ litros consumidos por segundo
A razão de 11 litros de combustível consumidos por quilômetro rodado, é de...	$\frac{11}{1} = 11$ litros gastos por quilômetro
A razão de percorrer 240 quilômetros em 2 horas, é de...	$\frac{240}{2} = \frac{120}{1} = 120$ quilômetros por hora

CAPÍTULO 11 **Regra de Três e Razões e Proporções**

Vejamos mais um exemplo.[1] A adulteração dos combustíveis tem sido um problema nos dias de hoje. O Posto A adiciona 2.500 litros de álcool para cada 10.000 litros de gasolina pura. Já o Posto B, com tanques de maior capacidade, coloca 3.500 litros de álcool para cada 14.000 litros de gasolina pura. Qual posto tem a gasolina de melhor qualidade?

$$\text{Posto A} = \frac{2.500}{10.000} = \frac{1}{4} = 0,25 = 25\% \ (25\% \text{ de teor de álcool na gasolina})$$

$$\text{Posto B} = \frac{3.500}{14.000} = \frac{1}{4} = 0,25 = 25\% \ (25\% \text{ de teor de álcool na gasolina})$$

Pode-se concluir que ambos os postos de gasolina mantém o mesmo teor de álcool adicionado à sua gasolina, ou seja, 25%. A proporção é a mesma.

Proporções na Vida Empresarial

As proporções são vitais na vida empresarial e estão em todos os lugares. Muitas vezes são usadas sem que o empresário saiba do que se trata, especialmente quando está fazendo previsões de demanda ou mesmo calculando custos.

Uma casa de eventos, pequena, mas suficientemente organizada, passou muitos meses fazendo estatísticas, orientada por um consultor do Sebrae (www.sebrae.com.br/sites/PortalSebrae), o maior especialista brasileiro em micro e pequenas empresas. "Mas, o que farei com tantas informações?" — perguntou o empresário ao consultor. "Confie e verás", foi a resposta. Assim, o empresário passou a coletar informações, como: adultos, crianças, homens, mulheres, carne, peixe, água com gás, águas sem gás, cerveja, espumante, uísque, sal, açúcar, café, flores e uma série infindável de dados, todos muito simples, lançadas numa planilha de Excel, apenas uma linha para cada evento.

FIGURA 11-1: Estatística da casa de eventos.

---

1 Exemplo baseado em Antonik, Luis Roberto. *Prática de matemática comercial*. FAE Business School — Material de trabalho em sala de aula dos cursos de Graduação e Pós-Graduação, Curitiba, 2004.

A seguir, reproduzimos uma parte da planilha orientada pelo Sebrae, representando o consumo de bebidas. O objetivo deste controle é saber o consumo das pessoas numa festa de casamento, pois, devido à diferença de público, ele varia conforme o tipo de festa.

Observe que nos eventos de casamento realizados no período planilhado, passaram pela casa 9.240 convidados e cada um deles consumiu meia garrafa de cerveja (0,49), ou seja, a proporção de cerveja consumida é 49 garrafas "proporcionalmente" a cada grupo de 100 convidados.

Deste modo, com os dados estatísticos, ao calcular o custo de um casamento para orçá-lo a um cliente, por exemplo, você seguirá o seguinte raciocínio na parte que diz respeito a bebidas:

TABELA 11-3   **Estatística de Custos**

49% dos convidados consumirão, em média, uma cerveja
220 pessoas serão convidadas para o casamento
49% de 220 é 108 garrafas (220 × 0,49)
108 garrafas de cerveja serão consumidas no evento

Resumindo:

$$\frac{49}{100} = \frac{x}{220} = \rightarrow x = \frac{49 \times 220}{100} \rightarrow x = \frac{10.780}{100} = 107,8 \text{ ou } 108 \text{ garrafas}$$

Confira, nesta propriedade fundamental, para ser uma proporção verdadeira ela deve atender a máxima de, percentualmente, representar o mesmo número:

$$\frac{49}{100} = 0,49 = 49\% \quad \rightarrow \quad \frac{108}{220} = 0,49 = 49\%$$

LEMBRE-SE

Dadas as razões "a" e "b" e "c" e "d", com "b" e "d" diferentes de zero (≠), encontramos uma proporção se "a" / "b" for igual (=) a "c" / "d", ou seja, "a" está para "b", assim como "c" está para "d". Confuso, não? Vamos tentar explicar melhor essa questão, pois trata-se de importante propriedade fundamental das proporções: o produto (multiplicação) dos meios é igual ao produto dos extremos, e vice-versa.

Situação A:

$$\frac{8}{10} = \frac{32}{40} = \frac{8 \times 40}{10 \times 32} = \frac{320}{320} = \text{é uma proporção, pois } \frac{8}{10} = 0,80 \text{ ou } 80\% \text{ e } \frac{32}{40} = 0,80 \text{ ou } 80\%.$$

CAPÍTULO 11 **Regra de Três e Razões e Proporções**   95

TABELA 11-4   Tabela de Custos

	A	B	C	D	E	F	G	H	I	J
1	Casamento	Data	Convidados confirmados	Cerveja	Uísque	Espumante	Refrigerante	Água	Vinho tinto	Vinho Branco
2	Jean/Paula	8/1/2014	200	100	5	20	100	50	20	5
3	Pedro/Luisa	8/2/2014	100	45	2	9	54	27	11	3
4	Carolina/Rui	15/9/2014	340	163	8	33	184	92	34	10
5	Mario/Maria	15/12/2014	130	72	3	16	66	39	18	5
#										
53	Soma		9.240	4.556	216	935	4.847	2.494	1.004	273
54	Porcentagem			0,49	0,02	0,10	0,52	0,27	0,11	0,03

Situação B:

$$\frac{8}{10} = \frac{10}{40} = \frac{8 \times 40}{10 \times 10} = \frac{320}{100} =$$ não é uma proporção, pois $\frac{8}{10}$ = 0,80 ou 80% e $\frac{10}{40}$ = 0,25 ou 25%.

Na segunda situação, a proporção de 80% não se manteve.

Divertindo-se com Razões e Proporções

Estudar razões e proporções é muito instigante, mas não é o objetivo deste livro esgotar o assunto, assim, deixaremos de lado uma parte deste assunto e dedicaremos atenção às aplicações práticas, usadas nas transações comerciais, as quais, por certo, tornarão a sua vida empresarial, seja qual for o negócio, mais prática.

As proporções diretamente proporcionais são aquelas nas quais ambas as grandezas aumentam do mesmo modo, ou, como dizem os matemáticos, na mesma proporção. No exemplo da casa de eventos, quanto maior o número de convidados para o casamento, maior será o consumo de cerveja. Confira outros exemplos:

» Quanto mais o carro "rodar", maior será a quilometragem e, como consequência, a proporção de tempo gasto.

» Para a marcenaria produzir mais cadeiras será preciso mais operários para montá-las.

» Aumentando a renda das pessoas, maior será o consumo de combustível, pois mais pessoas comprarão carros e as que já possuem veículos passarão a usá-los mais.

Alguns Exemplos de Proporções Usadas na Vida Comercial

As proporções são largamente usadas na vida comercial, mas, para entendê-las melhor, veremos como funcionam na prática de uma loja de equipamentos eletrônicos, como aparelhos de som e multimídia. A loja tem três vendedores. O empresário paga aos vendedores um salário fixo de R$ 1.800,00, mais uma comissão de 3% sobre o valor das mercadorias vendidas. Entretanto, para estimular as vendas mas também o conceito de trabalho em equipe, se os vendedores, em conjunto, alcançarem a meta do trimestre, recebem mais 3% de comissão, proporcionalmente ao total de vendas que cada um realizou. Deste modo, a remuneração ficará assim dividida:

> » Parcela fixa de R$ 1.800,00
>
> » Comissão mensal de 3% sobre as vendas realizadas no mês
>
> » Comissão trimestral de 3% sobre as vendas realizadas se a meta de vendas for alcançada

Mas qual a razão para o empresário não pagar logo os 6% para cada um dos empregados pelas suas vendas do mês? A razão é que essas metas dependem do desempenho conjunto, ou seja, a comissão só será paga se todos se esforçarem e colaborarem para o objetivo final da companhia: vender mais e mais.

TABELA 11-5 **Rateio de Custos**

Vendedor	Parcela das Vendas Mensal	Comissão Mensal Individual	Salário Fixo	Salário Total
Pedro	R$ 53.333,33	R$ 1.600,00	R$ 1.800,00	R$ 3.400,00
Paulo	R$ 74.666,67	R$ 2.240,00	R$ 1.800,00	R$ 4.040,00
Luis	R$ 85.333,33	R$ 2.560,00	R$ 1.800,00	R$ 4.360,00
Total	R$ 213.333,33			

Estimulados pelo sistema, ao final do trimestre as vendas mensais, cuja meta era de R$ 600.000,00, alcançou a cifra de R$ 640.000,00. Assim, mais 3% será devido aos vendedores. Entretanto, precisamos calcular a proporção que cada vendedor conseguiu em relação às vendas totais para distribuir o "bônus" trimestral adicional.

TABELA 11-6 **Proporção de Vendas**

Vendedor	Vendas Trimestrais Individuais	Percentual de Vendas	Proporção de Vendas Individual (%)
Pedro	R$ 160.000,00	25%	160.000,00 / 640.000,00 = 0,25 ou 25%
Paulo	R$ 224.000,00	35%	224.000,00 / 640.000,00 = 0,35 ou 35%
Luis	R$ 256.000,00	40%	256.000,00 / 640.000,00 = 0,40 ou 40%
Total das Vendas	R$ 640.000,00	100%	

Deste modo, o bônus extra dos vendedores será de R$ 19.200,00 (R$ 640.000,00 × 0,03), ou seja, 3% de R$ 640.000,00. Como dividir essa "bolada" proporcionalmente ao valor vendido por cada um deles?

TABELA 11-7 Proporção de Vendas por Vendedor

Vendedor	Percentual de Vendas Individual
Pedro	25%
Paulo	35%
Luis	40%
Total das Vendas	100%

Com o cálculo da proporção de cada um dos vendedores, resta agora distribuir a "bolada" entre os vendedores, ou seja:

TABELA 11-8 Proporção de Vendas por Vendedor

Vendedor	Parcela do Bônus	Percentual de Vendas Individual	Forma de Cálculo
Pedro	R$ 4.800,00	25%	R$ 19.200,00 × 0,25 = R$ 4.800,00
Paulo	R$ 6.720,00	35%	R$ 19.200,00 × 0,35 = R$ 6.720,00
Luis	R$ 7.680,00	40%	R$ 19.200,00 × 0,40 = R$ 7.680,00
Total das Vendas	R$ 19.200,00	100%	

Gostou? Se ficou animado, aproveite e calcule qual foi o desvio da meta de venda do trimestre:

$$Desvio = \left[\frac{valor\ alcançado}{meta\ projetada} - 1\right] \times 100$$

$$Desvio = \left[\frac{R\$\ 640.000,00}{R\$\ 640.000,00} - 1\right] \times 100 = 0,066666 = 6,67\%$$

As Relações Diárias com as Grandezas Numéricas

A maior parte das coisas com as quais trabalhamos diariamente tem relação com outras grandezas numéricas, ou seja, se uma aumenta, a outra também aumenta (ou diminui). Se você gosta de se exercitar correndo, quanto mais tempo se dedicar, maior será a quantidade de calorias consumidas, ou ainda, maior também será a distância percorrida. Pense nisso e transfira o pensamento para produtividade, produção, qualidade e resultados.

Mas tal relação de proporcionalidade nem sempre ocorre na mesma direção, quer dizer, algumas delas possuem sentido contrário, por exemplo, quanto mais rigor e testes colocar numa linha de montagem, menor será o número de defeitos verificados, maior será o índice de satisfação dos clientes e menores serão os valores de ressarcimentos e coberturas de garantias. Resumindo, temos a proporção direta e a proporção inversa.

Duas ou mais grandezas são diretamente proporcionais quando, aumentando uma delas **numa determinada razão**, a outra aumenta também na mesma razão. Em qualquer caso, a proporção é mantida.

Divisões Diretamente Proporcionais

Os elementos de um caso, ou grandezas, podem ser divididos proporcionalmente; entretanto, quando somadas, devem reproduzir o valor inicial, ou seja, 100%.

Uma pequena empresa prestadora de serviços que conserta aparelhos de ar-condicionado, fogões e geladeiras, entre outros produtos, tem uma parte das despesas facilmente contabilizada, pois se constitui da mão de obra dos reparadores, gastos com veículos e peças de reposição, os quais são facilmente alocáveis, pois têm uma relação direta com o serviço prestado.

Entretanto, os custos administrativos mensais, no valor de R$ 89.000,00, relacionados ao pessoal interno de apoio, manutenção de máquinas de escritórios, impressoras, luz e outras, não são diretamente atribuíveis aos serviços. Como distribui-los? Proporcionalmente ao custo direto seria um critério fácil.

O serviço que gera maior custo direto recebe parcela maior do custo indireto.

É claro que existem outros critérios de alocação de custos indiretos, talvez mais inteligentes, mas para a situação que estamos vivendo, este exemplo certamente servirá.

TABELA 11-9 Proporção de Despesas

Serviço	Despesas com Mão de Obra Direta	Proporção Direta (%) em Relação ao Total de Custos Diretos	Como Calcular a Proporção
Serviço Y	R$ 118.750,00	26%	26% (R$ 118.750,00 / R$ 449.500,00 − 1) × 100
Serviço G	R$ 155.000,00	34%	34% (R$ 155.000,00 / R$ 449.500,00 − 1) × 100
Serviço F	R$ 92.500,00	21%	21% (R$ 92.500,00 / R$ 449.500,00 − 1) × 100
Serviço J	R$ 58.250,00	13%	13% (R$ 58.250,00 / R$ 449.500,00 − 1) × 100
Serviço Z	R$ 25.000,00	6%	6% (R$ 25.000,00 / R$ 449.500,00 − 1) × 100
Total da despesa	R$ 449.500,00	100%	

Com a proporção que cada um dos custos diretos representa, resta agora calcular o valor correspondente ao custo indireto a ser atribuídos a cada um deles.

TABELA 11-10 Proporção de Custos Indiretos

Serviço	Despesas com Custos Indiretos	Proporção (%) em Relação ao Total de Custos Diretos	Como Calcular a Proporção de Cada Custo
Serviço Y	R$ 23.512,24	26%	26% × R$ 89.000,00
Serviço G	R$ 30.689,66	34%	34% × R$ 89.000,00
Serviço F	R$ 18.314,79	21%	21% × R$ 89.000,00
Serviço J	R$ 11.533,37	13%	13% × R$ 89.000,00
Serviço Z	R$ 4.949,94	6%	6% × R$ 89.000,00
Total da despesa	R$ 89.000,00		

Pelos cálculos efetuados, o Serviço "J", absorverá mais um total de R$ 11.533,37, pois a sua proporção em relação aos custos diretos é de 13% (13% × R$ 89.000,00).

Proporções Inversamente Proporcionais

Já as proporções inversamente proporcionais têm sentido contrário, pois se aumentar uma delas, a sua proporção correspondente, por exemplo, diminui. Se um ônibus que liga duas cidades, cuja distância é de 400 quilômetros, faz esse percurso em seis horas a uma velocidade de cerca de 70 quilômetros por hora, ao aumentar a velocidade média, para, digamos, noventa quilômetros por hora, o tempo gasto no percurso diminuirá para cerca de quatro horas e meia. Da mesma forma, se os custos operacionais de uma empresa diminuírem, os lucros, por outro lado, aumentarão.

DICA

Duas ou mais grandezas são inversamente proporcionais quando, aumentando uma delas **numa determinada razão**, a outra diminui também na mesma razão. A razão de cada elemento da primeira, pelo inverso de cada elemento correspondente da segunda, é igual. Em qualquer caso, a proporção é mantida.

Uma indústria metalúrgica produz vários tipos de pregos para múltiplas finalidades. Um prego com cabeça 17 × 21 é industrializado em uma máquina com capacidade para fabricar 1.800 quilogramas de pregos por dia. Se considerarmos que a fábrica possuiu dois tipos (basicamente) de custos, um variável e relacionado diretamente ao consumo da matéria prima, mão de obra e equipamento utilizado e outro fixo relacionado aos custos administrativos, podemos determinar que: quanto mais a quantidade produzida se aproximar da capacidade da máquina, menor será o preço e melhor a capacidade da empresa negociar com seus clientes, oferecendo-lhes descontos para enfrentar a concorrência.

TABELA 11-11   Controle de Custos

Número de Kg Produzidos	900	1.125	1.350	1.575	1.800
Custo variável unitário	R$ 15,60	R$ 15,60	R$ 15,60	R$ 15,60	R$ 15,60
Custo total com matéria-prima	R$ 14.040,00	R$ 17.550,00	R$ 21.060,00	R$ 24.570,00	R$ 28.080,00
Custo fixo total	R$ 9.600,00	R$ 9.600,00	R$ 9.600,00	R$ 9.600,00	R$ 9.600,00
Custo fixo por Kg Produzidos	R$ 10,67	R$ 8,53	R$ 7,11	R$ 6,10	R$ 5,33
Custo total	R$ 23.640,00	R$ 27.150,00	R$ 30.660,00	R$ 34.170,00	R$ 37.680,00
Custo total por peça fabricada	R$ 26,27	R$ 24,13	R$ 22,71	R$ 21,70	R$ 20,93

Com um custo fixo de R$ 9.600,00, quanto maior for a quantidade produzida, ou quanto mais ela se aproximar da capacidade de produção da máquina, menor será o valor do custo total, pois o custo fixo sempre permanecerá o mesmo, independentemente da quantidade produzida. Assim, produzindo 900 quilogramas de prego por dia, o custo total por peça será de R$ 26,27, mas se a produção estiver no máximo da capacidade esse valor cairá para R$ 20,93, uma redução, portanto, de 20,30% representado por:

$$\frac{R\$\ 26,27 - R\$\ 20,93}{R\$\ 26,27} = \frac{R\$\ 5,33}{R\$\ 26,27} = 0,2031 \text{ ou } 20,31\%$$

Ou seja, R$ 26,27 × 20,31% = R$ 5,33 e R$ 26,27 − R$ 5,33 = R$ 20,93

NESTE CAPÍTULO

Taxa de Câmbio com proporção, percentual ou relações entre grandezas?

O que é câmbio?

Vale a pena investir em moeda estrangeira?

Câmbio comercial e mercado de câmbio

Operar com câmbio: uma atividade para profissionais

Capítulo 12

Câmbio, Moedas, Razões e Porcentagens

Taxa de Câmbio

A Taxa de Câmbio é quanto pagamos proporcionalmente em moeda brasileira, o Real (R$), pela moeda do outro país, Dólar americano, Iene japonês, ou Peso argentino. Tal proporção de valor se altera continuamente por vários elementos e fatores: política, inflação, confiança, etc.

Em agosto de 1994, o Brasil tinha um sistema de câmbio fixo, ou seja, para cada 1 Dólar, um valor correspondente a 1 Real, explicando melhor, o Governo determinava o valor do Dólar em R$ 1,00. Você acredita que isso poderia funcionar? Pois é, não funcionou. O Dólar hoje, se atualizado pela inflação medida pelo IGP-M da FGV, para a data de dezembro de 2014, representaria um valor de pouco mais de R$ 5,50, no entanto, ao final de 2014 estava cotado a R$ 2,656 (PTAX), isso foi motivado por vários fatores econômicos que levaram à desvalorização da moeda americana. Como dissemos, a taxa flutua: já chegou a R$ 3,20, depois baixou para R$ 1,50 e em 2 de dezembro de 2014 estava em R$ 2,5567, mas fechou o mês a R$ 2,656. O PTAX é uma taxa de câmbio calculada durante o dia pelo Banco Central. Consiste na média das taxas informadas pelos operadores de dólar durante 4 janelas do dia. É a taxa de referência para o valor do Dólar de D2 (em dois dias úteis).

TABELA 12-1 Comparativo do Dólar 2014/2013

Tipo de Dólar	Dezembro de 2014	Dezembro de 2013	Variação
Comercial	R$ 2,662	R$ 2,357	12,94%
PTAX (Banco Central)	R$ 2,656	R$ 2,343	13,35%
Paralelo	R$ 2,860	R$ 2,52	13,49
Turismo	R$ 2,850	R$ 2,47	15,39%

Conforme a Tabela 12-1, a proporção de valor no último dia útil do mês de dezembro de 2014 da moeda americana era de dois reais e seiscentos e sessenta e dois milésimos, para cada um dólar americano.

Real	Dólar
R$ 2,662	US$ 1,00

Atualmente, a taxa de câmbio no Brasil é flutuante, ou seja, eleva-se ou deprime-se em função de razões de mercado, não obstante o Governo possua ferramentas de política monetária para tentar segurar grandes oscilações da moeda americana, para cima ou para baixo, quando isso for necessário.

Quando bens, mercadorias, máquinas, equipamentos e serviços são importados de outros países, como os da Comunidade Europeia ou dos Estados Unidos, por exemplo, efetuamos o pagamento em Dólar. Mas como não temos dólares em caixa, temos que "trocar" os Reais pela moeda americana. A esta operação chamamos câmbio.

A equivalência entre as moedas nada mais é que o preço em moeda nacional da moeda estrangeira, essa relação chamamos Taxa de Câmbio. Quando estabelecemos a taxa de câmbio, a conversão das moedas transforma-se numa regra de três simples e direta. Por exemplo, um turista em viagem para Nova Iorque economizou R$ 5.800,00 para gastar com compras e despesas. Sabendo que a taxa de câmbio Dólar/Real está cotada a 2,5567, quantos dólares a pessoa conseguirá comprar? Assim, o viajante levará US$ 2,269 para gastar na viagem.

$$\frac{US\$\ 1,00}{US\$\ ????} = \frac{R\$\ 2,5567}{R\$\ 5.800,00} \rightarrow \frac{R\$\ 5.800,00 \times 1,00}{R\$\ 2,5567} = US\$\ 2.268,549$$

O Que é Câmbio?

Num aspecto mais técnico, segundo o Banco Central do Brasil, câmbio é a operação de troca de moeda de um país pela moeda de outro país. Por que isso acontece? Porque os diferentes países, para manter a sua soberania, operam cada qual com a sua própria moeda. A tentativa mais bem-sucedida de unificar a moeda e assim eliminar o câmbio é a da Comunidade Econômica Europeia.

Isso ajuda ou atrapalha o trânsito das pessoas e o comércio entre os países? Atrapalha e muito; acontece, com raras exceções, de poucos países conseguirem impor a sua moeda e fazer negócios com ela. O Dólar americano reina senhor absoluto nessa área. Até mesmo uma transação entre Brasil e Alemanha é convertida de Euro para Dólar e depois para Real, ou vice-versa. E entre Alemanha e China? Acontece a mesma coisa, tudo é convertido em Dólar.

O melhor conselho que alguém pode dar a respeito de câmbio é: afaste-se dele, pois é uma área para especialistas. Use apenas quando for indiscutivelmente necessário. Vejamos um exemplo de pessoa física que vai viajar para a Europa e depois de pagar as passagens e hotéis reservou R$ 10.000,00 para despesas diversas e compras. Neste caso, o viajante teria quatro opções:

» Trocar o dinheiro brasileiro por Dólar

» Trocar o dinheiro brasileiro por Euro

» Trocar o dinheiro brasileiro por uma parte em Dólar e outra em Euro

» Levar um cartão de crédito

Nem pense em economizar nessa operação, faça logo opção pela que lhe for mais fácil, pois:

> » Ao trocar o seu Real por Dólar ou Euro nas casas oficiais, pagará um imposto (IOF) de 0,38%, mais a taxa de administração do operador. Ao chegar no destino, se o preço daquilo que estiver comprando for em Euros (lembre-se que estamos viajando para a Europa), na Alemanha, por exemplo, pague em Euros.
>
> » Já se estiver na Inglaterra, Suíça, Suécia, Dinamarca e outros países do Velho Continente, terá que converter os seus dólares ou euros na moeda local, se trocar numa casa de câmbio vai pagar novamente imposto e taxas. Se trocar com o hotel ou dono da loja com a qual está negociando, por certo este lhe imporá uma taxa com padrões africanos.
>
> » Já se pagar com cartão de crédito, o preço da etiqueta, o imposto (IOF) no Brasil será de 6,38%. Sem fazer muitas contas, acredito que a melhor e mais segura maneira é pagar com o cartão de crédito. A engenharia e as múltiplas taxas, na ponta do lápis, lhe custarão muito mais que o IOF, isso sem falar nos riscos de carregar dinheiro vivo ou alguém lhe "passar a perna" quando for trocar o dinheiro ou fazer o chamado "câmbio".

Quem Regula o Câmbio no Brasil?

No Brasil, o mercado de câmbio é regulamentado e fiscalizado pelo Banco Central que disciplina as operações de compra e venda de moeda estrangeira, realizadas por intermédio das instituições autorizadas. Já os denominados "fora da lei" operam um mercado chamado paralelo (claro que é ilegal).

A cotação, relação entre as moedas, muda a todo instante, desde a abertura do banco até o último segundo do fechamento, às 16 horas e 59 minutos. Normalmente, as variações acontecem de Real para Dólar e depois repercutem para as outras moedas. Entretanto, no mercado de câmbio não há regras, assim, pode ser que a Libra Britânica tenha uma alta, o Dólar caia e o Euro permaneça estável. Veja o que aconteceu com algumas moedas no dia 2 de dezembro de 2014; existe algo racional entre suas cotações?

TABELA 12-2   Cotação de Moedas

Moeda	Compra	Venda	Variação %
Dólar comercial	R$ 2,5737	R$ 2,5757	0,67%
Dólar turismo	R$ 2,5400	R$ 2,6400	−1,86%
Euro	R$ 3,1788	R$ 3,1825	−0,39%
Libra	R$ 4,0151	R$ 4,0198	−0,29%
Peso argentino	R$ 0,3008	R$ 0,3011	0,30%

Observe o movimento do Dólar comercial no dia 2 de dezembro de 2014, às 16 horas e 59 minutos, na tabela a seguir.

TABELA 12-3   Cotação do Dólar

Horário	Valor para Compra	Valor para Venda	% Variação em Relação ao Dia Anterior	Variação em Moeda	Preço Máximo do Dia	Preço Mínimo do Dia
16:59	2,5737	2,5757	0,6680%	R$ 0,0171	2,5782	2,5589

Cotação registrada em 02/12/2014 as 16:59.

Mais um ponto de atenção: quando nos referimos ao Dólar comercial, estamos falando do Dólar PTAX (www.bc.gov.br/?MERCCAMFAQ), mas existem muitos, dezenas de tipos diferentes de Dólar: à vista, comercial, PTAX, turismo, cabo, paralelo, apenas para mencionar os principais. Ademais, todos têm preços diferentes para compra e para venda.

Comprar moedas estrangeiras também é uma forma de especulação ou "investimento". Vejamos um exemplo de como a negociação de moeda estrangeira funciona.

TABELA 12-4   Câmbio de Moedas

Ação dos "investidores"	Euros	Dólares Americanos
Uma pessoa comprou 10.000 Euros no início de 2001 quando a taxa EUR/USD era 0,9600 (um Euro valia 0,96 dólares).	+10.000	−9.600
Em dezembro de 2014, a pessoa troca seus 10.000 Euros de volta em dólares americanos à taxa de mercado de 1,235664.	−10.000	+12.356
Nesse exemplo, o "investidor" obteve um lucro bruto de US$ 2.756.	0	+2.756
Lucro da operação	0	28,71%

Com tal operação, o investidor lucrou 28,71% ((12.356 / 9.600 − 1) × 100). Valeu a pena? É claro que não, passou por um tremendo stress e correu risco elevado. Se tivesse aplicado em Letras do Tesouro Nacional teria ganho muito mais e sem riscos. Lembre-se que os especialistas do mercado de câmbio de moedas compram hoje e vendem amanhã; profissionais não seguram a moeda por longos períodos de tempo, pois o lucro vem da rotatividade, do conhecimento do mercado e, principalmente, de saber aproveitar uma oportunidade.

Vale a Pena Investir em Moeda Estrangeira?

Mas quando vale a pena investir em moeda estrangeira? Bem, se não for um especialista e estiver comprando e vendendo todos os dias, a resposta é: **nunca**. Entretanto, se tiver uma dívida em Dólar é bom investir na operação contrária. Veja exemplo de uma empresa que importou uma máquina e deve $ 115,000. Se o Dólar subir, ela perde pois o valor a pagar em Reais será maior, às vezes estupidamente maior, podendo levar a empresa à falência, isso mesmo, assim como aconteceu com a Sadia. Já o contrário, se baixar, ela ganha.

Deste modo, para fugir do risco, o empresário inteligente vai até a BM&FBovespa e compra um contrato de $ 115.000, pagando por isso uma taxa de 0,3%, por exemplo. Se o Dólar subir, ele perde no pagamento do equipamento, mas, por outro lado, ganha no contrato da BM&FBovespa. Observe ainda que ele gastou $ 345 dólares de taxas, que você poderia chamar de "seguro" ($ 115.000 × 0,003), mas dorme tranquilo e sem riscos.

Câmbio Comercial

Como já vimos, a esmagadora maioria dos países não têm uma moeda com respeitabilidade e confiabilidade internacional, como é o caso do Brasil. Deste modo, tais moedas não são aceitas nas relações comerciais. Nesse contexto, as transações internacionais são na maioria realizadas em Dólar americano. Imaginemos que uma empresa da área gráfica deseja importar uma máquina do Japão. Consultado o catálogo de preços, verificou-se que a impressora custa JPY 1.797.450,00 (JPY é a sigla da moeda japonesa Iene), quase dois milhões por uma impressora que esperávamos pagar em torno de R$ 50 mil? Calma, vamos verificar a proporção e fazer a conversão em Real primeiro.

Consultando o site do Banco Central, às 16 horas e 19 minutos do dia 3 de dezembro de 2014, verificamos que a relação do Iene japonês com o Dólar americano é de JPY 0,0083 para $ 1 (um Dólar). E, em relação ao Real brasileiro é de JPY 0,0213 para R$ 1 (um Real) (www.forexyard.com/pt/como-fx-negociacao-funciona).

TABELA 12-5 Cotação do Iene

Horário	Valor para Compra	Valor para Venda	% Variação em Relação ao Dia Anterior	Variação em Moeda	Preço Máximo do Dia	Preço Mínimo do Dia
16:19	0,0213	0,0213	-1,2440%	R$ 0,0003	0,0213	0,0215

Cotação registrada em 03/12/2014 às 16:19.

Assim, como a impressora está sendo anunciada por JPY 1.797.450,00, vamos convertê-la em Real para se ter uma ideia do preço.

Quantidade de Iene × fator de conversão = JPY 1.797.450,00 × 0,0213 = R$ 38.285,69

Como o preço ficou dentro da nossa expectativa, é só fazer o pedido e pagar os JPY 1.797.450,00? Não, agora é que começam os problemas. Manifestando a intenção de compra, receberemos uma proposta formal da indústria japonesa, no entanto a mesma será oferecida em Dólares. O fornecedor da máquina, lá no Japão, consulta o seu banco e verifica que a cotação do Iene é de JPY 0,0085 para $ 1 (um Dólar). Mas você acabou de dizer que a cotação era de JPY 0,0083 para $ 1 (um Dólar). É verdade, mas as cotações do câmbio mudam a todo instante, assim, a taxa de conversão já está alterada.

Quantidade de Iene × fator de conversão = JPY 1.797.450,00 × 0,0085 = R$ 15.278,33

Deste modo, o pedido será emitido com o valor da máquina cotado a $ 15.278,33 (dólares). Então, mais uma vez recorremos ao site do Banco Central para saber quanto vai custar a máquina, em Real.

TABELA 12-6 Cotação do Dólar

Horário	Valor para Compra	Valor para Venda	% Variação em Relação ao Dia Anterior	Variação em Moeda	Preço Máximo do Dia	Preço Mínimo do Dia
16:59	2,5554	2,5567	-0,7380%	-R$ 0,0190	2,5842	2,5495

Cotação registrada em 03/12/2014 às 16:59.

Ufa, afinal sei que pagarei R$ 39.062,09 ($ 15.278,33 × 2,5567), certo? Errado mais uma vez, pois apenas saberá o valor a pagar quando for fechar a taxa de câmbio para pagamento da máquina, segundo foi estipulado no pedido.

Imaginemos por hipótese que a máquina tinha a promessa de entrega em 15 de fevereiro de 2015 e que neste dia a cotação de fechamento do Dólar PTAX800 do Banco Central, o qual ficou estabelecido no contrato como moeda devida, foi feita às 16 horas e 59 minutos a R$ 2,7743. Então o valor a pagar seria de R$

42.386,66 ($ 15.278,33 × 2,7743, não consideramos impostos e taxas aduaneiras). Resumindo, temos a evolução do valor a ser pago pela máquina.

TABELA 12-7   **Comparação de Cotações do Iene**

Procedimento	Valor
Consulta ao catálogo de preços; a impressora custa JPY 1.797.450,00.	?
Consulta ao BC, às 16 horas e 19 minutos do dia 3 de dezembro de 2014, para ter uma ideia do preço, JPY 1.797.450,00 a R$ 0,0213.	R$ 38.285,69
Emitido pedido com o valor da máquina cotado a $ 15.278,33 Dólar a 2,5567.	R$ 39.062,09
Entrega em 15/02/2015, efetuado fechamento do câmbio para pagamento dos $ 15.278,33, pela cotação de fechamento no valor de R$ 2,7743 ($ 15.278,33 × 2,7743)	R$ 42.386,66

Mercado de Câmbio

O mercado de trocas de moedas é um agente de grande utilidade, capaz de realizar suas trocas. A esse conjunto de organizações que no Brasil são regulamentados pelo banco Central, denominamos Mercado de Câmbio (bancos, corretoras, distribuidoras, agências de turismo e meios de hospedagem). Mas a revelia de tudo está a engenharia financeira, como em qualquer lugar do mundo, aparece o mercado paralelo de moedas, no qual as pessoas e as empresas não têm nenhuma garantia para operar e que funciona bem, mais ou menos em base da garantia do corretor, ou seja, esse profissional pode se comportar mal uma vez, mas não duas, pois ao fazê-lo, estará fora do mercado.

Para complicar ainda mais esse assunto já difícil, no Brasil existem dois sistemas de câmbio: livre ou comercial e flutuante ou turismo. No mercado livre, podem ser realizadas operações tais como:

» Comércio exterior, exportação e importação;

» Atividades governamentais: federal, estadual e municipal;

» Investimentos estrangeiros no País sujeitos a registro no Banco Central, e;

» Pagamentos e recebimentos de serviços nas mais diversas áreas da economia.

Já no mercado flutuante ou "turismo", podem ser realizadas operações de compra e venda de moeda estrangeira para o turismo internacional, contribuições a entidades associativas, doações, heranças, aposentadorias e pensões, manutenção de residentes e tratamento de saúde.

3 A Base da Matemática Financeira

NESTA PARTE . . .

A matemática financeira e comercial funciona em todo o mundo sobre o conceito do "valor do dinheiro no tempo", que compreende um conjunto de princípios lógicos e sustentáveis sob o ponto de vista social e moral. Com o advento das planilhas eletrônicas e das calculadoras, ganha importância a ideia do "fluxo de caixa", ou seja, a entrada e saída de dinheiro.

Finalmente, o ponto alto desta parte, as taxas de juros. Elas são milhares, de todos os tipos e formatos; nós veremos as principais taxas de juros simples e compostos. Ainda, veremos com detalhes as taxas: real, equivalente, por dentro, por fora e também as taxas de inflação, ou aquelas taxas que medem a perda (ou o ganho) do poder aquisitivo da moeda.

> **NESTE CAPÍTULO**
>
> Os fundamentos da cobrança do juro
>
> Existe o chamado empréstimo de pai para filho?
>
> Quem empresta dinheiro precisa ser recompensado por isso
>
> Quem toma dinheiro emprestado está antecipando realizações no futuro

Capítulo 13

Conceito de Juros e Valor do Dinheiro no Tempo

O Valor do Dinheiro no Tempo

Toda a matemática financeira e comercial está alicerçada sobre o conceito do "valor do dinheiro no tempo", o qual contém alguns princípios elementares de usura. Ao examiná-los, verá que eles têm lógica e são sustentáveis sob o ponto de vista social e moral.

> » Qualquer deslocamento do dinheiro no tempo pressupõe uma taxa de juro associada;
>
> » Não se pode "mover" o dinheiro no tempo, do período "a" para o período "b", sem uma taxa de juro associada;
>
> » Não existe cessão de dinheiro no tempo, pelo indivíduo "a" para o indivíduo "b", sem o pagamento de um aluguel, ou juro;
>
> » Por princípio, o dinheiro sempre será devolvido, embora mais tarde veremos que há um risco associado;
>
> » Quando o indivíduo "a" cede dinheiro para o indivíduo "b", ele abre mão de realizar necessidades imediatas, por isso deve ser recompensado com o pagamento do juro;
>
> » Quando o indivíduo "b" recebe dinheiro emprestado do indivíduo "a", ele antecipa a realização de necessidades que só poderia realizar no futuro, mas tem que pagar por isso.

Fundamentos do juro

Suponha que uma pessoa possua uma reserva de dinheiro acumulada com algum esforço. Com essa quantia ela poderia realizar vários desejos: viajar, trocar o carro ou comprar uma roupa melhor. Poderia até mesmo adquirir uma casa para morar. Mas está disposta a abrir mão desses desejos, agora, para quem sabe, realizá-los no futuro.

Considere um outro indivíduo, que trabalhou menos, ou não teve tanta sorte, sem dinheiro no momento, e que, no entanto possui possibilidade forte de tê-lo no futuro. Essa pessoa tem desejos para serem satisfeitos, dos quais, o mais importante é comprar uma casa para morar.

FIGURA 13-1:
Poupador e o tomador de empréstimo

Assim, da conjunção dessas aspirações, o indivíduo com dinheiro abre mão da realização dos seus desejos, de modo a permitir que outra pessoa antecipe a sonhada compra da casa própria. De outro lado, aquele que não tinha capital, agora também está satisfeito pois tem dinheiro "emprestado".

Para resumir tudo, a pessoa com dinheiro espera receber no futuro a quantia originalmente emprestada, acrescida de um aluguel (especificamente, juros). Considere essa renúncia como um prêmio, pois deixou de usufruir do que o dinheiro proporciona agora, para receber uma quantia maior no futuro. Lembre-se, pelos princípios não há possibilidade do dinheiro não ser devolvido e muito menos que não venha com um acréscimo (juros). Mais adiante, na Parte IV, dedicada aos Juros Compostos, discutiremos melhor essa questão e aprofundaremos o assunto, inclusive para entender os riscos envolvidos na operação financeira.

FIGURA 13-2:
Poupador receber seu dinheiro de volta acrescido de juros.

> **NESTE CAPÍTULO**
>
> Qual a razão de entender os fluxos de caixa?
>
> Os formatos de fluxos de caixa são múltiplos e variados
>
> Usando fluxos de caixa no dia a dia
>
> Dias, meses, trimestres e anos nos fluxos de caixa

Capítulo 14
Fluxo de Caixa

Sempre oriento meus alunos a não tentarem pensar exponencialmente, a melhor forma de racionalizar é escrevendo o pensamento no papel. Confesso que demorei para entender isso; entretanto, se refletir a respeito verá que as matemáticas financeira e comercial são elementares, e mesmo com a conta mais difícil envolvendo expoentes são equações consideradas simples perto daqueles cálculos horrorosos que fazíamos quando trabalhávamos com derivadas e integrais.

Entretanto, o difícil é entender a questão e racionalizar o problema. A solução é transformar tudo em fluxo de caixa, pois uma vez que consiga colocar o problema no formato de um fluxo de caixa, acabou.

Imagine uma pessoa com R$ 1.000,00 no dia 1º de janeiro, sabendo que o valor foi aplicado durante todo o ano, em 31 de dezembro teria rendido juro, totalizando R$ 1.126,83. Representando em formato de fluxo de caixa pela Figura 14-1; sai R$ 1.000,00 do caixa e entra R$ 1.126,83.

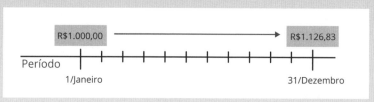

FIGURA 14-1: Fluxo de caixa.

CAPÍTULO 14 **Fluxo de Caixa** 119

Tem Quem Goste de Fórmulas Matemáticas

Ora, se for bom com fórmulas, sabe que o valor de 01/01/2018, R$ 1.000,00, está no presente, já o valor de R$ 1.126,83 está no futuro, o problema fala de um período de um ano e coloca como dúvida qual a taxa de juro fez a importância de R$ 1.000,00 virar R$ 1.126,83 (veja o desenvolvimento da Fórmula 15-1, no Capítulo 15).

$VF = VP (1 + i)^n$
$VF = R\$ 1.126,83$ (valor futuro)
$VP = R\$ 1.000,00$ (valor presente)
$i = ?$ (taxa de juro)
$n = 1$ (número de períodos)

$R\$ 1.126,83 = R\$ 1.000,00 (1 + i)^1$

$$\frac{1.126,83}{1.000,00} = (1 + i)^1$$

$1,12683 = (1 + i)^1$
$1,12683 - 1 = i$
$i = 0,12683 = 12,68\%$

Trabalhando com uma calculadora eletrônica financeira HP 12C, por exemplo, fica mais fácil ainda, basta inserir os dados e mandar calcular o "i" (veja no Capítulo 5 os sinais e convenções usados neste livro), o resultado já aparecerá no formato de porcentagem: 12,68%. Confira em seguida o visor da calculadora.

n	i	PV	PMT	FV	Modo
1	?	1.000,00	0	1.126,83	FIM

Estudaremos mais detalhadamente as taxas de juro e o uso da calculadora no Capítulo 15. Então é fundamental entender como funciona o fluxo de caixa, porque o cálculo e o entendimento do problema ficam muito facilitados. Conto para os meus alunos que, quando a calculadora e o Excel não existiam, essa conta era tão difícil que apenas engenheiros podiam resolver, até a matéria na universidade chamava-se Engenharia Econômica.

Por Que Precisamos Entender os Fluxos de Caixa?

Entenderemos melhor o fluxo de caixa já que ele é tão espetacular. Um determinado contrato prevê pagamentos e recebimentos, num espaço de quinze períodos e precisamos calcular a taxa de juros dessa operação.

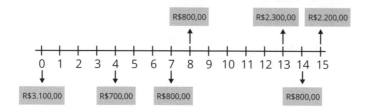

FIGURA 14-2: Fluxo de caixa.

Inseridos os valores no formato de fluxo de caixa, percebe-se que alguns estão colocados acima da linha do horizonte e são positivos: R$ 800,00, R$ 2.300,00 e R$ 2.200,00, vamos chamá-los de *entradas de Fluxo de Caixa*. Já os valores abaixo da linha do horizonte são negativos: R$ 3.100,00, R$ 700,00, R$ 800,00 e R$ 800,00, vamos chamá-los de *saídas de Fluxo de Caixa*.

LEMBRE-SE

Isso é importante? Muito, mas muito mesmo. Acontece que, para calcular a taxa efetiva de juro, usamos uma fórmula extremamente complexa do ponto de vista matemático. Colocarei um exemplo dela aqui apenas para ilustrar a questão, mas não se preocupe com isso agora, pois veremos esse assunto mais à frente no Capítulo 18, que aborda juro composto, vários pagamentos e prestações.

$$VP = PMT \frac{1 - (1 + i)^{-n}}{i}$$

Como observado, a incógnita "i" está no numerador e no denominador, assim, para achar a taxa, quando ela for o objetivo da nossa procura, teremos que fazê-lo por tentativa e erro. É claro que você pode pedir para cinco engenheiros do ITA e eles resolverão isso em conjunto, na mão, em meia hora.

Explicando melhor, a planilha ou a calculadora exigem que insira os valores no formato de fluxo de caixa, com entradas positivas e saídas negativas. Depois, por tentativa e erro fazem o cálculo, procurando a taxa que torna a soma dos valores (entradas e saídas) igual a zero. Vamos estudar isso mais detalhadamente nos

Capítulos 20 e 21, nos quais abordamos as técnicas do Valor Presente Líquido (VPL) e da Taxa Interna de Retorno (TIR). Observe na Tabela 14-1 um fluxo de caixa em formato de planilha, o mesmo usado pelo Excel e a pela HP 12C. Insisto, tente sempre que possível fazer os cálculos com o Excel, pois as calculadoras são indicadas para coisas simples e rápidas.

TABELA 14-1 Fluxo de Caixa no Formato de Planilha Excel

A	B	C	D
Período	Valor		
0	–R$ 3.100,00		
1	R$ 0,00		
2	R$ 0,00		
3	R$ 0,00		
4	–700,00		
5	R$ 0,00		
6	–R$ 800,00		
7	R$ 0,00		
8	R$ 800,00		
9	R$ 0,00		
10	R$ 0,00		
11	R$ 0,00		
12	R$ 0,00		
13	R$ 2.300,00		
14	–R$ 1.700,00		
15	R$ 2.200,00		

Veja agora como fica o mesmo fluxo de caixa na calculadora HP 12C.

TABELA 14-2 Função Fluxo de Caixa da HP 12C

Valor	Tecla Auxiliar	Função
−3.100,00	g	CFo
0,00	g	CFj
3	g	Nj
−700,00	g	CFj
0,00	g	CFj
−800.00	g	CFj
0,00	g	CFj
800,00	g	CFj
0,00	g	CFj
4	g	Nj
2.300,00	g	CFj
−1.700,00	g	CFj
2.200,00	g	CFj
	f	TIR
Resposta	TIR =	

Se prestou atenção, notou que os valores das entradas foram inseridos com sinal positivo (implícito) e das saídas de caixa com o sinal negativo. De outro modo, estas duas ferramentas, Excel e HP 12C, não teriam como fazer o cálculo da taxa de juro.

DICA

Todos os cálculos complexos de juros são realizados pelo fluxo de caixa. Quando a incógnita for a taxa ela não poderá ser calculada pela fórmula. O resultado é impreciso e seria necessária muita habilidade matemática para fazê-lo. Já com o fluxo de caixa e a ajuda da planilha ou da calculadora, encontrar esses valores, períodos e taxas, será uma tarefa muito mais fácil.

Formatos de Fluxos de Caixa

Os fluxos de caixa no formato gráfico, como o da Figura 14-2, são excelentes ferramentas para ajudar a "pensar" um problema. Tome uma folha de papel e um lápis e "desenhe" a operação que está estudando.

Este tipo de fluxo de caixa é dividido em períodos, cujas frequências são regulares e não podem ser misturadas, por exemplo: meses. Veja que o fluxo tem uma saída de caixa no instante "0" de R$ 3.100,00 e mais três saídas nos instantes 4, 6 e 14. Mas, também tem três entradas de caixa, nos meses 8, 13 e 15, respectivamente. Mas o período de tempo é sempre "**mês**".

LEMBRE-SE

É muito importante entender: ao executar os cálculos na planilha ou calculadora, devemos usar este formato: entradas positivas (+) acima da linha do horizonte e saídas negativas (−), abaixo da linha do horizonte. E pode esquecer aquela apostila de matemática financeira cheia de exemplos e fórmulas. Na prática, sem a planilha eletrônica ou a calculadora você não executará os cálculos do dia a dia e terá apenas uma ideia do que deveria ser o resultado. E aqueles cinco engenheiros do ITA lhe faltarão na hora do aperto. Mesmo com uma poderosa calculadora como a HP 12C, algumas operações não poderão ser executadas.

Para que serve a apostila então? Para que firme os conceitos, pois eles serão indispensáveis no momento de fazer a conta; não é pouco. Para analisar um projeto de investimento, sem planilha não há acordo.

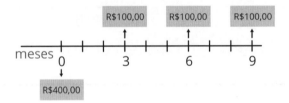

FIGURA 14-3:
Fluxo de caixa.

Além da representação gráfica para cálculos simples e avaliações superficiais, o fluxo de caixa ou *cash flow*, como é chamado em inglês, também pode ser representado como uma planilha, conforme a Tabela 14-1. Recomendo sempre aos meus alunos para que usem o Excel, inclusive para cálculos simplificados. Pois com o uso sistemático da planilha adquire-se outras habilidades significativas para sua empregabilidade, sem mencionar que o Excel está em todos os lugares: na aula, no notebook, em casa ou no trabalho. Por outro lado, o nível técnico e a acuracidade exigida nas empresas atualmente tornam a planilha recomendável. Entenda isso com reservas, pois se estiver trabalhando na "mesa" de um banco e a calculadora atender suas necessidades, use-a. Ademais, nessas circunstâncias seria mais difícil usar o Excel. Tudo dependerá do ambiente.

Para definir os conceitos de entradas e saída de fluxo de caixa, considere:

> » **Entradas:** ingressos de recursos financeiros no caixa da empresa, tais como receitas à vista e a prazo, empréstimos de curto e longo prazos, descontos de duplicatas, comissões, juros recebidos, alienações de bens, etc.

> **Saídas:** pagamentos efetuados, por exemplo, água, aluguel, condomínio, empréstimos, fornecedores, folha de pagamento, impostos, luz, telefone, etc.
>
> Nos **cálculos de matemática financeira e comercial**, consideramos fluxos de caixa exclusivamente financeiros, ou, como chamam os contadores, regime de caixa.

Neste livro sempre preferimos representar os fluxos de caixa no modo gráfico, pois, como dissemos, eles são mais simples e fáceis de entender, embora na prática os recomendemos apenas para cálculos superficiais.

Usando Fluxos de Caixa no Dia a Dia

Uma loja de eletrodomésticos está oferecendo um aparelho de televisão por R$ 600,00 à vista. Caso o cliente deseje, o aparelho poderá ser adquirido em seis prestações, sem entrada, de R$ 160,00. Se você tem dinheiro aplicado a 0,8% ao mês o que seria melhor? Pagar à vista ou financiar? Antes de fazer o cálculo, é preciso analisar a questão, ver quais variáveis estão disponíveis e quais estamos procurando. O fluxo de caixa nos dará essas informações para inserir na calculadora, sendo VP o valor presente e PMT o valor da prestação.

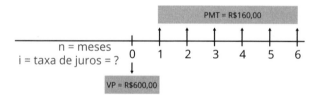

FIGURA 14-4: Fluxo de caixa.

Com a ajuda de uma calculadora financeira, calcularemos a taxa de juro deste financiamento "i".

n	i	PV	PMT	FV	Modo
6	?	−600,00	160,00	0	FIM

A taxa de juro cobrada no financiamento do televisor é de 2,8% ao mês, muito maior que o rendimento da aplicação, assim a melhor decisão é sacar da aplicação e pagar à vista.

Neste momento, não se preocupe com os cálculos, pois eles apenas ilustram os modelos de fluxos de caixa que estamos estudando. Na Parte IV, destinada a juros compostos vamos analisá-los com todos os detalhes.

Os Períodos Usados na Composição dos Fluxos de Caixa

Os períodos do fluxo de caixa podem ser os mais variados, mas tenha atenção, pois é necessário manter a coerência entre eles, não podendo, por exemplo, inserir dias no meio de meses. Ou faz tudo em meses ou faz tudo em dias. Se os valores correspondem a meses, faça com que todos os períodos sejam meses. Pior, se o período for em dias do mês, mesmo que tenha apenas um pagamento por mês, monte o fluxo de caixa no formato planilha, usando dias e depois aloque os valores na data certa.

DICA

Quando estiver usando calculadora financeira ou planilha, nunca deixe as células em branco. Caso não exista a ocorrência de um valor no período, insira um zero.

Se os dados do fluxo de caixa forem no formato de dias, quando mandar calcular a taxa, por exemplo, o Excel (ou a calculadora) lhe dará a resposta em taxa ao dia. Mas, se o parâmetro comparativo for em meses, será necessário transformar essa taxa diária em mensal. Para saber mais a respeito, veja o Capítulo 15, que aborda taxas de juro e taxas equivalentes.

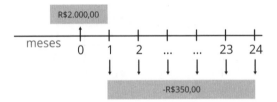

FIGURA 14-5:
Fluxo de caixa.

No exemplo da Figura 14-5, o valor de R$ 2.000,00 é inserido com sinal positivo e os vinte e quatro valores de R$ 350,00, com sinal negativo. Se tivesse inserido ao contrário, não haveria problema, o cálculo é feito do mesmo modo. Mas atenção, as entradas devem estar com o mesmo sinal, assim como as saídas. Se misturar os sinais, seu resultado estará errado.

As calculadoras têm uma tecla especial para trocar o sinal, na HP 12C é a tecla **CHS** (*change signal*, ou trocar sinal em inglês).

$\sqrt{x}$	Ln	y^x
x^2	CHS	PMT
$\dfrac{1}{x}$	x^2	FV

126 PARTE 3 **A Base de Toda Matemática Financeira...**

CUIDADO

Uma pergunta frequente dos alunos é: por que a calculadora informou "erro" na operação da Figura 14-4? Ora, a calculadora não poderia calcular a taxa sem a inversão do sinal, seja do valor à vista, R$ 600,00, ou das prestações R$ 160,00. Como a operação é feita por tentativa e erro, a máquina calcula o valor presente das seis prestações de R$ 160,00 a uma determinada taxa de juro, depois soma com o valor à vista de R$ 600,00, e, quando esta soma der zero, a taxa então foi encontrada. Veremos esse assunto no Capítulo 21, "A maior amiga dos financeiros, taxa interna de retorno".

DICA

Eu sei que estou sendo repetitivo, mas insisto, faça como na Figura 14-6: quando estiver construindo um fluxo de caixa, seja qual formato escolher, gráfico ou planilha, insira zeros onde não ocorrerem valores, porque do contrário o computador ou a calculadora farão a interpretação dos tempos ou períodos errados e isso lhe custará o emprego. Confira também nas Tabelas 14-1 e 14-2.

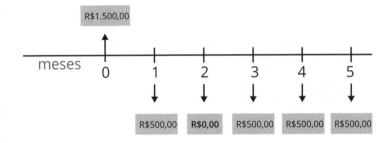

FIGURA 14-6: Fluxo de caixa.

> **NESTE CAPÍTULO**
>
> Taxas nominais, simples, lineares ou proporcionais
>
> Taxa efetiva de juros: o custo real
>
> Taxa equivalente composta e sua utilização na HP 12C
>
> Transformando taxas lineares/simples em efetivas/compostas
>
> Taxa real, aparente e over
>
> As diferenças entre taxa por dentro e taxa por fora; taxa de desconto e taxa de juro

Capítulo 15
Taxas de Juros

N ada é mais complicado que o assunto taxas de juros. Mas a complicação não é matemática. A dificuldade está na profusão de nomes, notações, nomenclaturas e formas especiais de aplicação. Poucos conseguem dominar o assunto, até mesmo os mais versados.

Mais adiante desmistificaremos o tema e esclareceremos os pontos importantes, dando ênfase ao que é relevante, para compreender e dominar pelo menos o básico.

Quantos São os Tipos de Taxas de Juros?

São dezenas os tipos diferentes de taxas de juros e nós, professores, sempre estamos inventando mais uma para mostrar superioridade. Entretanto, apenas uma taxa interessa: a taxa efetiva da operação. Por quê? Ora, a taxa efetiva é o custo real da operação, não importa a história que lhe contem, calcule sempre a taxa efetiva da operação e dominará o assunto, mas, principalmente, saberá quanto aquela operação está lhe custando.

Um financiamento habitacional cobra taxa de 12% ao ano. Então a taxa de juro é 1% ao mês? A taxa efetiva é de 12% ao ano? A resposta é não para as duas perguntas. Os bancos, para facilitar o entendimento dos clientes e até dos seus gerentes na linha de frente, simplificam o assunto de maneira que todos possam entender a operação. Entretanto, tal simplificação não significa que a taxa mostrada ao cliente, ou que está nominada no contrato, é aquilo que "efetivamente" está sendo pago. Essa taxa é chamada de taxa aparente.

Imagine a seguinte situação hipotética: você foi ao banco fazer um empréstimo de um mês:

>> **Primeira situação:** João, a taxa de juro é de 12% ao ano, dividiremos essa taxa por doze meses e você pagará juro de 1% ao mês.

>> **Segunda situação:** João, a taxa de juro é de 12% ao ano efetiva, como o empréstimo é de um mês, aplicaremos a taxa equivalente efetiva mensal de 0,94989% ao mês.

Não precisa nem comentar, a segunda situação é constrangedora. É muito mais fácil entender a primeira.

Para exemplificar e dar mais detalhes: 12% ao ano é a taxa nominal, ou seja, está escrita (nominada, aparente) no contrato, mas se for aplicada a 1% ao mês (12 ÷ 12 = 1) sobre o saldo devedor mensal, a sua aplicação resultará num valor "efetivo" maior que 12%, ou seja, a taxa efetiva será de 12,68%.

Taxa Aparente	Taxa Efetiva
12% ao ano	12,68% ao ano

TABELA 15-1 **Juro: Capitalização Composta**

Período	Capital	Taxa	Juro	Montante
0	R$ 1.000,00	× 1%	R$ 10,00	R$ 1.010,00
1	R$ 1.010,00	× 1%	R$ 21,10	R$ 1.021,10
2	R$ 1.021,10	× 1%	R$ 33,30	R$ 1.033,30
	...			
8	R$ 1.093,69	× 1%	R$ 104,62	R$ 1.104,62
9	R$ 1.104,62	× 1%	R$ 115,67	R$ 1.115,67
10	R$ 1.115,67	× 1%	R$ 126,83	R$ 1.126,83

Para calcular a taxa resultante da operação, basta aplicar uma fórmula simples. Para entender melhor esse cálculo, veja o Capítulo 23.

$$\left(\frac{Valor\ atual}{Valor\ inicial} - 1\right) \times 100$$

$$\left(\frac{R\$\ 1.126,83}{R\$\ 1.000,00} - 1\right) \times 100 = 12,68\%$$

Para manter a coerência dos 12%, seria necessário fazer um cálculo separado encontrando a taxa equivalente ao mês, aos 12% ao ano, como veremos adiante ainda neste capítulo.

Então o banco está me enganando? Não, ele apenas disse que a taxa "nominal" do seu contrato é de 12% ao ano, aplicada mensalmente sobre o saldo devedor a 1% ao mês. Toda atenção para a taxa estipulada no contrato, mas principalmente, saiba como calcular a taxa efetiva que resultará da aplicação. A seguir, alguns tipos de taxas mais usadas nas transações comerciais.

- » Taxa Nominal
- » Taxa Efetiva de Juros
- » Taxa Real
- » Taxa Over
- » Taxas de Inflação
- » Taxa de Desvalorização da Moeda
- » Taxa por Dentro ou Taxa de Desconto
- » Taxa por Fora ou Taxa de Juro

Taxa de Juros Simples

As taxas aplicadas no mercado financeiro quase sempre são taxas nominais (aparentes). Esses tipos de taxa são simples de aplicar e entender. Para encontrar a **taxa de juros simples** correspondente, também chamada de linear, nominal ou proporcional basta multiplicar pelo número de períodos. Já na via contrária é só dividir.

Taxa Simples ou Nominal

Da Menor para a Maior	Da Maior para a Menor
1% ao mês × 12 meses = 12% ao ano	12% ao ano ÷ 12 meses = 1% ao mês

Então, se um contrato de financiamento estipular uma taxa linear ou simples de 18% ao ano, a taxa mensal equivalente será encontrada pela simples divisão de 18% por 12 meses, ou seja, 1,5% ao mês. Já o contrário, uma taxa linear ou simples de 2% ao mês equivale a 24% ao ano. Basta multiplicar 2% por 12 meses para encontrar a taxa anual.

CUIDADO

Essas taxas são normalmente chamadas de "aparentes", pois são expostas aos clientes deste modo por ser mais fácil de entender, mas não têm relação direta com o custo "efetivamente" pago. Quem determina o custo é o modo de capitalização da taxa, por meio do qual o cliente poderá calcular a taxa efetiva da operação financeira.

O site do Banco Central publica sistematicamente as taxas cobradas pelos bancos para a utilização do cheque especial, ao mês e ao ano. Entretanto, para fazer a conta, o banco utiliza um método muito elementar, aplicando a taxa de forma simples ou nominal (linear). Veja em seguida o modo de aplicação dessa taxa com um exemplo para bancos hipotéticos.

TABELA 15-2   Taxas de Juros do Cheque Especial

Posição	Instituição	% a.m.	% a.a.
1	Banco A	2,95	41,69
10	Banco B	6,94	123,74
13	Banco C	8,94	179,31
14	Banco D	9,08	183,76
15	Banco E	9,79	206,86
16	Banco F	10,46	230,13
17	Banco G	12,37	305,16

A taxa do cheque especial incide sobre o saldo devedor do cliente. Ressalte-se que elas são muito caras, não porque os bancos ganham muito, mas porque têm características especiais;

» Possuem um custo de disponibilidade, ou seja, o cliente usando ou não, o dinheiro está a sua disposição.

» Atendem um tipo de cliente financeiramente pressionado e com grau de inadimplência fora dos padrões, pois só recorre ao cheque especial quem está precisando. O índice de risco é alto.

» O cliente paga pelo período utilizado, portanto, quanto mais tempo o cliente demorar para pagar, maior será o saldo de juro cobrado.

Para calcular a taxa de juro diária, siga o roteiro abaixo, com os dados da Tabela 15-2 (Banco D), mas atenda às seguintes premissas:

» A taxa cobrada ao mês é de 9,08%
» A quantidade de dias do mês comercial é trinta (30)
» O cliente ficou oito dias negativos no cheque especial
» O valor negativo no cheque especial, nos oito dias, foi de R$ 700,00

Para calcular a taxa diária, basta dividir a taxa mensal por 30, pois trata-se de uma aplicação de taxa de juro simples ou linear:

(9,08 ÷ 30 dias) = 0,30267% ao dia ou 0,0030267 (centesimal)

Para aplicar a taxa de juro diário é preciso do valor (R$ 700,00) e dos dias utilizados (8 dias):

Juro = R$ 700,00 × 8 × 0,0030267 = R$ 16,95

Assim, o cliente terá um débito na conta-corrente de R$ 16,95, referente ao valor do juro devido ao Banco. Na prática isso pode ser um pouco mais complicado, pois como o mercado financeiro é muito dinâmico, o valor da taxa pode mudar no período. Do mesmo modo, o cliente pode apresentar saldos negativos diferentes em vários dias. Neste caso, se a taxa não variasse, o cálculo seria feito somando os saldos negativos dos vários dias e sobre eles aplicando a taxa de 0,30267% ao dia.

Uma observação curiosa. Embora a taxa simples que aparece na coluna "% a.m." da Tabela 15-2 sirva de referência para aplicação sobre o saldo devedor do cliente do cheque especial, o Banco Central também mostra taxa no formato anual na última coluna "% a.a.". Entretanto, neste caso, ela aparece numa taxa efetiva equivalente ao ano. Adiante, ainda neste capítulo, estudaremos a taxa efetiva equivalente de juro. Como é uma taxa simples, ele poderia fazer o seguinte cálculo: 12 × 2,95 = 35,40% ao ano; entretanto, ela aparece com o valor de 41,69% ao ano, como consta da Tabela 15-2 (Banco A).

Nas aplicações de juro simples, a proporção sempre será mantida, ou seja, se a taxa for de 12% ao ano, aplicada mensalmente sobre o saldo devedor, o valor mensal da taxa é de 1%.

Como estamos tratando de juro simples, a taxa incide sobre o valor inicial, no exemplo da Tabela 15-3, R$ 100,00, do primeiro ao último período. A seguir, quando tratarmos de taxa efetiva e taxa equivalente composta veremos que os resultados serão diferentes.

TABELA 15-3   **Taxa de Juro Linear ou Simples**

Período	Valor Presente	Taxa de Juro	Juro	Valor Futuro
1	R$ 100,00	1%	R$ 1,00	R$ 101,00
2	R$ 100,00	1%	R$ 1,00	R$ 102,00
3	R$ 100,00	1%	R$ 1,00	R$ 103,00
4	R$ 100,00	1%	R$ 1,00	R$ 104,00
5	R$ 100,00	1%	R$ 1,00	R$ 105,00
6	R$ 100,00	1%	R$ 1,00	R$ 106,00
7	R$ 100,00	1%	R$ 1,00	R$ 107,00
8	R$ 100,00	1%	R$ 1,00	R$ 108,00
9	R$ 100,00	1%	R$ 1,00	R$ 109,00
10	R$ 100,00	1%	R$ 1,00	R$ 110,00
11	R$ 100,00	1%	R$ 1,00	R$ 111,00
12	R$ 100,00	1%	R$ 1,00	R$ 112,00

Resumindo, para encontrar a taxa equivalente em juro simples, basta dividir ou multiplicar. Na Tabela 15-4 encontramos na coluna da esquerda a transformação da taxa maior na menor e na coluna da direita, temos a taxa menor e a maior correspondente.

TABELA 15-4   Taxa Anual de Juro Linear ou Simples

Da Maior para a Menor		Da Menor para a Maior	
12%	1%	0,75%	9%
24%	2%	1%	12%
36%	3%	1,5%	18%
6%	0,5%	2,5%	30%
3%	0,25%	3%	36%

Taxas de Juros Simples ou Compostas

O professor Amilton Dalledone (www.bc.gov.br – acesso em 13/12/2014), tem uma forma muito interessante para explicar a taxa efetiva de juro. É claro que ele desenvolve todas as fórmulas e estabelece as relações matematicamente, coisa que também faremos adiante. (Nos exemplos a seguir, mantivemos os valores reais, mas eliminamos os nomes dos bancos para não ferir suscetibilidades.) Em juro composto, ao transformar uma taxa maior, 12% ao ano, por exemplo, numa taxa menor de 0,9489% ao mês, é indispensável manter a mesma proporção, como se o juro fosse calculado todos os meses sobre o saldo devedor do mês anterior, acrescido de novo juro. Um pouco a frente, em taxas equivalentes compostas, veremos isso na prática.

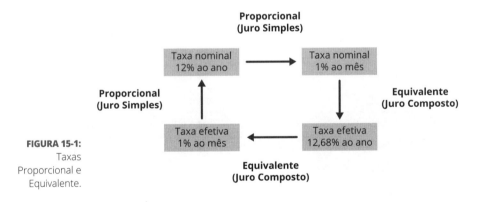

FIGURA 15-1: Taxas Proporcional e Equivalente.

CAPÍTULO 15 **Taxas de Juros**   135

Taxa Efetiva de Juros: o Que Você Realmente Está Pagando

Observando a Tabela 15-5, vemos que, quando uma taxa nominal é aplicada mensalmente e o juro incide sobre o saldo devedor do período anterior, isto é, o capital mais o juro, o resultado não será 12%, mas 12,68% ao ano.

A Tabela 15-5, mostra no período 1 que o juro no valor de R$ 1,00 foi calculado sobre o saldo devedor de R$ 100,00, portanto o montante desta operação é de R$ 101,00. No segundo período, o juro é calculado sobre o montante do período anterior, ou seja, R$ 101,00 resultando no valor de R$ 1,01 e cujo montante será de R$ 102,01.

Esta operação se repete até o período 12, ou seja, o juro é calculado sobre o valor principal mais o juro, é juro sobre juro. Ora, se calcularmos a variação percentual desse resultado veremos que o juro da operação foi de 12,68% e não de 12%.

Conclusão: embora a **taxa aparente seja de 12% ao ano**, se aplicada a 1% ao mês (12 /12) **a taxa efetiva da operação resultará em 12,68%**.

TABELA 15-5   Taxa de Juro Efetiva

Período	Valor Presente	Taxa de Juro	Juro	Valor Futuro
1	R$ 100,00	1%	R$ 1,00	R$ 101,00
2	R$ 101,00	1%	R$ 1,01	R$ 102,01
3	R$ 102,01	1%	R$ 1,02	R$ 103,03
4	R$ 103,03	1%	R$ 1,03	R$ 104,06
5	R$ 104,06	1%	R$ 1,04	R$ 105,10
6	R$ 105,10	1%	R$ 1,05	R$ 106,15
7	R$ 106,15	1%	R$ 1,06	R$ 107,21
8	R$ 107,21	1%	R$ 1,07	R$ 108,29
9	R$ 108,29	1%	R$ 1,08	R$ 109,37
10	R$ 109,37	1%	R$ 1,09	R$ 110,46
11	R$ 110,46	1%	R$ 1,10	R$ 111,57
12	R$ 111,57	1%	R$ 1,12	R$ 112,68

$$\text{Taxa de juro} = \frac{\text{Valor futuro}}{\text{Valor presente}} - 1$$

$$\text{Taxa de juro} = \frac{112,68}{100,00} - 1 = 0,1268 = 12,68\%$$

Na verdade, como veremos no Capítulo 17, tudo dependerá de como o juro for capitalizado. Independentemente da taxa de juro usada, o custo para o cliente é a taxa efetiva.

Taxa Efetiva de Juros e o Valor Futuro

Repetiremos o raciocínio porque é importante. O valor futuro é igual ao valor presente mais o próprio valor presente vezes a taxa de juro, representado pela equação: VF = VP + (VP × i). Mas, se você escrevesse uma fórmula assim, seu professor de matemática não gostaria, pois eles adoram simplificar tudo e isso acaba complicando para nós mortais.

Como o valor presente (VP) é 100% da quantia que temos hoje, ao escrevermos a fórmula na forma decimal ele se torna simplesmente "1". Então, no lugar do VP, para não ficar repetindo, coloque **1**. (se estiver na dúvida, revise o Capítulo 8.)

VF = VP × (**1** + i)

Muito bem, mas e se o cálculo for para mais de um período? Como explicamos no Capítulo 9, embora não se escreva, todos os valores estão elevados a potência de 1.

VF = VP × (1 + i)^1

Assim, no segundo período, a equação seria VF = VP + (1 + i)^1 × (1 + i)^1. Ora, podemos simplificar essa equação e deixar o professor de matemática feliz, repetindo a base e somando os expoentes, resultando em VF = VP + (1 + i)^2. E se forem 12 períodos? Simplesmente coloque a potência de 12 (para revisar o assunto potências, vá para o Capítulo 9).

VF = 100,00 × (1 + 0,01)^{12} = R$ 112,68

Deduziremos essa fórmula com mais detalhes e explicações adiante no Capítulo 17.

VF = VP (1 + i)^n

DICA

Quando calculamos valores com fórmulas e planilhas eletrônicas, a taxa é sempre apresentada na forma decimal, ou seja, para 1% insira 0,01. Para saber mais sobre isso, consulte o Capítulo 6.

O juro composto sempre calcula o juro sobre a parcela acumulada de capital mais o juro do período anterior, assim o resultado das taxas é diferente, quando comparada com a taxa de juro simples ou linear.

Taxa efetiva composta 1% = 12,68%

Taxa simples linear 1% = 12,00%

Taxa Equivalente Composta

Analisando a Tabela 15-6, percebe-se que, para manter a proporção de 12% ao ano, se a taxa usada for efetiva, a taxa de juro deverá ser menor que 1%; caso contrário, a taxa efetiva será de 12,68% e não de 12% como pretendido. A Tabela 15-6 mostra que a taxa efetiva ao mês, equivalente a 12% ao ano, é 0,9489% ao mês.

TABELA 15-6   **Cálculo de Juro: Capitalização Composta**

Período	Valor Presente	Taxa de Juro	Juro	Valor Futuro
1	R$ 100,00	0,9489%	R$ 0,95	R$ 100,95
2	R$ 100,95	0,9489%	R$ 0,96	R$ 101,91
3	R$ 101,91	0,9489%	R$ 0,97	R$ 102,87
4	R$ 102,87	0,9489%	R$ 0,98	R$ 103,85
5	R$ 103,85	0,9489%	R$ 0,99	R$ 104,84
6	R$ 104,84	0,9489%	R$ 0,99	R$ 105,83
7	R$ 105,83	0,9489%	R$ 1,00	R$ 106,83
8	R$ 106,83	0,9489%	R$ 1,01	R$ 107,85
9	R$ 107,85	0,9489%	R$ 1,02	R$ 108,87
10	R$ 108,87	0,9489%	R$ 1,03	R$ 109,90
11	R$ 109,90	0,9489%	R$ 1,04	R$ 110,95
12	R$ 110,95	0,9489%	R$ 1,05	R$ 112,00

Resumindo mais uma vez:

Taxa efetiva composta 1,0% ao mês = 12,68% ao ano

Taxa efetiva composta 0,9489% ao mês = 12,00% ao ano

Taxa simples linear 1,0% ao mês = 12,00% ao ano

Aplicando a fórmula para tirar a prova, constatamos que o teste é positivo:

$$VF = 100,00 \times (1 \times 0,009489)^{12} = R\$\ 112,68$$

Conclusivamente, quando pensar em taxa equivalente, tenha em mente que a transformação de mês para ano, ou de ano para mês, de qualquer forma, resultará em 12%, mantendo a proporção. Aplicando a fórmula confirmamos isso.

VF = VP × (1 + i)^n

112,68 = 100,00 × (1 + i)^{12}

$\dfrac{112,68}{100,00}$ = (1 + i)^{12}

(1,1268)1/12 = 1 + i

1 − 0,009489 = i

i = 0,009489 = 0,9489%

Multiplicamos o resultado final de 0,009489 por cem e acrescentamos o símbolo de percentual, resultando em 0,9489% ao mês.

Para aqueles que adoram fórmulas, os livros de matemática financeira trazem uma equação que resolve a questão. No entanto, insistimos que é melhor entender o conceito, pois quando estiver trabalhando certamente não terá tempo de consultar a sua lista de fórmulas e uma resposta pronta e rápida pode fazer diferença na sua reputação profissional.

Fórmula 15-1: Taxa Equivalente Composta.

iq = [(1 + it)$^{q/t}$ − 1] × 100

Em que:
iq = taxa que eu quero
it = taxa que eu tenho
q = número de períodos que eu quero
t = número de períodos que eu tenho

Assim, a taxa anual efetiva, equivalente a 1% ao mês, capitalizada mensalmente, será calculada como:

iq = [(1 + 0,01)$^{12/1}$ − 1] × 100 = 12,68% ao ano

O inverso dessa operação também pode ser calculado pela mesma fórmula, mas lembre-se que, como o expoente é fracionário, deve começar a conta por ele (veja mais detalhes no Capítulo 5):

iq = [(1 + 0,12)$^{1/12}$ − 1] × 100 = 1% ao mês

Uma rede de supermercados informava em anúncio de jornal que um televisor da marca Philco, modelo LED smart HD 40' estava em oferta por R$ 1.197,00, ou então em 15 prestações sem juro no cartão. Entretanto, caso o cliente desejasse pagar em 24 parcelas, haveria cobrança de juro de 2,13% ao mês, com custo efetivo de 28,78% ao ano. A propaganda diz a verdade? O juro efetivo cobrado é realmente de 28,78% ao ano?

Vamos tirar a prova.

iq = [(1 + it)$^{q/t}$ − 1] × 100

iq = [(1 + 0,0213)$^{12/1}$ − 1] × 100 = 28,78% ao ano

Veja um interessante exemplo de taxa efetiva de juro. As LCI e LCA são investimentos muito rentáveis, possuem baixo risco (corre-se o risco do banco) e são isentas de imposto de renda. As taxas de remuneração das LCI estão sempre atreladas à taxa do CDI. Para exemplificar, imagine que tem uma soma em dinheiro e o banco lhe prometeu rendimento igual ao do CDI (100%). A taxa é baseada em 252 dias úteis, ou seja, se o CDI subir, ela sobe também, e o contrário também é verdadeiro.

A conta da remuneração da LCI é feita diariamente. Se o CDI está a 12%, será preciso calcular a taxa diária, seguindo o procedimento da fórmula (veja mais detalhes no Capítulo 15):

Taxa diária do CDI = $(1 + 0{,}12)^{\frac{1}{252}}$ = 1,00044982

Calculando a taxa efetiva ao dia, equivalente a 12% ao ano para um período de 252 dias (veja mais neste Capítulo), obtém-se 0,044982% ao dia. Para atualizar o saldo devedor da sua aplicação, o banco apenas multiplicaria o valor investido por 1,00044982. Se nada mudasse no mercado, no dia seguinte o procedimento seria o mesmo. Entretanto, se a taxa baixasse ou aumentasse, recalcular-se-ia a remuneração conforme vimos antes.

Veja o cálculo na fórmula da taxa equivalente:

iq = [(1 + it)$^{q/t}$ − 1] × 100

iq = [(1 + 0,12)$^{1/252}$ − 1] × 100 = 0,044982% ao dia

Brincando com a Taxa Equivalente Composta na HP 12C

De brincadeira, com os meus estudantes, ensino a decorar os passos para calcular a taxa equivalente, cantando uma musiquinha, um modo lúdico de fazer esta transformação na HP 12C:

TABELA 15-7   Conversão de Taxas na HP 12C

Da Taxa Maior para a Menor		Da Taxa Menor para a Maior	
Número	**Tecla**	**Número**	**Tecla**
12	Enter	0,9489	Enter
100	Divide (÷)	100	Divide (÷)
1	Mais (+)	1	Mais (+)
12	Inverte (1/x)	12	Eleva (yˣ)
	Eleva (yˣ)	1	Menos (−)
1	Menos (−)	100	Vezes (×)
100	Vezes (×)	**Resultado**	0,9489%
Resultado	0,9489%		

Em sala de aula, a transformação da taxa efetiva de 12% em taxa efetiva anual é entoada em coro desta forma:

doze entra...

cem divide...

um mais...doze inverte e eleva...

um menos...

cem vezes...

Quando entender bem o conceito praticando essa importante informação, poderá fazer a conta por meio da calculadora, com um pouco mais de trabalho, mas também funciona, confira no visor:

Da maior para a menor, resultado 0,9489%

n	i	PV	PMT	FV	Modo
12	?	−100,00	0,00	112,000	FIM

Da menor para a maior, resultado 12,0%

n	i	PV	PMT	FV	Modo
1	?	−100,00	0,00	112,000	FIM

Entretanto, minha experiência diz que isso é tão básico, mas ao mesmo tempo tão importante no mercado de trabalho, que essa conta somos obrigados a decorar, nos moldes da Tabela 15-7.

Transformando Taxas Lineares/Simples em Efetivas/Compostas

Como já mencionado, embora o fundamental para o consumidor seja a taxa efetiva, a taxa linear (juro simples) é muito usada no mercado financeiro. Geralmente, a taxa linear é apresentada em valores anuais, 24% ao ano, por exemplo. Entretanto, uma vez explicado o regime de capitalização, a sua aplicação pode passar a ser composta.

Como isso não é uma regra, tome muito cuidado ao aplicar cláusulas contratuais que estabeleçam o pagamento de juros e taxas.

O custo da taxa linear é igual ao custo da taxa efetiva apenas no primeiro período de capitalização do juro. Sempre que os períodos de capitalização forem diferentes, a taxa efetiva terá um valor maior (compare as Tabelas 15-3 e 15-5).

Como exemplo, uma taxa linear de 24% ao ano, aplicada para o período de um ano, trará custo idêntico ao de uma taxa composta efetiva, se o interstício de tempo também for igual.

> Taxa linear = R$ 100,00 + R$ 100,00 (0,24 × 1) = R$ 124 ou taxa de 24% ao ano

> Taxa composta = R$ 100,00 + R$ 100,00 (0,24 × 1) = R$ 124 ou taxa de 24% ao ano

Todavia, se os períodos de capitalização do juro forem diferentes, o custo para o cliente será maior com a aplicação da taxa composta.

Do mesmo exemplo, uma taxa linear de 24% ao ano, aplicada para um período de 180 dias (meio ano), sobre o mesmo empréstimo de R$ 100,00:

> Taxa de juro simples (linear) = R$ 100,00 + [R$ 100,00 × ($\frac{24/100}{360}$ × 180)]
>
> Taxa de juro simples (linear) = R$ 100,00 + (R$ 100,00 × 0,12)

O total pago pelo cliente será de R$ 112,00, ou seja, valor principal (VP) de R$ 100,00, mais juro de R$ 12,00 no semestre.

> Taxa linear anual = $\frac{112,00}{100,00}$ = 0,12 × 2 = 0,24 ou 24% ao ano

O montante (VF) da aplicação da taxa linear foi de R$ 112,00 no semestre, resultando numa taxa de 12% ao semestre, ou simplesmente 24% ao ano.

Já se os períodos forem diferentes, e o custo para o cliente for maior, essa equação será representada matematicamente por:

Fórmula 15-2: Transforma a taxa de juro simples (linear) em efetiva composta.

$$\text{Taxa efetiva} = \left[\left(\frac{\text{taxa linear anual}/100}{360} \times n + 1\right)^{360/n} - 1\right] \times 100$$

$$\text{Taxa.Efetiva} = \left[\left(\frac{24/100}{360} \times 180 + 1\right)^{360/180} - 1\right] \times 100 = 25{,}44\% \text{ ao ano}$$

Taxa Simples ou Linear	Taxa Composta ou Efetiva
12% ao semestre ou 24% ao ano	12% ao semestre ou 25,44% ao ano

Taxa Real

Um amigo me contou que está fazendo uma excelente aplicação num novo fundo de investimento, que lhe foi oferecido e serve unicamente aos clientes exclusivos, o caso dele. A remuneração é de 11,25% ao ano em valores de hoje, mas atrelada a 100% da variação do CDI. Realmente, uma taxa desse tamanho não é para qualquer um.

Entretanto, ela não representa o ganho real da sua aplicação, é preciso verificar alguns detalhes para conferir a taxa que está recebendo.

Não estou dizendo que a taxa apresentada ao amigo é ruim; entretanto, eu gostaria que você soubesse que o ganho real da transação não é de 11,25%, digo isso porque normalmente as operações financeiras têm outros custos "embutidos" como inflação, impostos e taxas administrativas. A taxa de 11,25% é uma taxa aparente.

» Taxa de administração do fundo
» Taxa de imposto de renda incidente sobre este tipo de investimento
» Taxa de inflação

Uma vez descontadas as outras taxas, poderá racionalizar sobre o ganho real da aplicação. A primeira vista parece ser ótima, pois uma aplicação que remunera a 100% do CDI é para poucos.

Vou apimentar um pouco essa questão.

O fundo de investimento cobra uma taxa de administração anual de 0,5%. A taxa do imposto de renda é igual a 15% sobre o rendimento da aplicação de mais de 720 dias, conforme Tabela 15-8. Finalmente, a taxa de inflação calculada pelo IPCA/IBGE para o período é de 6,41% ao ano. Mas se descontar todas estas taxas do investimento aplicarei num ativo com retorno negativo? Nem tanto, é preciso fazer a conta, mas certamente o resultado será menor.

Não estamos falando em ganhar mais ou menos, tratamos de explicar que a taxa oferecida pelo banco é uma "taxa aparente", ou poderíamos também chamá-la de "taxa bruta". Para calcular o ganho real é preciso descontar a inflação, pelo menos. Para saber mais a respeito veja, no Capítulo 22, "Acompanhar Investimentos e Mercado: um Hábito Saudável".

TABELA 15-8   **Incidência de IR sobre Operações Financeiras**

Prazo	IR (%)
Até 180 dias	22,50%
De 181 até 360 dias	20%
De 361 até 720 dias	17,50%
Acima de 720 dias	15%

Para avaliar o investimento em questão, suponha que foram investidos R$ 10.000,00 em 1º de janeiro e, em 31 de dezembro, tal quantia estava acumulada em R$ 11.050,00 (Tabela 15.9).

TABELA 15-9   **Simulação de Aplicação Financeira**

Operação	Valor
Valor aplicado em 1º de janeiro	R$ 10.000,00
Juros recebidos no período	R$ 1.050,00
Subtotal	R$ 11.050,00
Imposto de renda provisionado (15%)	(R$ 157,50)
Subtotal	R$ 10.892,50
Inflação medida pelo IPCA/IBGE (6,41%)	(R$ 703,98)
Valor líquido parcial	R$ 10.188,52

A Taxa Real É Assustadora

Apesar de assustador, é verdadeiro: o valor aplicado de R$ 10.000,00 resultou num montante bruto (VF) de R$ 11.050,00. Mas todos sabem que este rendimento é apenas "aparente" e as avaliações precisam ser feitas em termos reais. Em síntese o valor foi de R$ 10.188,52, ou seja, rendeu, em termos reais, 1,9% ao ano. Não é ruim.

$$\text{Taxa real} = \left(\frac{10.188,52}{10.000,00} - 1\right) \times 100 = 0,01885 \text{ ou } 1,9\% \text{ no ano}$$

TABELA 15-10   Cálculo da Taxa de Juro Real

Taxa Aparente	11,25%
(–) Taxa de inflação	6,41%
(–) impostos	15%
(=) **Taxa real**	1,9%

Imaginemos outra hipótese. Seis felizardos ganhadores da Mega Sena da Virada, dividirão o prêmio de R$ 263.295.552,66. Cada um deles receberá R$ 65.823.888,16. O primeiro, mais conservador, aplicou o valor integralmente na caderneta de poupança. O segundo, terceiro e quarto preferiram investir no CDB e o quinto e o sexto aplicaram o dinheiro num fundo de renda fixa. De acordo com a Tabela 21-5, do Capítulo 21, a caderneta rendeu 7,08% em 2014, o CDB rendeu 9,89% e o fundo de renda fixa 11,55%. Se em 2015 o rendimento, por hipótese, for igual a 2014, qual será o rendimento real comparado com o IPCA e quanto cada um ganhará no ano em valores nominais e também em termos reais? Considere a 6,41% para a variação do IPCA 2014.

TABELA 15-11   Análise de Aplicações Financeiras e Cálculo da Taxa Real

Tipo de Aplicação	Rendimento CDB	Poupança	Renda Fixa
Aplicação	9,89%	7,08%	11,55%
R$ 65.823.888,16	R$ 6.509.982,54	R$ 4.660.331,28	R$ 7.602.659,08
Ganho descontado o IPCA	R$ 2.290.671,31	R$ 441.020,05	R$ 3.383.347,85
Ganho real em %	3,27%	0,63%	4,83%
Valor líquido parcial	R$ 10.188,52		

Analisando os dois extremos da Tabela 15-13, constatamos que o rendimento anual do fundo de renda fixa foi de R$ 7.602.659,08 (R$ 65.823.888,16 × 0,1155), entretanto, se descontado o IPCA considerado 6,41%, ou seja, retirando a inflação medida por esse índice, o ganho real em dinheiro cai para R$ 3.383.347,85. Já a taxa real ficou em 4,83%.

Fórmula 15-3: Taxa real a partir da taxa aparente: juro composto.

$$\text{Taxa real} = \left[\frac{1 + \text{Taxa aparente}}{1 + \text{taxa de inflação}} - 1\right] \times 100$$

$$\text{Taxa real} = \left[\frac{1,1155}{1,0641} - 1\right] \times 100 = 0,0483 \text{ ou } 4,83\%$$

A caderneta de poupança teve um rendimento anual de R$ 4.660.331,28, e resultou em R$ 441.020,05, após descontado o IPCA, ou seja, em termos de taxa real, amargou um rendimento de apenas 0,63%.

$$\text{Taxa real} = \left[\frac{1,0708}{1,0641} - 1\right] \times 100 = 0,0063 \text{ ou } 0,63\%$$

É preciso esclarecer que as pessoas não aplicam na poupança por serem tolas. Existem razões para fazer isso, a segurança, por exemplo, é uma delas. Ademais, diferentemente do CDB e do fundo de renda fixa, a caderneta de poupança não tem imposto sobre os rendimentos. Assim, se consideradas todas estas variáveis, especialmente o imposto de renda, o resultado muda, embora o resultado do fundo de renda fixa continue sendo maior. A razão da diferença está basicamente no risco entre as aplicações, que no caso da poupança é praticamente zero.

Para encerrar o assunto e consolidar a questão, quando nos referimos à taxa real, estamos falando no rendimento da aplicação, menos os efeitos da inflação do mesmo período. O jornal Valor, por exemplo, publica todos os finais de mês um interessante quadro, no qual avalia uma série de investimentos, divulgando seu resultado nominal e real, neste caso, o Valor desconta (deflaciona) o resultado do ativo pelo IPCA do IBGE (verifique a Tabela 21-5 no Capítulo 21).

Para exemplificar, suponha que os fundos referenciados DI renderam em média 11,03% em 2014, já descontada a taxa de administração (bruto do imposto de renda). Levando em conta que o IPCA teve uma variação de 6,41% em 2014, o resultado "real" dos fundos de investimento referenciados em DI seria de 4,34%.

$$\text{Taxa real} = \left[\frac{1 + \text{Taxa aparente}}{1 + \text{taxa de inflação}} - 1\right] \times 100$$

$$\text{Taxa real} = \left[\frac{1 + 0,1103}{1 + 0,0641} - 1\right] \times 100 = 0,0434 \text{ ou } 4,34\%$$

Taxa Over

A taxa over, também conhecida como *taxa overnight*, é muito especial para o mercado financeiro. Não é nada mais que uma maneira de o mercado financeiro fazer um cálculo e se consolidou pelo uso. Como o próprio nome diz, é uma taxa para um dia útil. Para o mercado, um ano não tem 360, 365 ou 366 dias, mas 252 dias úteis.

LEMBRE-SE

Isso é importante? Muito, pois será desta maneira que todos os cálculos serão realizados. A capitalização dar-se-á por 252 dias úteis, não importa quantos dias úteis tenha o ano. Trata-se de uma convenção.

Imagine que a taxa Selic[1] está em 11,75% ao ano. Vamos fazer uma pequena conta para saber quanto será a taxa over que usaremos na operação bancária. Dependendo do investimento, o IR poderá ser cobrado apenas no vencimento da aplicação. Para fundos de investimento, por exemplo, é provisionado um valor a cada seis meses, o chamado "come cotas".

$$\text{Taxa para um dia útil} = \left[(1 + \frac{\text{taxa over}}{100})^{1/252} - 1\right] \times 100$$

$$\text{Taxa para um dia útil} = \left[(1 + \frac{11,75}{100})^{1/252} - 1\right] \times 100 = 0,044095\% \text{ ao dia útil}$$

Mas atenção: não há um padrão regulando este tipo de taxa, muito menos a sua aplicação. Deste modo, não será muito difícil encontrar no jornal uma taxa over de 1,32284% ao mês.

Se fizer a conta partindo da taxa over mensal, encontrará a taxa over anual, confira:

1,32284% / 30 = 0,044095% ao dia; sobre essa taxa, se aplicar os conceitos de taxa efetiva visto no Capítulo 15, chegará à taxa de 11,75% ao ano. Mas não esqueça que neste caso o ano tem 252 dias (úteis).

$[(0,044095/100 +1)^{252} - 1] \times 100 = 0,1175 = 11,75\%$ ao ano

---

[1] SELIC, taxa referencial de juros usada pelo Banco Central do Brasil na remuneração dos seus títulos. Esta taxa é uma referência para todo o mercado financeiro. A taxa do CDI, por exemplo, é baseada na taxa Selic.

Cálculo de Empréstimos com Taxa Over

Veja como são calculados, por exemplo, os encargos de um empréstimo de uma operação de crédito de apenas um dia. Considerando que a taxa over do banco é de 4,1502% ao mês, o valor emprestado é de R$ 90.000,00 e o mês em questão tem 22 dias úteis.

Taxa over = 4,1502 / 30 = 0,13834% ao dia
Custo do empréstimo para um dia = 0,0013834 × R$ 90.000,00 = R$ 124,51

Caso queira calcular a taxa efetiva mensal, terá que capitalizá-la pelo número de dias úteis existentes naquele mês, ou seja, para um mês com 22 dias úteis:

$(1,0013834^{22} - 1) \times 100 = 3,088\%$ ao mês

Deste modo, percebe-se que a taxa over de 4,1502% ao mês é equivalente à taxa efetiva de 3,088% ao mês, isso se o mês tiver 22 dias úteis. Entretanto, se a necessidade for calcular a taxa over mensal, partindo da taxa efetiva, faça a seguinte operação:

$[(3,088/100+1)^{1/22} - 1] \times 100 = 0,13384\%$ ao dia

Para tirar a prova dos nove, inverta e recalcule a taxa over, apenas multiplicando a taxa de 0,13384% por 30 dias e terá 4,1502% ao mês.

Taxas de inflação

Os índices de inflação têm pouca credibilidade junto ao público em geral. É claro que as pessoas pensam assim porque talvez não enxerguem um mundo além do seu, ou seja, se um indivíduo foi no supermercado comprar alguma coisa cujo preço conhecia e foi majorado, então a inflação subiu. É mais ou menos assim, entretanto, um pouco mais complexo. As dicas e conceitos que forneceremos nesta parte irão livrá-lo da vergonha naquela reunião empresarial, defendendo que os índices são manipulados.

Saiba que os índices de inflação são coisa séria e, no caso brasileiro, produzidos principalmente por duas instituições de respeitabilidade internacional: a Fundação Getúlio Vargas (FGV) e o Instituto Brasileiro de Geografia e Estatística (IBGE). O primeiro é privado e o segundo é estatal. E isso importa? É claro que sim, pelo que me consta o Governo prefere a inflação mais baixa possível e as entidades privadas, ao contrário, a mais próxima da realidade.

Taxa de Inflação: ou Todos Mentem ou Erram Juntos

A Tabela 15-12 faz um resumo dos índices de inflação dos anos 1990 à 1995, envolvendo quatro entidades diferentes. Pensei que este período, embora antigo, possa transmitir a confiança de que os índices são bons. De 1990 a 1995, a economia passou por grandes sobressaltos. Por outro lado, os institutos que apuraram a inflação têm posições políticas absolutamente antagônicas. Mesmo assim, a análise da Tabela 15-12, mostra: ou eles manipularam todos os índices juntos ou então a avaliação da inflação é séria mesmo. Eu, pessoalmente, fico com a última hipótese.

Vale lembrar que, de acordo com o que veremos adiante, existe esta profusão de índices pois as medidas visam diferentes públicos ou setores da economia. Mesmo assim, eles têm resultados parecidos.

TABELA 15-12 Índices Selecionados: Variações Anuais

Índice / Instituto	1990	1991	1992	1993	1994	1995
INPC RESTRITO / IBGE	1585,18%	475,11%	1149,10%	2489,10%	929,32%	21,98%
IPCA AMPLO / IBGE	1620,96%	472,69%	1119,09%	2477,15%	916,43%	22,41%
ICV / DIEESE[2]	1849,68%	602,87%	1127,50%	2702,70%	1083,25%	46,19%
IPC / FIPE-USP	1639,08%	548,15%	1129,60%	2491,00%	941,32%	23,16%
IGP-DI / FGV	1476,71%	480,23%	1157,83%	2708,17%	1093,89%	14,78%
IGP-M / FGV	1699,70%	458,37%	1174,47%	2567,46%	1246,62%	15,25%

Fonte: Antonik, 2015. Análise financeira, uma visão gerencial, Alta Books, São Paulo.

Os índices de inflação são uma importante ferramenta no controle dos preços na economia, mas, sobretudo, afetam todos os setores e a vida das pessoas, drástica e indistintamente. São inúmeras instituições que se dedicam a calcular os índices, mas acredito que, se você conhecer os dois principais, estará bem resguardado. E digo isso porque os índices que a FGV e o IBGE produzem atendem totalmente às necessidades da sociedade em geral.

As aplicações dos índices de inflação

A Tabela 15-12, mostra uma seleção dos principais índices de inflação, suas características e aplicações. De todos eles, o IPCA do IBGE é o mais importante, pois ele representa a inflação oficial do Brasil. Entretanto, o mais conhecido e usado pelo mercado em geral é o IGPM da FGV, utilizado para corrigir milhões de contratos entre bancos e particulares e também por ser o instrumento de correção dos alugueis.

Cada instituto tem suas próprias regras para calcular o índice, mas, de maneira geral, todos eles se baseiam nas pesquisas e amostras realizadas pelo IBGE.

Mas, vem a pergunta: qual a razão de existirem tantos índices? A principal é que o Brasil passou os anos 1980 e o início dos 1990 com uma inflação estratosférica (veja pela Tabela 15-12), então a inflação em 1993 andou pela casa dos 2.567,46%, no caso do IGPM. Lembra da fórmula da taxa equivalente: iq = [(1 + it)$^{q/t}$ − 1] × 100? Pois é, vamos calular quanto é a taxa ao mês.

iq = [(1 + 25,6746)$^{1/12}$ − 1] × 100 = 31,48% ao mês

O índice é insuportavelmente alto, pois **no ano** de 2013 a inflação medida pelo IGPM foi de 5,53% e em 2014 foi de 3,69%, enquanto a média de um mês de 1993 foi de 31,48%.

A seguir vamos falar um pouco sobre os três principais índices de preços, para aprofundar os conhecimentos a esse respeito.

Entendendo os Principais Índices de Inflação

IPCA IBGE: oferece uma medida para a variação dos preços do comércio e do público final. O seu período de coleta vai do dia 1º até o dia 31 de cada mês. São pesquisados milhares de estabelecimentos industriais e comerciais, empresas de prestação de serviço, domicílios e empresas públicas, com o intuito de verificar a variação dos preços das utilidades: luz, água, telefone, correio, etc. Os preços apurados são compostos por nove grupos: alimentação e bebidas; artigos de residência; comunicação; despesas pessoais; educação; habitação; saúde e cuidados pessoais; transportes e vestuário. Mas não para por ai, pois eles são subdivididos em outros 465 sub-itens. O IPCA reflete a inflação de famílias que possuem renda mensal de 1 salário-mínimo até 40 salários-mínimos; ele é medido em onze regiões do Brasil.

IGP-DI FGV: chamado de Índice Geral de Preços (Demanda Interna, da FGV), é composto pela ponderação de outros três indicadores: Índice de Preços por Atacado (IPA), que representa 60% do índice; Índice de Preços ao Consumidor (IPC), que representa 30% do índice e apura a inflação de famílias que ganham de 1 até 33 salários mínimos, e, finalmente pelo Índice Nacional da Construção Civil (INCC), que representa 10% do índice. O seu período de coleta vai do dia 1º até o dia 31, de cada mês.

TABELA 15-13   Índices Selecionados – Aplicações

Índice	Quem Apura	Período de coleta de Dados	Divulgação	Faixa de Renda	Início	Bom para Indexar
INPC	IBGE	De 1 a 30 do mês	Até dia 15	1 A 8 SM	1979	Contratos, negócios em geral
IPCA	IBGE	De 1 a 30 do mês	Até dia 15	1 A 40 SM		Contratos, negócios em geral
IPCA 15	IBGE	16 do mês anterior a 15 do mês referência	Até dia 25	1 A 40 SM	2000	Contratos, negócios em geral
IGP-M	FVG	De 21 de um mês a 20 do mês referência	Até dia 30		1989	Contratos e negócios do mercado financeiro
IGP-DI	FVG	De 1 a 30 do mês	Até dia 15		1944	Contratos empresariais, aluguéis, negócios no atacado
IPA	FVG	De 1 a 30 do mês	Até dia 15		1944	Contratos industriais, negócios no atacado
INCC	FVG	De 1 a 30 do mês	Até dia 15		1944	Contratos imobiliários
IPC-Br	FVG	De 1 a 30 do mês	Até dia 15	1 A 33 SM		Contratos, negócios em geral, salários
IPC	FIPE USP	De 1 a 30 do mês	Até dia 15	1 A 20 SM	1939	Contratos, negócios em geral, salários
ICV	DIEESE	De 1 a 30 do mês	Até dia 10	1 A 8 SM	1959	Contratos de trabalho, salários

Fonte: Antonik, 2015. *Análise financeira, uma visão gerencial*, Alta Books, São Paulo.

IGP-M FGV: o Índice Geral de Preços de Mercado, da FGV, é igualzinho ao IGP--DI, entretanto, o seu período de coleta vai do dia 21 até o dia 20 de cada mês. Isso foi feito por uma demanda do mercado, de modo que o índice esteja disponível no último dia útil do mês, assim, no 1º dia útil do mês seguinte da medição, milhões de contratos podem ser reajustados. Por quê? Ora o IGP-DI só estará disponível na segunda semana do mês seguinte da sua medição.

Baseado nestas explicações, é possível perceber que ao "indexar" valores contratuais deve-se tomar muito cuidado. Pelas características do IPCA, um índice de preços muito abrangente e medindo a variação de milhares de preços de produtos e serviços, consumidos por famílias que ganham entre 1 e 40 salários--mínimos, não poderia ser comparado com o IGPM, por exemplo. Acontece que o IGPM, por ter grande influência de preços do atacado e menos de consumo de família, é mais suscetível às variações do Dólar, dentre outras coisas. Conclusão: o seu contrato pode estar indexado a um índice que nada tem a ver com o seu negócio. Às vezes isso pode ser bom, outras nem tanto.

Como São Calculados os Índices de Inflação?

Calcular índices de inflação é uma tarefa muito complicada, pois significa coletar milhares de preços e compará-los entre si.

Eis um método para exemplificar essa pergunta difícil. Inicialmente, o Instituto define o público-alvo da pesquisa, ou seja, neste caso, o que consomem famílias brasileiras de renda entre um salário mínimo e 40 salários-mínimos, independentemente do total do seu rendimento. Após uma exaustiva pesquisa, cujos parâmetros foram estabelecidos baseado na Pesquisa de Orçamentos Familiares — POF 2008–2009 do IBGE, atualizada a cada cinco anos em todo o Brasil, eles compõem uma lista de preços que chega a 250 mil itens. Posteriormente, dividem esses preços em 456 subgrupos e depois em nove grupos (Tabela 15-14), calculam os pesos relativos, ou a proporção de cada um em relação a despesas totais do domicílio.

Segundo a POF, os itens de despesas dessas famílias (renda entre um salário mínimo e 40 salários mínimos), foram divididos em nove grupos, conforme mostra a Tabela 15-14.

TABELA 15-14 **Peso dos Grupos de Consumo de Serviços e Produtos**

#	Tipo de Consumo ou Despesa	Peso da Despesa (gasto) a partir de 01/01/2012
1	Alimentação e bebidas	23,12%
2	Transportes	20,54%
3	Habitação	14,62%
4	Saúde e cuidados pessoais	11,09%
5	Despesas pessoais	9,94%
6	Vestuário	6,67%
7	Comunicação	4,96%
8	Artigos de residência	4,69%
9	Educação	4,37%
	Total	100%

É muito importante saber que esta composição dos milhares de preços de produtos e serviços é simplesmente chamada de "cesta de consumo do IPCA". Simples, não é?

Índices de Inflação e o IBGE, este Herói Nacional

Isso terminado, no caso do IPCA, os pesquisadores do IBGE saem às ruas e coletam os preços dos **produtos da cesta** nas regiões metropolitanas de Belém, Fortaleza, Recife, Salvador, Belo Horizonte, Rio de Janeiro, São Paulo, Curitiba e Porto Alegre, Brasília e município de Goiânia. E eles fazem isso todas as semanas, indo a supermercados, atacadistas, indústrias, companhias telefônicas, distribuidores de gás e combustíveis. Ao final da semana, eles têm o preço da "cesta de consumo do IPCA". Assim, na semana seguinte, é fazer todo o trabalho de coleta (precificação) da cesta e comparar as duas semanas, cuja diferença de preços é a inflação.

A Figura 15-3, mostra um exemplo hipotético da precificação da cesta de consumo. Perceba que na primeira semana ela custava R$ 100,00 e que na segunda semana esse valor passou para R$ 101,20. Qual foi a inflação medida neste período?

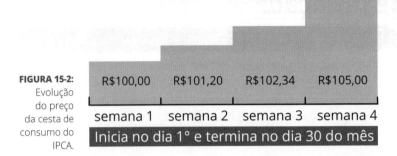

FIGURA 15-2: Evolução do preço da cesta de consumo do IPCA.

Ora, usando os conceitos de variação percentual que você viu no Capítulo 8,

$$\text{Variação percentual da cesta} = \left(\frac{\text{valor atual}}{\text{valor anterior}} - 1\right) \times 100$$

$$\text{Variação percentual da cesta} = \left(\frac{101,20}{100,00} - 1\right) \times 100 = 1,2\%$$

Essa é uma maneira simplificada de fazer a conta, porque para dar maior linearidade e apanhar efetivamente a variação dos preços o instituto faz o cálculo da média quadrissemanal. Ou seja:

Média da segunda semana: (R$ 100,00 + R$ 101,20) / 2 = R$ 100,60

Média da terceira semana: (R$ 100,60 + R$ 102,34) / 2 = R$ 101,47

Média da quarta semana: (R$ 101,47 + R$ 105,00) / 2 = R$ 103,24

Se o instituto tivesse feito simplesmente a média da primeira semana com a última, teria encontrado uma variação de 5% e não de 3,24%. O que está correto? O valor de 3,24%, pois ele é mais linearizado.

$$\text{Variação percentual da cesta} = \left(\frac{105,00}{100,00} - 1\right) \times 100 = 5\%$$

Índices de Inflação: uma Média de Médias

Assim, como o índice faz a média das médias, o valor fica mais linearizado. Mas você diria que este método pode levar o resultado para baixo. É verdade, mas se a inflação cair naquela semana também pode levar a média para cima. Mas acredite, a fórmula é correta e o resultado é bom. Bem lembrado; graças ao bom Deus é apenas um exemplo hipotético, pois uma inflação de 5% ao mês seria um desastre para o Brasil; a meta anual da inflação brasileira, controlada pelo Banco Central, é de 4,5% ao ano, mas pode variar e alcançar até um teto de 6,5%.

Finalmente, a Tabela 15-15 mostra a inflação medida pelo IGPM da FGV, de 2011 até 2014, indicando que o índice apresentou um resultado de 3,69% no ano de 2014, portanto, abaixo da variação do IPCA que foi de 6,41%. Mas não se entusiasme, pois em 2012 o IGPM alcançou 7,81% e o IPCA ficou em apenas 5,83%.

Aquele seu amigo ainda acredita que o índice é manipulado? Pergunte se ele não acha estranho que o IPCA calculado pelo Governo teve um resultado mais elevado que o IGPM em 2014.

LEMBRE-SE

Para terminar uma coisa muito importante, note que a Tabela 15-15 tem duas colunas, uma como o número índice e outra com a variação percentual. Isso quer dizer que o índice tem uma base, ou seja, o IGPM valia 100,00 em agosto de 1994 (lançamento do Plano real). Esse índice vem sendo atualizado mensalmente pela FGV desde então. E para que serve isso? A utilidade do número índice é enorme. Por exemplo, uma pessoa querendo atualizar o valor de uma dívida R$ 8.900,00, de setembro de 2011, para abril de 2014, deve seguir dois passos:

Converta o valor da dívida em R$ pelo número índice do IGPM do mês anterior, ou seja, agosto de 2011.	R$ 8.900,00 / 465,968 = 19,10002 IGPM's
Multiplique o número de IGPM's encontrado pelo valor do IGPM de abril de 2014.	19,10002 × 556,429 = R$ 10.627,81

Dominar este assunto pode ser aquela chance de promoção que estava esperando.

Mas para arrasar o seu chefe e descolar a tal promoção, quanto foi a variação percentual da atualização?

$$\text{Variação percentual} = \left(\frac{\text{valor atual}}{\text{valor anterior}} - 1\right) \times 100$$

$$\text{Variação percentual da cesta} = \left(\frac{10.627,81}{8.900,00} - 1\right) \times 100 = 19,41\%$$

CAPÍTULO 15 **Taxas de Juros**

TABELA 15-15   Índice de Inflação do IGPM-FGV

MÊS	2011 ÍNDICE	%	2012 ÍNDICE	%	2013 ÍNDICE	%	2014 ÍNDICE	%
Jan	453,875	0,79%	474,429	0,25%	511,955	0,34%	540,997	0,48%
Fev	458,397	1,00%	474,138	-0,06%	513,439	0,29%	543,053	0,38%
Mar	461,249	0,62%	476,166	0,43%	514,518	0,21%	552,122	1,67%
Abr	463,311	0,45%	480,229	0,85%	515,289	0,15%	556,429	0,78%
Mai	465,311	0,43%	485,140	1,02%	515,289	0,00%	555,705	-0,13%
Jun	**464,463**	**-0,18%**	**488,342**	**0,66%**	**519,154**	**0,75%**	**551,593**	**-0,74%**
Jul	463,927	-0,12%	494,891	1,34%	520,504	0,26%	548,228	-0,61%
Ago	465,968	0,44%	501,957	1,43%	521,285	0,15%	546,748	-0,27%
Set	468,975	0,65%	506,804	0,97%	529,104	1,50%	547,839	0,20%
Out	471,466	0,53%	506,926	0,02%	533,654	0,86%	549,396	0,28%
Nov	473,808	0,50%	506,774	-0,03%	535,202	0,29%	554,769	0,98%
Dez	473,252	-0,12%	510,220	0,68%	538,413	0,60%	558,213	0,62%
Ano	**473,252**	**5,10%**	**510,220**	**7,81%**	**538,413**	**5,53%**	**558,213**	**3,69%**
Média	465,334	8,65%	492,168	5,77%	522,317	6,13%	550,424	5,38%

156   PARTE 3 **A Base de Toda Matemática Financeira...**

Taxa de Desvalorização da Moeda

Um assunto que poucas pessoas dão atenção é a taxa de desvalorização da moeda. Nos anos 1980 até julho de 1994, o Brasil tinha uma inflação alta, penalizando a população e especialmente a classe menos favorecida. Sei que esta conversa parece um pouco etérea, mas espero convencê-lo de que é uma coisa importante para os negócios e para o país.

Basicamente, acontecem dois fenômenos econômicos, o primeiro chamado *Transferência Inflacionária* aos bancos, pois os clientes deixam uma quantia oceânica desprotegida nas contas correntes e, sobre estes valores "estacionados" nas contas, os bancos não pagam juros aos correntistas, mas é claro que utilizam este dinheiro nas suas operações de giro diário. Isso não tem nada errado, em todos os lugares é assim.

Um estudo realizado por professores da Fundação Getúlio Vargas, entre os anos de 1995 e 2003, apontava que mesmo após o Plano Real, quando a inflação caiu drasticamente de 25% ao mês para 0,5% ao mês, as transferências inflacionárias chegaram a somar 2,5 bilhões de dólares, valores equivalentes a 0,55% do PIB. Evidentemente, esses valores eram estupidamente maiores na época anterior ao Plano Real, quando ultrapassavam 4% do PIB. Os valores de que falamos saem de circulação, diminuindo o consumo. Perde quem vende produtos ou presta serviços.

Já o segundo ponto é o chamado *Imposto Inflacionário*, uma transferência de recursos dos contribuintes em geral para o Governo, tudo por conta da inflação. O "imposto inflacionário", então, é o resultado daquele dinheiro novo que o governo imprimiu para pagar suas contas, o qual tem como contrapartida a desvalorização do dinheiro que está nas mãos dos cidadãos e também das empresas.

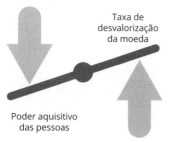

FIGURA 15-3: Desvalorização da moeda.

O Brasil, por exemplo, tem uma dívida enorme, que obriga o Governo a imprimir moeda para pagá-la, já que não consegue economizar para tanto. Deste modo, esse dinheiro novo é uma maneira de retirar valor do dinheiro das pessoas, transferindo-o, em contrapartida, para o Governo, como fosse uma espécie de tributo.

Ensinam os monetaristas que se o governo imprimir o montante equivalente a 5% do dinheiro em circulação, numa época de estagnação, a inflação aumentará também 5%. Todos perdem, pois o seu dinheiro passa a valer menos.

Dizem ainda que isso funciona como um imposto, apenas que não tem que passar pela aprovação da Câmara dos Deputados ou do Senado Federal.

A taxa de inflação calcula quanto subiram os preços para uma determinada camada da população, já a taxa de desvalorização da moeda indica quanto se perdeu de poder aquisitivo, explicando melhor: você tem R$ 10,00, e com essa quantia pode comprar um sanduíche e um refrigerante. Caso o sanduíche suba de preço, os seus R$ 10,00 perdem o poder de comprar o sanduíche e o refrigerante, ficando apenas com um dos dois.

Matematicamente, nós podemos representar a perda do poder aquisitivo pela seguinte equação:

Fórmula 15-4: Taxa de desvalorização da moeda.

$$\text{Taxa de desvalorização da moeda} = \frac{\text{taxa de inflação}}{1 + \text{taxa de inflação}} \times 100$$

A Relação do seu Salário com a Taxa de Inflação

Em dezembro de 2013, o salário de João era R$ 6.300,00. No mesmo período, a inflação medida pelo IPCA IBGE em 2014 foi de 6,41%. Se João não foi contemplado com nenhum aumento da empresa nesse período, o salário perdeu poder de compra e o refrigerante ficará fora da compra, pois para manter o mesmo poder aquisitivo de dezembro de 2013, em 2014, João precisaria de mais R$ 403,83 (R$ 6.300,00 × 0,0641), ou seja, o salário teria de ser R$ 6.703,83 (R$ 6.300,00 + R$ 403,83).

Uma constatação triste: o seu salário foi reduzido para 93,976% do que era em 2013 ((R$ 6.300,00 / R$ 6.703,83) × 100), ele perdeu 6,024% de renda para a inflação, cuja fórmula é idêntica à da taxa real ():

$$\text{Taxa de desvalorização da moeda} = \frac{\text{taxa de inflação}}{1 + \text{taxa de inflação}} \times 100$$

$$\text{Taxa de desvalorização da moeda} = \frac{0,0641}{1 + 0,0641} \times 100 = 6,024\%$$

Taxa por Dentro ou Taxa de Desconto

Quando falamos em taxa por dentro, as pessoas lembram logo de desconto por dentro e por fora, com razão. Descontos é tema recorrente em qualquer programa de matemática financeira, muito embora tenha uma aplicação prática muito baixa. Acontece que no Brasil o chamado desconto de títulos ou duplicatas é, na verdade, um empréstimo caucionado por duplicatas. Aos aficionados do desconto minhas desculpas, mas acho que dedicamos muito tempo e torturamos demais os alunos por conta de um assunto menor. Acredite se quiser, mas os livros didáticos gastam páginas explicando os dois tipos de descontos: simples e composto (racional ou por dentro) para ao final informar aos alunos que isso não é usado na prática.

Entretanto, conhecer a taxa de desconto é extremamente importante e, sobretudo, saber diferenciar o que significa a diferença entre **taxa de juros** e **taxa de descontos**. Para complicar, o mais importante imposto brasileiro, o ICMS, é aplicado com taxa por dentro, essa troca de palavras poderia parecer semântica, mas não é, pois, sobretudo, afeta diretamente o seu bolso. Isso acontece porque a aplicação prática da taxa por dentro mostra, na realidade, um valor muito maior do que o indicado pela taxa.

Vejamos um exemplo. O ICMS incidente sobre o gasto de energia elétrica do Estado do Paraná é de 29% (não se aplica a energia rural), deste modo, alguém poderia imaginar que ao consumir R$ 100,00 de energia pagaria R$ 29,00 de ICMS. Ledo engano. Por quê? Ora, o ICMS incidente é calculado com uma taxa por dentro, ou seja, você paga R$ 40,85.

Fórmula 15-5: Taxa por dentro ou taxa de desconto.

$$\text{Taxa por dentro} = \frac{\text{taxas}}{1 - \text{taxa}} \times 100$$

$$\text{Taxa por dentro} = \frac{0{,}29}{1 - 0{,}29} \times 100 = 40{,}85\%$$

A Figura 15-4 mostra a diferença entre as alíquotas. É claro que nem todos os estados têm a mesma alíquota, mas nenhum tem uma menor do que 25%. Ocasionalmente e excepcionalmente, poderão existir maiores. Mas o pior: o consumidor não consegue enxergar o valor do tributo quando recebe a fatura, pois o imposto foi "colocado" no preço, por dentro, ou seja, não aparece.

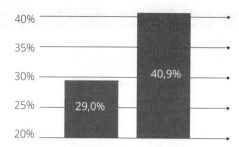

FIGURA 15-4: Diferença de alíquotas.

Vamos examinar um exemplo hipotético de uma fatura telefônica contendo uma única ligação, cujo valor é de R$ 100,00, como tributar essa chamada?

$$\text{Valor do serviço com imposto} = \frac{\text{Base de cálculo}}{1 - \text{alíquota}}$$

$$\text{Valor do serviço com imposto} = \frac{R\$\ 100,00}{1 - 0,29} = R\$\ 140,85$$

Do mesmo modo, quando for ao supermercado, preste atenção naquele pacote de meio quilo de café por R$ 10,00. Mas e o imposto? Ora, ele foi "colocado" no preço por dentro, a alíquota de 20% (www.fiscontex.com.br/legisla-cao/ICMS/aliquotainternaicms.htm), assim, na prateleira não aparece destacado em separado. Mas como foi tributado então?

$$\text{Valor do produto com imposto} = \frac{\text{Base de cálculo (pacote de café)}}{1 - \text{alíquota}}$$

$$\text{Valor do produto com imposto} = \frac{R\$\ 8,00}{1 - 0,20} = \frac{R\$\ 8,00}{0,80} = R\$\ 10,00$$

Mas qual a taxa correspondente, por fora a essa taxa de ICMS de 20%, por dentro?

$$\text{Taxa por dentro} = \frac{\text{taxa por fora}}{1 - \text{taxa}} \times 100$$

$$\text{Taxa por dentro} = \frac{0,20}{1 - 0,20} \times 100 = 25,00\%$$

Imagine que a sua empresa de telefonia informa que o total da conta mensal sofrerá tributação do ICMS a uma alíquota de 27,5%. O imposto pago será de 37,93%.

Mas isso não para por aí. As taxas por dentro têm outros milhares de aplicações afetando as nossas vidas todos os dias. Por exemplo, uma empresa precisa enviar US$ 22.000 para pagamento de rendimentos de um dos sócios no exterior. Mas, quando a remessa chegar no Banco Central, o governo brasileiro tributará a remessa para o exterior a uma alíquota de 15%.

Calculando: US$ 22.000 × 0,15 = US$ 3.300, assim, o que resta para a remessa é o valor de US$ 18.700.

Não dá para remeter os dezoito mil dólares, já que o valor acordado é que a pessoa receberia lá fora os vinte e dois mil. Deste modo, é colocar o imposto por dentro e fazer a remessa pelo total, pois quando o Banco central tributar, o valor restante será exatamente os US$ 22.000 acordados.

$$\text{Valor bruto da remessa} = \frac{\text{Valor da remessa}}{1 - \text{alíquota}}$$

$$\text{Valor bruto da remessa} = \frac{\text{US\$ 22.000}}{1 - 0,15} = \text{US\$ 25.822}$$

Assim, no dia da remessa, a empresa prepara os US$ 25.882, envia ao Banco Central que retém 15% a título de imposto US$ 3.882 (US$ 22.000 × 0,15) e remete a diferença de US$ 22.000 (US$ 25.882 − US$ 22.000). Exemplo cruel, mas verdadeiro.

CUIDADO

O imposto de renda sobre remessa para o exterior pode variar de acordo com o país.

Para resumir, segue uma tabela auxiliar explicativa:

TABELA 15-16 **Taxa por Dentro e por Fora**

Para Aplicar por Dentro:	Para Retirar por Dentro:
Valor total = $\dfrac{\text{Base de cálculo}}{1 - \text{alíquota}}$	Base de cálculo = valor total × (1 − alíquota)
Valor total = $\dfrac{\text{R\$ 100,00}}{1 - 0,20}$	Base de cálculo = R$ 125,00 × (1 − 0,20)
Valor total = R$ 125,00	Base de cálculo = R$ 100,00

Não é exatamente aquilo que está retratado na Figura 15-5, mas no Brasil está em vigor a lei que obriga as empresas a informarem em suas Notas Fiscais o valor dos impostos.

De acordo com a Lei n° 12.471 de 2012, a partir de 10 de junho de 2014, passou a ser obrigatória a inserção na nota fiscal das informações do valor aproximado correspondente à totalidade dos tributos federais, estaduais e municipais, cuja incidência influi nos preços de venda ao consumidor final.

Não é uma tarefa fácil e na minha modesta visão só pode ser feito por estimativa, dada a espetacular complexidade do assunto. Não obstante existirem dezenas de impostos, oito deverão compor o valor a ser destacado na nota fiscal: ICMS, ISS, IPI, IOF, PIS, COFINS, CIDE e a parcela da contribuição previdenciária do empregado e empregador (alocado proporcionalmente e inclusa no custo do produto ou mercadoria).

Para deixar o assunto mais complicado, pois a apuração do valor dos impostos deve ser feita separadamente em relação a cada serviço ou produto, mas a indicação ou o valor a ser mostrado na nota fiscal é pela totalidade, ou seja, você continuará não sabendo em detalhes o que está pagando.

Como exercício, apanhei do lixo de um supermercado com rede nacional um cupom fiscal para analisar o conteúdo e ver se o estabelecimento está cumprindo a lei. Veja que interessante:

TABELA 15-17 **Cupom Fiscal de Compra em Supermercado**

Produto	Valor da Mercadoria	Quantidade	Valor
Linguiça	R$ 37,90	0,118 kg	R$ 4,47
Bacon	R$ 17,90	1 unidade	R$ 17,90
Pão de água	R$ 6,99	0,168 Kg	R$ 1,17
Empadão de frango	R$ 27,29	0,148 Kg	R$ 4,04
Total do cupom fiscal			R$ 27,58
Valor aproximado dos tributos (27,73%), fonte: IBPT			R$ 7,55

Mas onde estão os R$ 7,55 de impostos? Eles já estão incluídos dentro do valor de R$ 27,58.

Destacar os impostos separadamente seria extremamente difícil, pois cada um deles tem uma base de cálculo diferente, bem como taxas de aplicação também diversas.

Supondo que o valor líquido da mercadoria seja R$ 20,03, ou seja, R$ 27,58 menos os impostos R$ 7,55, e se essa mesma compra fosse na Flórida (EUA), a conta seria a seguinte: US$ 20,03 × 0,075 = US$ 1,50, total da nota fiscal e valor a ser pago pelo cliente de R$ 21,53.

Taxa por Fora ou Taxa de Juro

CUIDADO

Taxas de juros e taxa de desconto são coisas diferentes? Muito. Taxa por fora é mais transparente, e claro, também produz resultados menores que a taxa por dentro (veja Tabela 15-16).

Quando alguém viaja até Orlando, na Flórida, e vai a algum shopping, percebe que os preços são líquidos de impostos, ou seja, a propaganda indica o preço do produto mais a taxa do imposto. Isso mesmo, a televisão está exposta e qualquer um pode levá-la para casa por $ 299, mais taxas, ou seja, mais impostos (Figura 15-5). Todos sabem que o preço final do aparelho não é $ 299, pois ao chegar no caixa ele será taxado em mais 7,5% ($ 22,43).

FIGURA 15-5:
Televisão em oferta.

Sabendo que a taxa do imposto no Estado da Flórida é de 7,5%, você poderia comprar a TV por módicos $ 321,43 ($ 299 + $ 22,43). Preste atenção e constate que o imposto é transparente, qualquer um sabe quanto está pagando.

Já no modelo brasileiro, para um televisor que está sendo anunciado por R$ 2.825,13, a coisa é muito complicada, seria preciso "suar a camisa" ou os neurônios, para chegar ao valor líquido do televisor e separar o valor dos impostos, pois nós temos dois tributos sobre o preço de vendas: o ICMS aplicado por dentro e o IPI aplicado por fora. Suponha que você seja um expoente da matemática financeira e saiba como fazer a conta. Ainda assim precisará consultar uma junta de contadores, pois um só não basta, para saber quais são as alíquotas. Entretanto, como estamos tratando tudo dentro do campo das hipóteses, imagine que as alíquotas são: IPI = 10% e ICMS = 22,5%. O primeiro imposto a incidir é o ICMS, mas ele incide também sobre o frete de R$ 20,00 e o seguro de R$ 12,00. Assim, a base de cálculo do ICMS e do IPI é R$ 2.032,00.

$$\text{Valor do ICMS} = \frac{R\$\ 2.032,00}{1 - 0,225} - R\$\ 2.032,00 = R\$\ 589,94$$

$$\text{Valor do IPI} = R\$\ 2.032,00 \times 0,10 = R\$\ 203,20$$

Resumindo tudo na Tabela 15-18:

TABELA 15-18   **Cálculos do Valor de Venda**

Valor de venda do televisor	R$ 2.000,00
Frete	R$ 20,00
Seguro	R$ 12,00
Base de cálculo para ICMS e IPI	R$ 2.032,00

continua

continuação

ICMS	R$ 589,94
IPI	R$ 203,20
Preço de venda	**R$ 2.825,13**

Muito difícil, não acha? É, mas eu fiz essa conta com apenas dois impostos, imagine se fosse fazer com os ICMS, ISS, IPI, IOF, PIS, COFINS, CIDE e a parcela da contribuição previdenciária do empregado e empregador (alocado proporcionalmente e inclusa no custo do produto ou mercadoria), conforme exige a Lei nº 12.471 de 2012?

No caso demonstrado, a carga tributária ficou em 39,03%. Para ilustrar essa questão, consultei o site da Federação das Indústrias de São Paulo. Lá, os especialistas da FIESP calculam a carga tributária (todos os impostos) dos televisores em 45%.

$$\text{Variação percentual} = \left(\frac{\text{valor com imposto}}{\text{valor sem imposto}} - 1\right) \times 100$$

$$\text{Variação percentual} = \left(\frac{R\$\ 2.825,13}{R\$\ 2.032,00} - 1\right) \times 100 = 39,03\%$$

Mas, quero que saiba, o ponto não é a carga tributária, mas o nosso modelo é muito complicado, impossível de entender, a menos que seja um especialista na área e, o pior de tudo, incontrolável, pois imagine se qualquer um dos nossos estados ou a União tivesse condições de controlar e fiscalizar algo tão complicado?

CUIDADO

Para tributar: R$ 100,00 da mercadoria + 20% por fora = R$ 120,00 ou ainda: R$ 100,00 × 1,2 = R$ 120,00. Por outro lado, a operação inversa, de "retirar" 20%, de R$ 120,00 deve resultar obrigatoriamente no valor R$ 100,00 original, ou seja, dividindo o valor-base por 1 + taxa de juro: R$ 120,00 / 1,20 = R$ 100,00.

Fórmula 15-6: Taxa por fora ou taxa de juro.

Valor total = base de cálculo × (1 + taxa)

TABELA 15-19 **Exemplos de Taxa por Dentro e por Fora**

Para Aplicar por Fora:	Para Retirar por Fora:
Valor total = base de cálculo × (1 + taxa)	Base de cálculo = valor total ÷ (1 + alíquota)
Valor total = R$ 100,00 × 1,20	Base de cálculo = R$ 120,00 ÷ 1,20
Valor total = R$ 120,00	Base de cálculo = R$ 100,00

4 Uma Viagem pelo Maravilhoso Mundo dos Juros

NESTA PARTE...

Nesta altura do livro já estamos começando a calcular operações reais e dando exemplos práticos. Naquilo que diz respeito propriamente à matemática financeira, estudaremos o juro simples, muitas vezes desprezado, mas que tem grande importância na aplicação comercial e bancária, pois, pela facilidade de entender o sistema, muitos bancos o adotam por ser mais fácil para os clientes entenderem. Finalmente, o ponto alto do livro, o juro composto que será dividido em duas partes, um único pagamento e vários pagamentos iguais e periódicos, as chamadas prestações. Muita diversão nos aguarda.

NESTE CAPÍTULO

Técnicas utilizadas pelas calculadoras e pelo Excel

Aplicando juro na prática: único período e períodos múltiplos

Conceito básico do juro simples

Compatibilizando os períodos e as taxas de juro

Em vez de colecionar fórmulas, entenda os conceitos

Capítulo 16
Notações, Abreviaturas e Juro Simples

Uma Breve Explicação sobre Juros Simples e Compostos

É muito difícil encontrar aplicações práticas de juro simples fora do setor bancário, pois normalmente usam-se taxas simples, também chamadas lineares ou nominais, nos contratos de crédito. Conforme explicamos, elas são mais fáceis de entender. A característica do juro simples é que ele incide sempre sobre o capital inicial, do primeiro ao último mês. Nestas condições, o saldo a pagar será menor se comparado com o juro composto.

O juro composto é intensamente usado nas operações de crédito e financiamento. As taxas que se aplicam para calcular valores com juro composto são as mais variadas, inclusive usam-se taxas lineares ou simples. No entanto, a grande diferença é a forma de capitalização, pois do segundo período em diante o juro sempre incidirá sobre o capital inicial, adicionado do juro apurado até o período anterior, ou seja, calculam-se juros sobre os juros do período anterior.

Se está pensando em contratar empréstimos e financiamento pelo formato de juro simples porque pagará menos, esqueça, pois independentemente da forma que o banco for calcular a operação, ele sempre repassará o custo a você. Imagine que o valor básico de uma operação seja de R$ 1.000,00 e o banco precisa receber 18% sobre este valor para pagar todos os seus custos. Não há o que fazer, ele será obrigado a cobrar R$ 1.180,00. Do que se trata essa diferença de valor? Tem de tudo: imposto, risco, inadimplência, lucro, administração, operação, etc. Ainda neste capítulo, discutiremos essa questão com mais detalhes.

Notações Técnicas e as Abreviaturas

Notações é um tema difícil em qualquer ramo da matemática, no entanto necessário. Até o século XVIII, esse era um assunto confuso, mas um matemático fantástico chamado Euler apareceu e colocou "ordem na casa" (leia mais sobre Euler no Capítulo 4). Antes de Euler, cada qual escrevia o que queria, do seu modo.

Em matemática financeira o assunto também é complexo. Creio que, se consultados dez livros, será possível encontrar igualmente dez formas diferentes de apresentar notações e abreviaturas (Euler não ajudou nessa área). Para agravar, somos muito influenciados pelos anglicismos, ou termos em língua inglesa, daí as abreviaturas e símbolos em alguns livros não mostrarem relação direta com o assunto, como por exemplo: a taxa de juro normalmente é representada por "**i**", do inglês *interest*. Em outras ocasiões, ela aparece na forma da letra minúscula "**r**", cuja origem está no português de Portugal que designa taxa pela palavra "rácio", ou ainda em português do Brasil pela palavra "razão".

A Tabela 16-1 é uma tentativa de sintetizar as várias possibilidades encontradas na literatura. Qual a certa? Todas, eu creio.

É importante conhecer as notações em inglês, já que o teclado da HP 12C é totalmente escrito nessa língua. E não adianta reclamar, porque 9,9 em cada 10 alunos dos cursos de negócios usam essa calculadora, do Afeganistão ao Canadá. É preciso render-se a esse fato e aceitar. Caso contrário, faremos mais confusão na cabeça deles.

Quanto ao Excel, a maioria das funções, ou está escrita integralmente em português, ou abreviada conforme a Tabela 16-1. Mas nenhum problema será encontrado, pois, ao repousar o cursor sobre as variáveis, o software mostra explicações completas a respeito.

TABELA 16-1   Notações e Abreviaturas

Símbolo ou Notação	Português	Inglês
C	Capital, Principal, Valor Presente, Valor Atual	Capital, Principal ou Present Value
VP		
PV		
VA		
P		
VF	Valor Futuro ou Montante. Montante de capitalização simples (M), montante de capitalização composta (S), Valor Futuro.	Future Value, amount
FV		
A		
M		
S		
T	Termo, Anualidade, série de pagamentos uniforme ou prestação, renda	Annuity, payment
A		
PMT		
T	Tempo, número de períodos	Period, time
n		
t		
J	Juro, juro simples (*j* minúsculo), juro composto (*J* maiúsculo)	Interest
j		
i		
r		

CAPÍTULO 16 **Notações, Abreviaturas e Juro Simples**   169

Deste modo, considerando que o Excel e a HP 12C usam uma simbologia consagrada, prefiro também usar os mesmos símbolos dessas ferramentas. Não gosto de usar anglicismos, e evito confundir ainda mais os alunos, assim tanto quanto possível os aproximo desses instrumentos tão úteis. Por essa razão, estudaremos a matemática financeira neste livro com as notações da Tabela 16-2, em português. Mas aconselho: nunca despreze o inglês, pois em finanças o uso de termos em inglês é constante.

TABELA 16-2   **Notações e Abreviaturas Usadas Nesta Parte**

Português	Representação	Inglês
VP	Valor Presente ou Valor Atual (inglês: Present Value)	PV
VF	Valor Futuro, montante (inglês: Future Value)	FV
PMT	Termo, prestação, série de pagamentos uniformes (inglês: Payment)	PMT
n	Número de períodos (inglês: time)	n
i	Taxa unitária de juros (inglês: interest)	i
J	Juros simples ou compostos decorridos nos períodos	I

Juros Simples: Parece Brincadeira de Tão Fácil

As operações de juros simples são bastante elementares e, por conta disso, usadas pelo setor bancário, em especial as taxas. Veja, por exemplo, os juros do cheque especial e do cartão de crédito, que são calculados diariamente sobre o saldo devedor do cliente. O banco toma uma taxa mensal, divide por trinta e aplica sobre o saldo devedor do dia, calculando o juro e debitando na conta do cliente. Mas e no dia seguinte? Bom, isso já é outra conta: o banco toma a taxa de juro do dia, que poderá ser diferente a do dia anterior e repete a operação.

Para descontar uma duplicada a operação é a mesma, ou seja, o banco toma a taxa do dia, divide por trinta para encontrar a taxa diária, multiplica pelo tempo do vencimento e pelo valor da duplicata, o resultado é descontado antecipado do valor nominal da duplicata e o líquido creditado na conta do cliente. Mas, em última análise, juro é apenas uma percentagem sobre uma quantia em dinheiro (para saber mais detalhes veja o Capítulo 8).

De acordo com os princípios estudados (veja o Capítulo 13), uma pessoa apenas emprestará uma quantia em dinheiro se receber, no futuro, o mesmo valor acrescido de alguma coisa, que, na linguagem dos matemáticos, é o juro:

FIGURA 16-1: Fluxo de caixa.

A Figura 16-1 mostra uma pessoa que emprestou R$ 1.000,00 por "um" período, a uma taxa de 10% e receberia no futuro o montante (juros mais o capital inicial) de R$ 1.100,00. Conforme vimos no Capítulo 6, a taxa de juros deve ser transformada de percentual em decimal, ou seja, simplesmente dividida por 100, por exemplo, 10% dividido por 100 é igual a 0,10. A aplicação do conceito pode ser vista na Tabela 16-3.

TABELA 16-3 Cálculo do Valor Futuro

x
Valor futuro = Valor presente + (Valor presente × taxa de juro)
Valor futuro = R$ 1.000,00) + (R$ 1.000,00 × 0,10)
Valor futuro = R$ 1.000,00 + R$ 100,00
Valor futuro = R$ 1.100,00

Aumentando o Número de Períodos

Se considerarmos que o dinheiro poderia ser emprestado por múltiplos períodos, é preciso acrescentar uma variável na conta: **número de períodos**. A Figura 16-2 mostra uma pessoa que emprestou R$ 1.000,00 por "3" períodos (VP) e que, portanto, a uma taxa de 10% por período, receberia no futuro (VF) o montante a juro simples (juros mais o capital inicial) de R$ 1.300,00.

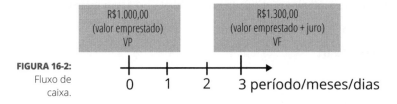

FIGURA 16-2: Fluxo de caixa.

CAPÍTULO 16 **Notações, Abreviaturas e Juro Simples**   171

TABELA 16-4   Cálculo do Valor Futuro

Valor futuro = Valor presente + (Valor presente × taxa de juro × número de períodos)
Valor futuro = R$ 1.000,00) + (R$ 1.000,00 × 0,10 × 3)
Valor futuro = R$ 1.000,00 + R$ 300,00
Valor futuro = R$ 1.300,00

Mas o juro incide sempre sobre o valor inicialmente aplicado de R$ 1.000,00? Isso mesmo. É por esta razão que o chamamos de juro simples. Não se calcula, neste método, juro sobre juros.

Muito bem, já temos uma fórmula para trabalhar. Todas as outras fórmulas são corolários, facilitações; com apenas esta fórmula será possível resolver todas as questões de juros simples:

Montante ou valor futuro = capital inicial + (capital inicial × taxa de juro × número de períodos)

Na linguagem dos matemáticos:

M = C × (1 + i × n)

Em que:

    M = montante, ou valor futuro
    C = capital inicial ou valor presente
    i = taxa de juro simples
    n = número de períodos do empréstimo

Perceba que o capital inicial é 100% da quantia que foi emprestada, e, como 100% é igual a 1, na fórmula colocamos = (**1** + i × n), ou seja, o 100%, mais a taxa de juros, vezes o número de períodos.

DICA

Quando necessitar acrescentar uma taxa de juro ou percentual num determinado valor, basta multiplicar esse mesmo valor por 1+ taxa.

Entretanto, como acredito ser mais fácil lembrar, recomendo escrever a fórmula no formato do Excel ou das calculadoras. Mas cuidado, pois a HP 12C está em inglês, então a simbologia utilizada é a da Tabela 16-2, em inglês.

    Fórmula 16-1: Cálculo do valor futuro, juro simples.

    VF = VP (1 + i × n)

Em que:

    VF = valor futuro
    VP = valor presente, ou valor do empréstimo

i = taxa de juro
n = número de períodos

Mas se a dúvida fosse o valor presente, qual seria a fórmula? Prefiro não dar uma fórmula e estimulo que meus alunos usem a Fórmula 16-1, operando-a algebricamente para encontrar a variável faltante. Entretanto, num momento de extrema bondade, vou lhes dar a fórmula do valor presente de uma quantia futura, com juro simples.

$$VF = VP(1 + i \times n)$$

Operando a fórmula, passamos o VP que está multiplicando para o outro lado, agora dividindo.

$$\frac{VF}{VP} = (1 + i \times n)$$

Fórmula 16-2: Juro simples, cálculo do valor presente.

$$VP = \frac{VF}{(1 + i \times n)}$$

Deste modo, aplicando a fórmula do valor futuro, ou montante, para um empréstimo de R$ 1.000,00, a 10% por período, em um período teremos:

VF = R$ 1.000,00(1 + 0,10 × **1**)
VF = R$ 1.000,00(1,10)
VF = R$ 1.100,00

Caso o número de períodos fosse dois, a aplicação da fórmula seria:

VF = R$ 1.000,00(1 + 0,10 × **2**)
VF = R$ 1.000,00(1 + 0,20)
VF = R$ 1.000,00(1,20)
VF = R$ 1.200,00

E se os números de períodos fossem múltiplos, a fórmula poderia ser escrita como indicamos na Fórmula 16-1:

$$VF = VP(1 + i \times n)$$

Entretanto, caso tivesse uma quantia de R$ 1.200,00, a uma taxa de juro de 1,5% ao mês, em oito meses, qual seria o valor presente? No caso, a resposta seria R$ 1.000,00.

$$VP = \frac{VF}{(1 + i \times n)}$$

$$VP = \frac{R\$\ 1.120,00}{(1 + 0,015 \times 8)}$$

$$VP = \frac{R\$\ 1.120,00}{1,12} = R\$\ 1.000,00$$

Juro Simples: Sempre Incidindo Sobre o Investimento Inicial

Isso mesmo. Como já afirmei, no juro simples a taxa sempre incide sobre a parcela inicial do empréstimo (VP), ou seja, sobre o valor de R$ 1.000,00. Assim, se estivesse emprestando dinheiro por 10 períodos, sempre receberia juro sobre o valor do principal no primeiro período (confira na Tabela 16-5).

TABELA 16-5   Cálculo do Montante de Juro Simples

Períodos	Fórmula	Cálculo	Juro	Montante
1	VF = VP(1 + i × n)	R$ 1.000,00 (1 + 0,10 × 1)	R$ 100,00	R$ 1.100,00
2		R$ 1.000,00 (1 + 0,10 × 1)	R$ 100,00	R$ 1.200,00
...	...			
9		R$ 1.000,00 (1 + 0,10 × 1)	R$ 100,00	R$ 1.900,00
10		R$ 1.000,00 (1 + 0,10 × 1)	R$ 100,00	R$ 2.000,00

Para tirar a prova, confira a conta deste empréstimo pela fórmula:

VF = VP (1 + i × n)
VF = R$ 1.000,00 (1 + 0,10 × 10) = R$ 2.000,00

Se consultar um livro texto, como os usados nas universidades, encontrará muitas deduções e fórmulas. Se estiver se preparando para um concurso, o problema é mais grave, pois os formuladores das questões elaboram problemas extremamente complicados e cheios de "pegadinhas", tornando esta coisa elementar e bárbara, num tormento infindável.

Em juros simples, a questão é direta: emprestou tem que pagar juro para cada período emprestado. Emprestou por mais de um período? Não tem problema, é só multiplicar pelo número de períodos.

Fórmula 16-3: Cálculo do valor do juro, juro simples.

J = VP × i × n

Em que:

J = juro

VP = capital emprestado ou valor presente
i = taxa de juro
n = número de períodos

FIGURA 16-3: Pegando dinheiro emprestado do banco.

Então, se João (retratado na Figura 16-3) vai ao banco e pega R$ 1.000,00 emprestado por um mês, a uma taxa de 36% ao ano, pagará juros de R$ 30,00, ou seja:

J = VP × i × n
J = R$ 1.000,00 × ((36/12)/100) × 1
J = R$ 1.000,00 × 0,03 × 1 = R$ 30,00

Compatibilizando os Períodos e as Taxas de Juro

DICA

Duas coisas muito importantes. Quando resolver um problema de matemática financeira, lembre que todos os elementos devem estar na mesma unidade. Ou seja, se o juro for mensal e o período for anual, não é possível fazer a multiplicação direta, é preciso "deixar" as duas variáveis na mesma unidade de tempo. Assim, se a taxa for de 36% ao ano para um período de 1 mês, transforme a taxa de juro em taxa mensal, apenas dividindo os 36% ao ano por 12 meses, o que resulta em 3% ao mês. Isso só vale para juro simples.

FIGURA 16-4: Conceito de juro.

Hoje | Ano que vem: Juro | Daqui a dois anos: Juro + Principal

CUIDADO

O segundo ponto importante: só podemos calcular juro e porcentagens se a taxa estiver expressa em decimais (para saber mais sobre decimais veja o Capítulo 6). Se você tivesse calculado J = R$ 1.000,00 × 3 × 1 = R$ 3.000,00, pois se 0,50 é 50%, 1,0 é 100% e pior, 3 é 300%. Imagine o tamanho do erro e a confusão na qual estaria metido. A esta hora já prepararia um currículo para procurar outro emprego.

Finalmente, vejo que os meus alunos são apaixonados por fórmulas, espero que não seja o seu caso. Então, segue um "formulário" com todas as possibilidades:

Fórmula 16-4: Formulário básico completo de juro simples.

Juro	Capital ou valor presente	Número de períodos	Taxa de juro
$J = VP \times i \times n$	$VP = \dfrac{J}{i \times n}$	$n = \dfrac{J}{VP \times i}$	$i = \dfrac{J}{VP \times n}$

Mas deixe-me contar um segredo: os melhores alunos ficam sempre com o conceito, ou seja, decoram a fórmula básica e resolvem todos os problemas isolando a variável procurada.

Em Vez de Colecionar Fórmulas, Entenda os Conceitos

Resumindo tudo: juro corresponde à taxa multiplicando o número de períodos e tempo. Coloque estes valores no papel e opere algebricamente. Vejamos alguns exemplos usando apenas o conceito, sem a aplicação das várias fórmulas estudadas, apenas operando a equação básica do juro.

$J = VP \times i \times n$

Valor Presente ou Capital Inicial

João foi ao banco, pegou emprestada uma certa quantia a 36% ao ano, por um mês e pagou juro de R$ 30,00. Qual o valor da quantia emprestada (**VP**)?

R$ 30,00 = **VP** × 36/12/100 × 1
R$ 30,00 = VP × 0,03
VP = R$ 30,00 / 0,03 = R$ 1.000,00

Taxa de Juro

João foi ao banco, pegou emprestado R$ 1.000,00 por um mês e pagou juro de R$ 30,00. Qual a taxa de juro anual (**i**)?

$J = VP \times i \times n$
R$ 30,00 = R$ 1.000,00 × **i** × 1
i = R$ 30,00 / R$ 1.000,00 = 0,03
i = 0,03 × 100 × 12 = 36% ao ano

Período do Empréstimo

João foi ao banco, pegou R$ 1.000,00 emprestado a 36% ao ano e pagou juro de R$ 30,00. Qual o período do empréstimo (**n**)?

$J = VP \times i \times n$
R$ 30,00 = R$ 1.000,00 × 36/12/100 × **n**
R$ 30,00 = R$ 1.000,00 × 0,03 × n
n = 1 mês.

> **NESTE CAPÍTULO**
>
> Sem calculadora ou Excel não dá
>
> Os fundamentos que sustentam a aplicação do juro composto
>
> Redobre a atenção na aplicação da taxa de juro
>
> Os números mágicos de Euler e os truques na matemática

Capítulo 17

Juros Compostos e suas Aplicações

Sem Calculadora ou Excel Não Dá

Muitos livros e programas de cursos de graduação ensinam matemática financeira com o uso de fórmulas e tabelas. Quando estiver estudando para fazer um concurso tudo bem. Entretanto, se estiver trabalhando numa empresa terá grandes dificuldades com a aplicação de fórmulas e, especialmente, de tabelas. Meu conselho para aqueles que estão trabalhando é que procurem uma calculadora financeira ou uma planilha eletrônica.

As calculadoras são ótimas para contas rápidas. A calculadora HP 12C é a mais espetacular das ferramentas; nunca um equipamento vendeu tanto ou foi tão estudado. Entretanto, se um dia aspirar ser um dos grandes, adicione como complemento uma ferramenta poderosa: a planilha eletrônica.

Costumo provocar meus alunos, apenas de brincadeirinha é claro, dizendo que a calculadora é para amadores e iniciantes, quem realmente sabe matemática usa a planilha eletrônica. É claro que isso não é verdade, mas quero que saiba que determinados cálculos só podem ser feitos na planilha.

Caso esteja calculando uma taxa de juro composto, por exemplo, dificilmente chegará ao resultado pela fórmula; muito menos usando tabelas, pois terá que fazer interpolações e será mais difícil ter um resultado minimamente preciso. Há duas alternativas: chame aqueles engenheiros do ITA ou use a calculadora e a planilha eletrônica.

De modo geral, muitos alunos dos cursos de pós-graduação, com diplomas em engenharia, levam calculadoras programáveis para assistirem às aulas. Tais calculadoras são maravilhosas; entretanto, "aquela pequena peça que fica atrás da calculadora" é que faz a diferença, pois é preciso programá-las para as tarefas de matemática financeira. Os engenheiros são bárbaros nisso.

Mesmo assim, sempre que possível, use a planilha eletrônica, pois ela tem vantagens imbatíveis: todos, eu repito, todos os cálculos que pensar em executar estão pré-programados, cheios de explicações e conceitos. E, se gosta de extrapolar e mostrar as suas habilidades, poderá programar as fórmulas do modo como desejar. Peritos judiciais e consultores usam muito a planilha, ela é muito mais poderosa, e contas precisas só podem ser executadas com ela como veremos adiante. Por último, a planilha está disponível em todos os lugares: em casa, no trabalho e na escola.

Os Fundamentos do Juro Composto

Conforme vimos no Capítulo 16, e com os princípios que estudamos no Capítulo 13, qualquer indivíduo que empreste uma quantia para outra pessoa espera receber no futuro o valor emprestado acrescentado de um aluguel, chamado de juro. A quantia emprestada, a qual denominamos valor presente (VP), para ficar em linha com a nomenclatura do Excel e da HP 12C (veja nomenclaturas no Capítulo 16), será multiplicada por uma taxa de juro: *Valor a devolver = valor emprestado + (valor emprestado × taxa de juro)*. Na linguagem dos negócios representaremos essa frase por:

VF = VP + (VP × i)

Para representar essa operação graficamente, podemos escrever assim:

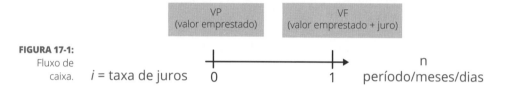

FIGURA 17-1: Fluxo de caixa. i = taxa de juros

Atribuindo valores para exemplificar os símbolos da Figura 17-1, mostramos uma pessoa que emprestou R$ 1.000,00 por "um" período, a uma taxa de 10% e recebeu no futuro o montante (juros mais o capital inicial) de R$ 1.100,00.

Conforme visto no Capítulo 6, a taxa de juros deve ser transformada de porcentual em decimal.

LEMBRE-SE

TABELA 17-1   **Cálculo do Valor Futuro**

Valor Futuro = Valor Presente + (Valor Presente × Taxa de Juro)
Valor futuro = R$ 1.000,00) + (R$ 1.000,00 × 0,10)
Valor futuro = R$ 1.000,00 + R$ 100,00
Valor futuro = R$ 1.100,00

Daqui já podemos extrair a fórmula básica dos juros composto:

VF = VP + (VP + i)^1

Para não escrever VP novamente na fórmula, na parte do cálculo do juro que está dentro dos parênteses, substituiremos VP por "**1**", pois, como vimos no Capítulo 8, 1 = 100%.

Embora não se escreva, lembre-se que a parte que está entre os parênteses é sempre elevada a **1**. Isso será fundamental no nosso próximo raciocínio.

DICA

VF = VP × (1 + i)^1

Com múltiplos períodos, basta ir multiplicando pelo valor acumulado no período anterior.

$$VF = VP \times (1 + i)^1 \times (\mathbf{1 + i})^1$$

Entretanto, uma propriedade dos expoentes ensina que basta repetir a base e somar os dois expoentes:

$$VF = VP \times (1 + i)^{1+1}$$

Disso tudo é possível depreender: se fossem "n" expoentes, bastaria elevar a equação (1 + i) a estes "n" expoentes.

Fórmula 17-1: Juro composto, um pagamento, cálculo do valor futuro.

VF = VP × (1 + i)^n

Em que:

VF = valor futuro
VP = valor presente
i = taxa de juro
n = número de períodos

E, para calcular o valor presente de uma quantia futura, apenas inverta o sinal do expoente e troque as variáveis de posição:

Fórmula 17-2: Juro composto, um pagamento, cálculo do valor presente.

VP = VF × (1 + i)$^{-n}$

Nada é mais básico nos cálculos de juro composto que este conceito. Tudo mais que ler ou estudar a respeito sempre será uma "facilitação" dessa fórmula. Assim, não há o que fazer a não ser decorá-la (Revise o Capítulo 15 para ter informações complementares).

Juros Simples e Compostos: a Semelhança Termina no Primeiro Período

Como você é um leitor atento, diria que juro composto é igual a juro simples? É verdade, mas em parte. Pois essa semelhança apenas se aplica no primeiro período; a partir daí vem a diferença. Pois se considerar que o dinheiro poderia ser emprestado por múltiplos períodos, acrescentando outra variável, número de períodos, a coisa muda de figura. O conceito de juro composto estabelece que o juro será sempre calculado sobre o saldo devedor do mês anterior.

FIGURA 17-2: Conceito de juros compostos.

É, não fique assustado, mas são juros calculados sobre juros do período anterior, mais o principal (VP).

FIGURA 17-3: Fluxo de caixa.

Veja como fizemos esta dedução: VP × (1 + i) × (1 + i), ou seja, basta ir multiplicando pelo número de períodos contidos na operação:

VF = VP × (1 + i) × (1 + i)
VF = R$ 1.000,00 × (1 + 0,10) × (1 + 0,10)
VF = R$ 1.000,00 × (1,10) × (1,10) = R$ 1.210,00

TABELA 17-2 Cálculo do Valor Futuro

Valor Futuro = Valor Presente + (Valor Presente × Taxa de Juro)
Valor futuro = R$ 1.000,00) × (1 + 0,10) × (1 + 0,10)
Valor futuro = R$ 1.000,00 × 1,21
Valor futuro = R$ 1.210,00

Mas, diria o aluno atento: professor, assim não dá!

E se o número de períodos for 100? Terei que multiplicar o resultado por 1,10 cem vezes?

Outro aluno atento, que leu o capítulo 9, responderia: como cada um dos valores encontrado dentro dos parênteses está elevado a 1, pela propriedade de expoentes, basta repetir a base e somar os "n" expoentes:

Juro Composto: a Incidência da Taxa de Juro

Conforme vimos na seção anterior, no juro composto, a taxa de juro sempre incide sobre a parcela do período anterior, ou seja, no primeiro período sobre o valor de R$ 1.000,00, no segundo sobre R$ 1.100,00 (principal mais o juro do primeiro período) e assim por diante. Deste modo, se estivesse emprestando dinheiro por 10 períodos, sempre receberia o juro sobre o valor do principal, adicionado ao juro do período anterior (confira na Tabela 17-3).

TABELA 17-3   **Cálculo do Valor Futuro**

Períodos	Fórmula	Cálculo	Juro	Montante
1	$VF = VP \times (1 + i)^n$	R$ 1.000,00 $(1,10)^1$	R$ 100,00	R$ 1.100,00
2		R$ 1.000,00 $(1,10)^2$	R$ 210,00	R$ 1.210,00
...	...			
9		R$ 1.000,00 $(1,10)^9$	R$ 1.357,95	R$ 2.357,95
10		R$ 1.000,00 $(1,10)^{10}$	R$ 1.593,74	R$ 2.593,74

Finalmente, vamos comparar os resultados entre o juro composto e o simples, resumindo os dois empréstimos num quadro único para perceber a evolução do valor do juro. O montante (VF) do empréstimo, seguindo o conceito de juros simples, é de R$ 2.000,00 e a base de cálculo sempre foi o valor inicial do empréstimo. Já no composto, o juro foi calculado sobre o saldo devedor do período anterior, fato que resultou num valor a pagar maior de R$ 2.593,74. Acompanhe os dois totais na Tabela 17-4.

TABELA 17-4   Cálculo do Valor Futuro, Comparativo

Períodos	Juro Simples		Juro Composto	
	Base de Cálculo	Cálculo do Montante	Base de Cálculo	Cálculo do Montante
1	R$ 1.000,00	R$ 1.100,00	R$ 1.000,00	R$ 1.100,00
2	R$ 1.000,00	R$ 1.200,00	R$ 1.100,00	R$ 1.210,00
3	R$ 1.000,00	R$ 1.300,00	R$ 1.210,00	R$ 1.331,00
4	R$ 1.000,00	R$ 1.400,00	R$ 1.331,00	R$ 1.464,10
5	R$ 1.000,00	R$ 1.500,00	R$ 1.464,10	R$ 1.610,51
6	R$ 1.000,00	R$ 1.600,00	R$ 1.610,51	R$ 1.771,56
7	R$ 1.000,00	R$ 1.700,00	R$ 1.771,56	R$ 1.948,72
8	R$ 1.000,00	R$ 1.800,00	R$ 1.948,72	R$ 2.143,59
9	R$ 1.000,00	R$ 1.900,00	R$ 2.143,59	R$ 2.357,95
10	R$ 1.000,00	R$ 2.000,00	R$ 2.357,95	R$ 2.593,74

Você poderia pensar que alguém esperto procuraria sempre tomar empréstimos e recursos calculados com o conceito de juro simples. Tolice, eu diria, pois, o agente "emprestador", seja ele quem for, um banco estruturado ou um simples agiota, vai lhe cobrar o maior valor possível. É claro que, por sermos uma sociedade organizada, e termos duas coisas a nos proteger, o Estado e a Mão Invisível, não fica tão fácil nos "explorar". Mas, em toda situação, dentro do razoável e do permitido, independentemente da forma de fazer a conta, na prática, o emprestador pagará o mesmo valor. Ou seja, o custo será o reflexo daquele mercado no qual o dinheiro foi buscado. O banco repassará o custo, independente da forma de calcular o juro.

Taxas de Juros Compostos

Na verdade, não existem taxas específicas para serem usadas nas operações de juro composto. A característica desta operação financeira é que o juro incide sobre o capital, adicionado o juro acumulado no mês anterior.

Entretanto, preste muita atenção para a especificação da taxa em qualquer trabalho que vá fazer, ou seja, estresse e exija muitas explicações para saber como ela será aplicada, por exemplo:

> » Sobre o saldo devedor, quer dizer que atualizamos o saldo devedor monetariamente pela inflação, aplicamos todas as taxas e sobre este valor aplicamos o juro do período? Eu não sei a resposta, é uma pergunta.
>
> » A taxa é linear? Ou seja, uma taxa contratada anual será aplicada sobre o saldo devedor do mês apenas pela simples divisão por doze meses, muito embora seja capitalizada composta?
>
> » A taxa é equivalente composta? Antes de aplicá-la é necessário transformar em taxa efetiva equivalente composta do período de capitalização?

Para aplicar uma taxa linear, basta apenas dividir pelos períodos de capitalização. Um empréstimo de R$ 5.000,00 será pago ao final de 9 meses, atualizado pela taxa de juro de 24% ao ano, linear.

$VF = VP (1 + i)^n$
$VF = R\$ 5.000,00 (1 + 0,24 / 12)^9$
$VF = R\$ 5.000,00 (1 + 0,02)^9$
$VF = R\$ 5.000,00 \times 1,19509 = R\$ 5.975,46$

Caso o contrato especificasse uma taxa efetiva equivalente composta, primeiro seria necessário encontrar a taxa efetiva mensal, equivalente a taxa efetiva anual de 24% (para mais detalhes, revise a Fórmula 15-2 no Capítulo 15).

$iq = [(1 + it)^{q/t} - 1] \times 100$

Em que:

iq = taxa que eu quero
it = taxa que eu tenho
q = número de períodos que eu quero
t = número de períodos que eu tenho

$iq = [(1 + 0,24)^{1/12} - 1] \times 100 = 1,80876\%$ ao mês

A MÃO INVISÍVEL DO MERCADO

Mão invisível foi um termo introduzido por Adam Smith, no celebrado livro, um dos maiores *best sellers* de todos os tempos, *A riqueza das nações*, em cujo contexto o autor defende a economia de mercado, com mínima intervenção do estado, afirmando que o "mercado" funcionará a despeito da inexistência de uma entidade fiscalizadora do interesse comum, a interação dos indivíduos redunda em ordem. É como se houvesse uma "mão invisível" orientando-os. A "mão invisível" a qual o filósofo iluminista mencionava fazia menção ao que hoje chamamos de "oferta e procura".

Calculada a taxa, resta calcular o valor futuro do empréstimo, ao final de nove meses.

VF = VP (1 + i)^n
VF = R$ 5.000,00 × (1 + 0,0180876)^9
VF = R$ 5.000,00 × 1,17508 = R$ 5.875,38

Comparando os resultados, percebemos que o valor a pagar será menor se a taxa usada for a taxa equivalente efetiva composta.

Taxa Linear	Taxa Efetiva
R$ 5.975,46	R$ 5.875,38

Mas, e se a entidade precisasse receber a quantia de R$ 5.975,46 para remunerar seus custos?

Ora, se aumentarmos a taxa anual de 24% ao ano para 26,82418% e calcularmos o valor futuro usando a taxa efetiva mensal equivalente, o resultado será os mesmos R$ 5.975,46.

iq = [(1 + 0, 2682418)$^{1/12}$ − 1] × 100 = 2,0% ao mês

Isto feito, resta agora calcular o valor futuro do empréstimo, ao final de nove meses.

VF = VP (1 + i)^n
VF = R$ 5.000,00 (1 + 0,02)^9
VF = R$ 5.000,00 × 1,19509 = R$ 5.975,46

Juros Compostos: um Único Pagamento

Conforme vimos no Capítulo 17, este tipo de operação considera nos cálculos o juro sobre o total acumulado no período anterior. Para exemplificar esta situação, imaginemos uma pessoa que precisa de R$ 27.000,00 para dar de sinal na compra de um apartamento cujo pagamento será realizado em 12 meses. Como tem R$ 25.000,00, procurou o banco que lhe ofereceu uma aplicação de 9% ao ano (líquido de impostos e taxas), capitalizados mensalmente. Será que ela terá o dinheiro suficiente quando vencer a aplicação ou terá que fazer uma poupança complementar? A nossa fórmula básica é:

VF = VP × (1 + i)^n

A maior dificuldade nestes casos é interpretar a questão, assim, sugiro inicialmente fazer um fluxo de caixa gráfico, pois ele facilita o raciocínio e o reconhecimento de quais são as variáveis da fórmula.

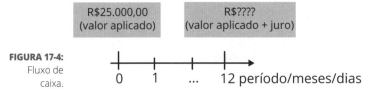

FIGURA 17-4: Fluxo de caixa.

Analisando o fluxo de caixa, concluímos os valores das variáveis, em que:

VF = valor futuro = ? (Dúvida ou valor procurado)
VP = valor presente = R$ 25.000,00
i = taxa de juro = 9% ao ano
n = número de períodos = 12 meses

Preste Muita Atenção ao Aplicar a Taxa

Entretanto, para usar a fórmula, é preciso definir como será aplicada a taxa. Efetiva equivalente composta? Taxa Linear? Digo isso porque a taxa do problema diz apenas 9% ao ano, mas não explica como deve ser transformada em taxa mensal.

Como estamos trabalhando com juro composto, consideraremos tratar-se de uma taxa efetiva equivalente composta (para saber mais sobre o assunto, consulte o Capítulo 15).

$iq = [(1 + it)^{q/t} - 1] \times 100$
$iq = [(1 + 0,09)^{1/12} - 1] \times 100 = 0,72073\%$ ao mês

Para tirar a prova, vamos calcular o inverso:

$iq = [(1 + 0,0072073)^{12} - 1] \times 100 = 9\%$

Como temos todos os elementos, agora é aplicar a fórmula básica dos juros compostos:

$27.000,00 = VP \times (1 + 0,0072073)^{12}$
$27.000,00 = VP \times (1,0072073)^{12}$
$27.000,00 = VP \times (1,09)$
$VP = \dfrac{27.000,00}{1,09} = 24.770,64$

188 PARTE 4 **Uma Viagem pelo Maravilhoso Mundo dos Juros**

Conclusão: os R$ 25.000,00 serão suficientes e não será necessária nenhuma poupança adicional. Os cálculos mostraram que um valor pouco menor que a disponibilidade de R$ 24.770,64, rendeu os R$ 27.000,00 que necessitava. Se aplicar o valor que tem (R$ 25 mil) terá um montante (VF) ligeiramente superior à necessidade. Vamos conferir isso.

VF = 25.000,00 × $(1,0072073)^{12}$

VF = 25.000,00 × 1,09 = R$ 27.250,00

Caso estivesse usando uma HP 12C, o cálculo do valor seria o seguinte: quando teclar o FV, o valor de R$ 27.250,00 aparecerá no visor da calculadora.

n	i	PV	PMT	FV	Modo
12	0,72073	25.000,00	0	????	FIM

Por outro lado, uma pessoa precisa tomar uma decisão: pagar antecipado uma dívida que vence em nove meses, cujo juro é de 1,2% ao mês, no valor de R$ 3.340,00, ou aguardar o vencimento. Essa pessoa tem R$ 3.050,00. Tal importância seria suficiente para cobrir a antecipação da dívida? Qual o valor à vista ou valor presente se for descontada a taxa de 1,2% ao mês?

VP = VF × $(1 + i)^{-n}$
VF = R$ 3.340,00 × $(1,012)^{-9}$
VF = R$ 3.340,00 × (0,898205) = R$ 3.000,00

Como o valor à vista da dívida é de R$ 3.000,00 e ela tem R$ 3.050,00, é possível pagar e ainda sobram R$ 50,00.

Entendendo a Lógica dos Juros Compostos

Pense no problema como se fosse um novo empréstimo a cada período. Veja bem: se pegasse emprestada a juro simples a quantia de R$ 1.000,00 a 10% por período, ao final do primeiro período deveria R$ 1.100,00.

Mas e se não pagasse? Ora, no segundo período teríamos que calcular tudo sobre o novo empréstimo, agora de R$ 1.100,00. Ou seja, no final do segundo período pagaria juro sobre o principal, mais o juro do primeiro período: juro sobre o juro.

Eu compliquei tudo, não foi? Vamos ver se o entendimento melhora colocando este raciocínio numa tabela, fazendo os cálculos passo a passo.

TABELA 17-5 Cálculo do Valor Futuro

Período	Valor do Principal (VP)	Juro	Saldo Devedor
0	R$ 1.000,00	R$ 1.000,00 × 0,10 = R$ 100,00	R$ 1.100,00
1	R$ 1.100,00	R$ 1.100,00 × 0,10 = R$ 110,00	R$ 1.210,00
2	R$ 1.210,00	R$ 1.210,00 × 0,10% = R$ 121,00	R$ 1.331,00
3	R$ 1.331,00	R$ 1.331,00 × 0,10% = R$ 133,10	R$ 1.464,10
4	R$ 1.464,10	R$ 1.464,10 × 0,10% = R$ 146,41	R$ 1.610,51

É claro que você não fará este cálculo período por período, pois a fórmula facilitará tudo.

Se for um feliz proprietário de uma HP 12C, o cálculo do valor é o demonstrado abaixo, quando teclar o FV, o valor de R$ 1.610,51 aparecerá no visor.

n	i	PV	PMT	FV	Modo
4	10	1.000,00	0	????	FIM

Para encerrar este assunto, eis um exemplo. João fez uma aplicação de R$ 3.000,00 num CDB por 18 meses. Ao final, recebeu R$ 3.349,89 líquido na conta-corrente. Qual foi a taxa de juro efetivo ao ano? Atenção, pois o problema fala em uma aplicação por dezoito meses, mas ardilosamente pede a taxa de juro efetiva anual. Assim, após terminar o cálculo, seja na fórmula ou calculadora, terá ainda mais um passo, ou seja, transformar a taxa encontrada em taxa de juro efetiva anual.

$$VF = VP \times (1 + i)^n$$
$$R\$\ 3.349,89 = R\$\ 3.000,00 \times (1 + i)^{18}$$
$$i = \left(\frac{R\$\ 3.349,89}{R\$\ 3.000,00}\right)^{\frac{1}{18}} - 1 = 0,61474\% \text{ ao mês}$$

CUIDADO

Mais um ponto de atenção para os aficionados em fórmulas. Eu poderia ter deduzido uma maneira de calcular o número de períodos, usando a seguinte equação que acabo de operar algebricamente a partir da fórmula principal.

$$VF = VP \times (1 + i)^n$$

Deduzindo o valor de "i"

$$i = \left[\left(\frac{VF}{VP}\right)^{1/n} - 1\right] \times 100$$

$$i = \left[\left(\frac{R\$\ 3.349,89}{R\$\ 3.000,00}\right)^{1/18} - 1\right] \times 100 = 0,61474\% \text{ ao mês}$$

Note que, apenas operando a equação algebricamente, isolando a taxa (i), que neste exemplo é muito fácil, comparativamente com o que veremos adiante no Capítulo 18, quando o problema for a taxa terá que recorrer a uma calculadora ou ao Excel, já que o cálculo está fora do alcance dos financeiros normais. De toda forma, é trabalhoso ficar decorando ou anotando fórmulas. Por conta disso, use a fórmula principal e deduza o resto.

Mas melhor mesmo é procurar uma calculadora eletrônica:

n	i	PV	PMT	FV	Modo
18	????	-3.000,00	0	3.349,89	FIM

Acionando a tecla "i", obtém-se a resposta imediatamente: 0,61474% ao mês.

CUIDADO

Observe que troquei o sinal do valor presente antes de inseri-lo na calculadora. Como tenho insistido, o método usado pela planilha e pela calculadora é o fluxo de caixa, assim, sai R$ 3.000,00 e entra R$ 3.349.89. A calculadora, por tentativa e erro, calcula qual taxa "zera" a soma do valor presente do fluxo, ou seja, 0,61474% ao mês.

Tirando a prova da taxa: −R$ 3.000,00 + (R$ 3.349,89 × $(1,0061474)^{-18}$ = −R$ 3.000,00 + R$ 3.000,00 = 0 (realmente a soma foi zero). Como a calculadora fez isso? Por tentativa e erro.

LEMBRE-SE

Entretanto, ainda resta mais uma continha, pois o problema pede a taxa ao ano e o resultado que temos é ao mês, assim, é preciso transformar a taxa mensal em taxa efetiva equivalente composta anual.

iq = [$(1 + 0,0061474)^{12}$ − 1] × 100 = 7,63% ao ano

Redobre a Atenção na Aplicação da Taxa de Juros

Esta questão da taxa de juro é um tanto controversa. Pessoalmente, prefiro o modelo americano, pois as taxas são todas lineares anuais, ou seja, ninguém precisa falar que a taxa de juro é ao ano, em casos especiais ela pode ser especificada para outro período, mas quase sempre será explicada como anual. Entretanto, o resultado da aplicação é capitalizado no formato composto, o que provoca um resultado ligeiramente diferente. Em qualquer situação é necessário ficar atento para o período de capitalização (confira o modo americano em Sterling, Mary Jane, *Business Math for Dummies*):

Sistema Americano	Sistema Brasileiro
$VF = VP \left(1 + \dfrac{i}{n}\right)^{(n \times i)}$	$VF = VP(1 + i)^n$

No sistema americano, a taxa linear anual (i) está dividida pelo número de períodos (n). Outra diferença encontra-se na capitalização, na qual o expoente é o número de períodos multiplicado pela taxa.

TABELA 17-6 Cálculo do Valor Futuro, Comparativo de Resultados

Sistema Americano	Sistema Brasileiro Efetivo	Sistema Brasileiro Linear
$VF = VP \left(1 + \dfrac{i}{n}\right)^{(n \times i)}$ $VF = 25.000,00 \left(1 + \dfrac{0,09}{12}\right)^{12 \times 0,09}$ $VF = 25.000,00 \,(1,0075)^{1,08}$ $VF = 25.000,00 \times 1,0881$	$VF = VP \,(1 + i)^n$	
$VF = R\$\ 25.000,00 \times (1,0072073)^{12}$		
$VF = R\$\ 25.000,00 \times 1,09$	$VF = VP \left(1 + \dfrac{i}{n}\right)^n$ $VF = 25.000,00 \left(1 + \dfrac{9}{12}\right)^{12}$ $VF = 25.000,00 \,(1,0075)^{12}$ $VF = 25.000,00 \times 1,093807$	
VF = R$ 27.202,56	**VF = R$ 27.250,00**	**VF = R$ 27.345,17**

No sistema brasileiro efetivo, o resultado ficou menor, evidentemente, porque na transformação da taxa efetiva anual a proporção do 9% foi mantida. Já no caso americano não, pois 1,0075 elevado a 1,08 resultou numa taxa de 8,81% ao ano. Qual dos métodos é o correto? Todos, pois trata-se de um critério para fazer a conta, e não há certo ou errado.

LEMBRE-SE

Assim, quando for realizar um cálculo, verifique muito cuidadosamente o que estabelece o contrato na transformação da taxa apresentada para o período de capitalização.

O número de períodos é outro ponto a ser abordado. Imaginemos que a pergunta do problema acima fosse em quanto tempo uma taxa efetiva de 9% ao ano que, capitalizada mensalmente, faria com que uma aplicação de R$ 25.000,00 rendesse exatamente R$ 27.250,00. Perceba que neste caso a incógnita é o número de períodos (n). Considerando que não vou deduzir uma fórmula para o "n", vamos operar a equação básica.

VF = VP(1 + i)^n

27.250,00 = 25.000,00 × (1 + 0,0072073)^n

Estes problemas são mais difíceis de resolver pela fórmula, portanto sempre recomendo que busque ajuda na calculadora ou no Excel, mas faremos uma tentativa, usando informações que já aprendemos anteriormente, no Capítulo 10.

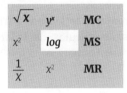

27.250,00 = 25.000,00 × (1 + 0,0072073)^n

$$\frac{27.250,00}{25.000,00} = (1,0072073)^n$$

1,09 = (1,0072073)^n

Aplicando a propriedade de logaritmo de uma potência: é a potência que multiplica o logaritmo da base (reforce seus conhecimentos revendo o Capítulo 10).

log(1,09) = n × log(1,0072073)

0,037427 = n × 0,0031189

$$n = \frac{0,037427}{0,0031189} = 12 \text{ meses}$$

Para finalizar, segue um exemplo de cálculo de valor à vista (VP). Uma empresa compra uma máquina cujo plano de pagamento implica no desembolso de R$ 9.000,00 no mês 6, mais um pagamento de R$ 12.000,00 no mês 12 e um último pagamento de R$ 15.000,00 no mês 18. Sabendo que a taxa de juro, neste caso uma taxa efetiva, é de 14,02862% ao ano, qual o valor à vista da máquina?

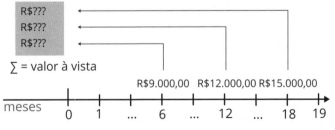

FIGURA 17-5: Fluxo de caixa.

O primeiro passo é compatibilizar a taxa, pois ela foi colocada ao ano e o número de períodos está em meses.

iq = [(1 + 0,1402862)$^{1/12}$ – 1] × 100 = 1,1% ao ano

Com a fórmula do valor presente, montaremos uma equação para calcular a somatória e assim saber qual é o valor à vista da máquina:

VP = VF(1 + i)$^{-n}$
VP = R$ 9.000,00(1,011)$^{-6}$ + R$ 12.000,00(1,011)$^{-12}$ + R$ 15.000,00(1,011)$^{-18}$

CUIDADO

Poderia ter feito a conta um a um, entretanto, se leu boa parte deste livro, concordará que podemos colocar todos os cálculos de valor presente na mesma equação, apenas alterando os expoentes para coincidir com os meses correspondentes.

VP = R$ 8.428,21 + R$ 10.523,67 + R$ 12.318,86 = **R$ 31.270,74**

Adiante, no Capítulo 20, veremos que essa conta, aparentemente complicada, pode ser feita em segundos com o auxílio do Excel ou da calculadora.

Um Modo Divertido de Dobrar o seu Dinheiro

Como fazer para dobrar o capital (VP) de R$ 1.000,00? Isso é muito fácil, basta apenas arranjar um banco que proporcione taxa de retorno de 100% ao ano, assim, em 360 dias o dinheiro estará dobrado. VF = VP (1 + 1)^1, ou seja, VF = R$ 1.000,00 × 2 = R$ 2.000,00.

Se uma aplicação de R$ 1.000,00, for feita a taxa de 7,2% ao ano, em quantos o ano valor inicial aplicado dobra? Depende: estamos aplicando a juro simples ou composto?

A juro simples o cálculo seria o seguinte: VF = VP (1 + n × i), ou melhor:

R$ 2.000,00 = R$ 1.000,00 (1 + 0,071 × n)

$\dfrac{R\$ 2.000,00}{R\$ 1.000,00} - 1 = 0,071 \times n$

1 = 0,071 × n

$n = \dfrac{1}{0,071}$ = 14,09 ou 14 anos

Entretanto, se aplicação fosse realizada com juro composto, este prazo diminuiria um pouco.

A PRÁTICA DO ANATOCISMO

A aplicação do juro composto gerou milhões de ações judiciais no Brasil, especialmente em processos de financiamento habitacional, pois a prática do anatocismo (cobrar juros sobre juros) é proibida por estes lados. É claro que os contribuintes perderam as ações, pois um intenso lobby provou que o modo como se calculam juros sobre juros no Brasil não é anatocismo. Euler deve estar se retorcendo no túmulo e as madeixas do reverendo Richard Price voltaram a crescer.

$VF = VP (1 + i)^n$

R\$ 2.000,00 = R\$ 1.000,00 $(1 + 0,071)^n$

$\dfrac{R\$ 2.000,00}{R\$ 1.000,00} = (0,071)^n$

$2 = (0,071)^n$

$\log 2 = n \times \log 0,071 = 0,30103 = n \times 0,02979$

$n = \dfrac{0,30103}{0,02979} = 10,1$ ou 10 anos

Este exemplo mostra o poder espetaculoso do juro composto, que dobra o valor em 10 anos.

Juros Simples	Juros Compostos
14 anos	10 anos

Deixemos a política de lado e falemos de João, um pobre coitado pensando em dobrar o seu capital para dar entrada num carro zero. Tem R\$ 3.000,00, mas precisa de R\$ 6.000,00. Fez todas as pesquisas e descobre que não conseguirá aplicar a mais que 7,63% ao ano.

R\$ 6.000,00 = R\$ 3.000,00 $(1 + 0,0763)^n$

$\dfrac{R\$ 6.000,00}{R\$ 3.000,00} = (1 + 0,0763)^n$

$2 = (1 + 0,0763)^n$

Se aplicar a propriedade estudada no Capítulo 10:

$n = \dfrac{\log 2}{\log 1,0763} = 9,42$ anos

Isso mesmo. O pobre João, com esta taxa, terá que esperar quase nove anos e meio. Será preciso fazer uma poupança intermediária para antecipar o prazo.

Eu sei que todos estão penalizados com o drama de João, mas quero confessar que coloquei esta questão para tentar chamar a atenção sobre outra coisa.

DICA

Com um mínimo de esforço, pode-se concluir que, para calcular o período no qual o investimento dobra, basta dividir o logaritmo de 2 pelo logaritmo de "1" mais a taxa de juro, ou seja:

Fórmula 17-3: Juros compostos conhecendo a taxa, tempo requerido para dobrar um capital.

$$n \text{ (tempo para o capital dobrar)} = \frac{\log 2}{\log(1 + i)}$$

É uma boa dica, não? Mas tenho uma ainda mais fácil. Quando precisar saber em quanto tempo um capital (VP) dobra de valor, divida o número 72 pela taxa de juro no formato de porcentagem. Não é muito preciso, mas certamente ajudará num momento de aperto e também pode chamar a atenção do seu chefe, pela rapidez com que fará a conta.

TABELA 17-7 Cálculo do Período, Modo Simplificado

Taxa de Juro	Período para Dobrar o Capital
72 ÷ 5,0%	14,4 anos
72 ÷ 7,1%	10,1 anos
72 ÷ 10,0%	7,2 anos
72 ÷ 15,0%	4,8 ou 5 anos

O Fantástico Euler e seus Números Mágicos

Como você já deve ter percebido, sou o fã número um do matemático Euler (saiba mais sobre Euler no Capítulo 4). Vamos analisar mais um dos seus segredos de matemática que ele descobriu e ver como isso ajuda os cálculos financeiros.

Ao calcular juro composto com a taxa na forma linear, a seguinte situação aparecerá: mantida a taxa fixa, mas aumentando as capitalizações, o montante aumenta. Por exemplo, uma taxa de juro de 100% ao ano, aplicada sobre uma importância de R$ 1.000,00, com apenas uma capitalização, produz um montante de R$ 2.000,00. Todavia, se a mesma taxa for capitalizada duas vezes (juro semestral), o montante passa para R$ 2.250,00 (veja cálculo a seguir). Assim, explicando melhor, na medida em que os períodos de capitalização aumentam: ano, semestre, mês, etc., o montante também cresce, embora a taxa seja a mesma. Porém, essa aplicação acontece apenas na taxa de juro simples com capitalização composta.

Se a capitalização for anual: VF = R$ 1.000,00 × $(1 + \frac{1}{1})^1$ = R$ 2.000,00

Se a capitalização for semestral: VF = R$ 1.000,00 × $(1 + \frac{1}{2})^2$ = R$ 2.250,00

Se a capitalização for trimestral: VF = R$ 1.000,00 × $(1 + \frac{1}{4})^4$ = R$ 2.441,41

Se a capitalização for mensal: VF = R$ 1.000,00 × $(1 + \frac{1}{12})^{12}$ = R$ 2.613,04

Se a capitalização for diária: VF = R$ 1.000,00 × $(1 + \frac{1}{360})^{360}$ = R$ 2.714,52

Então o juro aumentará em períodos cada vez menores? Até certo ponto, ou seja, quanto mais próximo chegar da constante de Euler: 2,71828, menor será o crescimento. E a partir de um determinado valor o crescimento é inexpressivo.

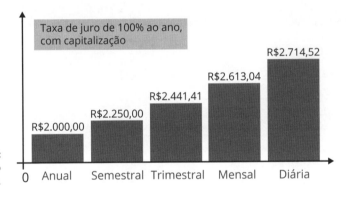

FIGURA 17-6: Capitalização de Juros.

Fórmula 17-4: Capitalização Contínua, Segundo Número de Euler.

e^i

Em que:

e = número de Euler = 2,71828.
i = taxa de juro

Assim, é possível calcular a taxa afetiva anual para períodos específicos ou contínuos, nos problemas de juros compostos, simplesmente multiplicando o número de Euler elevado a taxa de juro em questão, pelo capital inicial (VP).

VF = PV × e^i
VF = R$ 1000,00 × $(2,71828^{0,10})$
VF = R$ 1.000,00 × 1,10517 = R$ 1.105,17

Para tirar a prova, calculamos o mesmo exemplo com a fórmula normal do juro composto, usando uma taxa de juro linear de 10% ao ano:

$$VF = VP\left(1 + \frac{i}{n}\right)^n$$

CAPÍTULO 17 **Juros Compostos e suas Aplicações** 197

$$VF = R\$ 1.000,00 \times \left(1 + \frac{0,10}{12}\right)^{12}$$
$$VF = R\$ 1.000,00 \times 1,10471 = R\$ 1.104,71$$

Os resultados são muito próximos e a diferença vai aumentando na medida em que a taxa de juro aumenta, mas nada muito importante. Para cálculos rápidos, não necessariamente precisos, é uma boa possibilidade.

Com uma taxa de juro de 70%, pelo número de Euler, o resultado é de 101,38% ao ano e com juro composto e taxa linear o resultado é de 97,46% ao ano. Já com uma taxa de juro de 20%, a diferença é inexpressiva (confira na Tabela 17-8).

TABELA 17-8 **Comparativo de Taxa Linear Composta com Constante de Euler**

Taxa de juros (%)	Número de Euler		Taxa composta linear	
1%	1,01%	$2,71828^{0,01} - 1$	1,00%	$(1 + \frac{0,01}{12})^{12} - 1$
2%	2,02%	$2,71828^{0,02} - 1$	2,02%	$(1 + \frac{0,02}{12})^{12} - 1$
5%	5,13%	$2,71828^{0,05} - 1$	5,12%	$(1 + \frac{0,05}{12})^{12} - 1$
8%	8,33%	$2,71828^{0,08} - 1$	8,30%	$(1 + \frac{0,08}{12})^{12} - 1$
10%	10,52%	$2,71828^{0,1} - 1$	10,47%	$(1 + \frac{0,10}{12})^{12} - 1$
15%	16,18%	$2,71828^{0,15} - 1$	16,08%	$(1 + \frac{0,15}{12})^{12} - 1$
20%	**22,14%**	$2,71828^{0,2} - 1$	**21,94%**	$(1 + \frac{0,20}{12})^{12} - 1$
70%	101,38%	$2,71828^{0,7} - 1$	97,46%	$(1 + \frac{0,70}{12})^{12} - 1$
100%	171,83%	$2,71828^{1} - 1$	161,30%	$(1 + \frac{1,0}{12})^{12} - 1$
200%	638,90%	$2,71828^{2} - 1$	535,86%	$(1 + \frac{2,0}{12})^{12} - 1$
300%	1908,55%	$2,71828^{3} - 1$	1355,19%	$(1 + \frac{3,0}{12})^{12} - 1$

A Tabela 17-8 mostra que as aproximações são razoáveis. Veja, por exemplo, a taxa de 20%: usando a constante de Euler, temos 22,14% ao ano e com a taxa linear composta 21,94%, uma diferença de 0,2 pontos percentuais.

Imagina o que sofreu Euler para calcular esta constante? Conta a história que ele calculou na mão algumas casas decimais para este número mágico: 2,71828 1828459045235360287471352266. Para nossa felicidade, nada disso será necessário se for o feliz proprietário de uma calculadora eletrônica ou, melhor ainda, se possuir acesso ao Excel.

Equalizando Dívidas com Juros Compostos

Uma questão muito corriqueira no mundo das pequenas empresas é a troca de dívidas. Explicando melhor, uma mercadoria comprada no valor de R$ 15.000,00, para pagamento em 90 dias não poderá ser quitada. Isso mesmo, o empresário fez sua projeção de caixa considerando um novo cenário e constatou que não terá condições de honrar o compromisso com o fornecedor. Tratando-se de uma pessoa consciente, preocupada em manter um bom nome na "praça", procura o gerente de cobrança do fornecedor e explica a situação. A empresa vendedora pensa no assunto e faz uma contraproposta: trocar a dívida a vencer em 90 dias por quatro outras: a primeira em 60 dias, a segunda em 90 dias, a terceira em 120 dias e a última em 150 dias. O fornecedor diluiu o pagamento de 90 dias em quatro, manteve a mesma taxa de juros, mas, por garantia, "puxou" a primeira parcela para 60 dias.

É um favor espetacular para o empresário? Mais ou menos. Digo isso porque na verdade o fornecedor "esticou" apenas metade da dívida, pois 50% a pequena empresa continua pagando até os 90 dias. O 50% restante é que na verdade foi "esticado". Este tipo de operação é chamado em matemática financeira de **equivalência de capitais**. O nome é pomposo, mas a conta é simples.

Com os conhecimentos de valor do dinheiro no tempo, é possível "equivaler" este esquema em qualquer momento do tempo. Entretanto, aconselho a fazê-lo no instante "zero". Usando a fórmula do valor presente de um pagamento futuro, igualamos as duas situações. Em termos de fluxo de caixa, a proposta do fornecedor assume um fluxo de caixa nos moldes da Figura 17-6. Entretanto, considerando que o conceito de valor do dinheiro no tempo estabelece não ser possível "mover" capitais no tempo sem uma taxa de juro associada, falta um fator muito importante. Para servir de instrumento de tortura, a taxa de juro é de 15% ao ano, efetiva.

Primeiro passo. Como a taxa de juro é efetiva, será necessário calcular a taxa equivalente para um mês.

$$iq = [\,(1 + 0{,}15)^{1/12} - 1\,] \times 100 = 1{,}17149\% \text{ ao mês}$$

Caso a conta fosse realizada na HP 12C seria necessário seguir os passos:

TABELA 17-9 Conversão de Taxas na HP 12C
Cálculo da Taxa Equivalente da Maior para a Menor

Número	Tecla
15	enter
100	Divide (÷)
1	Mais (+)
12	Inverte (1/×)
	Eleva (yˣ)
1	Menos (−)
100	Vezes (×)
Resultado	1,17149%

FIGURA 17-7: Equivalência de duplicatas.

Usando o conceito de cálculo do valor presente de uma quantia futura, resta calcular qual será o valor dos quatro novos títulos.

$VP = VF (1 + i)^{-n}$

R\$ 15.000,00$(1,17149)^{-3}$ = VPa$(1,17149)^{-2}$ + VPa$(0,(0,62199)^{-3}$ + VPa$(1,17149)^{-4}$ + VPa$(1,17149)^{-5}$

R\$ 15.000,00(0,62199) = VPa(0,72865) + VPb(0,62199) + VPc(0,53094) + VPd(0,45322)

Como os valores dos quatro novos títulos são iguais, basta somar tudo:

R\$ 9.329,85 = VP(0,72865 + 0,62199 + 0,53094 + 0,45322)

R\$ 9.329,85 = VP(2,3348)

Valor dos novos títulos = $\dfrac{R\$ 9.329,85}{2,3348}$ = R\$ 3.996,00

A troca acabou ficando assim, como representado na Figura 17-8:

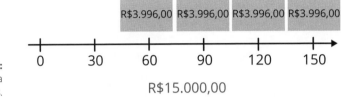

FIGURA 17-8:
Equivalência
de duplicatas.

> **NESTE CAPÍTULO**
>
> Prestações: como descomplicar um assunto complicado
>
> Quantos e quais são os tipos de prestações
>
> Ferramentas excelentes para trabalhar com prestações
>
> Tipos de prestações: com entrada, sem entrada e com carência
>
> Procurada viva ou morta: a taxa de juro

Capítulo 18

Juros Compostos: Pagamentos e Prestações

Uma Complicação: os Tipos de Prestações São Muitos

As prestações também são chamadas de anuidades ou rendas. Existe uma infinidade de tipos diferentes de prestações, como as rendas certas, nas quais os dados são previamente conhecidos, muito usado no comércio de eletrodomésticos e automóveis e as aleatórias, nas quais um ou mais dos seus elementos podem variar.

E, quanto ao valor, elas podem ser totais iguais ou variáveis. Quanto ao prazo, existem rendas perpétuas, cujos pagamentos são infinitos (veja mais a respeito no Capítulo 20). Também há rendas temporárias, que são as mais usadas. E, finalmente, uma parte muito importante, o vencimento da prestação, dividido em três possibilidades, como os exemplos da Figura 18-1:

» Antecipada, cujo primeiro pagamento é feito no ato da compra. As chamadas *prestações com entrada*.

» Postecipada, cujo primeiro pagamento é feito no final do primeiro período (mês, trimestre). As chamadas *prestações sem entrada*.

» Com carência, cujo primeiro pagamento é feito após um certo período de tempo, como nos financiamentos bancários à indústria, cujo primeiro pagamento ocorre após um período de carência e depois segue-se pagando mensalmente, apenas para exemplificar.

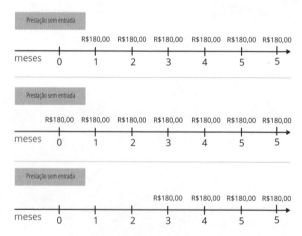

FIGURA 18-1: Tipos de prestações.

Para o nosso estudo, definiremos prestações como séries de pagamentos uniformes ou sucessivos, ou seja, para ser considerado prestação, tanto o valor quanto o espaço de tempo (mês, trimestre, ano, etc) devem ser sempre iguais (Figura 18-1).

As Premissas sobre Prestações neste Livro

DICA

Para encontrar todas estas explicações detalhadas, consulte um livro texto de matemática financeira, como os usados nos cursos de graduação. Neste livro, damos ênfase às aplicações práticas empresariais e comerciais.

Nesta seção, ao estudar as prestações, seguiremos algumas premissas para torná-las mais próximas daquilo que se faz no mercado financeiro e no comércio.

» O número de prestações sempre será finito;

» O prazo entre os pagamentos é sempre o mesmo (constante);

» Os valores das prestações serão sempre iguais;

» O vencimento da prestação ocorrerá no início (antecipados) ou no fim do primeiro (postecipados) período;

» As taxas utilizadas poderão ser lineares ou efetivas;

» Trabalharemos apenas com juro composto.

Quer dizer então que não existem prestações calculadas com juro simples? Existem sim, entretanto podemos estudar o assunto apenas por curiosidade, pois as aplicações práticas são exíguas, como por exemplo o Método Linear Ponderado de Gauss.

Mas voltemos ao juro composto. Para exemplificar, confira na Figura 18-2 uma série de três prestações **postecipadas** (sem entrada) de R$ 50,00, cujo primeiro pagamento ocorre no final do período um.

FIGURA 18-2: Fluxo de caixa.

Atualmente, o comércio brasileiro adotou este modelo como forma de pagamento predileta. O cliente compra a mercadoria e paga em prestações debitadas no cartão de crédito. Normalmente os anúncios trazem o seguinte apelo:

> TV de LED 32 polegadas: à vista R$ 999,00 ou em 10 vezes de R$ 99,90, sem juros no cartão.

CAPÍTULO 18 **Juros Compostos: Pagamentos e Prestações** 205

MÉTODO LINEAR PONDERADO DE GAUSS

O único método de pagamento e amortização que não se utiliza do juro sobre juro, diferente do sistema da Tabela Price que pratica o anatocismo, é o método de Gauss. O seu sistema foi construído sobre uma equação que utiliza juro simples e cuja metodologia é denominada *Método Linear Ponderado*. Para isso, a fórmula para pagamentos (sem entrada) postecipados é baseada em progressão aritmética (pois o juro é linear) e não mais na progressão geométrica exponencial como no caso do juro composto. Este método foi inventado pelo matemático Johann Carl Friedrich Gauss (1777 - 1855), matemático, físico e astrônomo alemão, que deu enorme contribuição em várias áreas da ciência. A fórmula para calcular as prestações é:

$$PMT = Capital \times \frac{(1 + i \times n)}{\left(\frac{i \times (n-1)}{2} + 1\right) \times n}$$

Em que:

- PMT = prestação
- Capital = valor presente a ser amortizado
- i = taxa de juro, na forma unitária
- n = número de prestações

Entretanto, a Figura 18-3 mostra uma compra com três prestações **antecipadas** de R$ 50,00, com o primeiro pagamento sendo realizado no ato da compra, ou instante "zero". Para o comerciante, esse é o melhor tipo de venda possível, pois garante a fidelidade do comprador já que ele pagou a entrada e reduz tremendamente o risco de crédito. Todavia, como quem manda é o "cliente", basta folhear um jornal para constatar que estão ficando em desuso os financiamentos que adotam o modelo com entrada, especialmente no comércio de linha branca, como vídeo, tv, utensílios domésticos e telefonia.

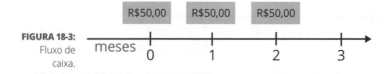

FIGURA 18-3: Fluxo de caixa.

Quais Ferramentas São Usadas com as Prestações?

Basicamente, existem quatro maneiras de trabalhar com prestações, sendo apenas duas com aplicações práticas, a calculadora e a planilha eletrônica, e outras duas que usam fórmula e tabelas. Não vamos desdenhar das tabelas e muito menos das fórmulas, pois sem elas não existiria nada. Ademais, os profissionais que dominam as quatro possibilidades são muito especiais e requisitados. Quem trabalha com fórmula faz qualquer coisa.

Tabelas

Com o uso de tabelas pré-montadas, após escolher o tipo, procura-se a intercessão das linhas de período com a linha da taxa de juro e multiplica-se o número encontrado pelo valor da prestação, estabelecendo o resultado pretendido. Os problemas são vários, como as nomenclaturas diferentes para cada tabela, o que provavelmente causa a diferença dos nomes dados ao fator que calcula o valor presente de uma prestação sem entrada. Recomenda-se muita atenção, pois errar nesta "maçaroca" de números não é difícil, como mostra a Tabela 18-1. Encontramos tabelas com fatores para calcular tudo que for necessário, sempre para juro composto. Os seis tipos mais comuns, divididos em pagamento único e série de pagamentos uniformes estão listados a seguir:

» Pagamento único
- Fator de acumulação de capitais: valor futuro, um único pagamento
- Fator do valor atual: valor presente, um único pagamento

» Série de pagamentos uniformes: prestação, renda, anuidade ou termo.
- Fator de acumulação de capital: valor futuro de uma série de prestações, com entrada.
- Fator de formação de capital: valor presente, de uma série de prestações, com entrada.
- Fator do valor atual: valor presente, de uma série de prestações, sem entrada.
- Fator de recuperação de capital: valor futuro de uma série de prestações, sem entrada.

Vamos a um exemplo prático. Qual o valor à vista (VP) de uma série de 10 prestações mensais de R$ 252,00, sem entrada, se a taxa de juro mensal for 3%? Verifique na Tabela 18-1 o fator do valor atual, valor presente, de uma série de prestações, sem entrada. Na interseção de taxa de juro de 3% (vertical) com o número de períodos 10 (horizontal), o **fator de 8,53020**. Para fazer a conta, basta multiplicar: R$ 252,00 × 8,53020 = R$ 2.149,61.

Considerando as ferramentas à disposição, como calculadoras financeiras e principalmente o Excel, quem sabe o mínimo de matemática financeira não usa tabelas, mas as constrói.

Mas então, por que coloquei este exemplo aqui? O meu desejo é que você seja muito aculturado sobre finanças, assim, acho bom saber disso, até para dar valor ao que fazia seu avô, pois em sua época ele não contava com outros

TABELA 18-1 Fator do Valor Atual

Fator do Valor Atual: Calcula o Valor Presente de uma Prestação sem Entrada

#	1%	2%	3%	4%	5%	6%	7%	8%	9%	10%	11%	12%
1	0,99010	0,98039	0,97087	0,96154	0,95238	0,94340	0,93458	0,92593	0,91743	0,90909	0,90090	0,89286
2	1,97040	1,94156	1,91347	1,88609	1,85941	1,83339	1,80802	1,78326	1,75911	1,73554	1,71252	1,69005
3	2,94099	2,88388	2,82861	2,77509	2,72325	2,67301	2,62432	2,57710	2,53129	2,48685	2,44371	2,40183
4	3,90197	3,80773	3,71710	3,62990	3,54595	3,46511	3,38721	3,31213	3,23972	3,16987	3,10245	3,03735
5	4,85343	4,71346	4,57971	4,45182	4,32948	4,21236	4,10020	3,99271	3,88965	3,79079	3,69590	3,60478
6	5,79548	5,60143	5,41719	5,24214	5,07569	4,91732	4,76654	4,62288	4,48592	4,35526	4,23054	4,11141
7	6,72819	6,47199	6,23028	6,00205	5,78637	5,58238	5,38929	5,20637	5,03295	4,86842	4,71220	4,56376
8	7,65168	7,32548	7,01969	6,73274	6,46321	6,20979	5,97130	5,74664	5,53482	5,33493	5,14612	4,96764
9	8,56602	8,16224	7,78611	7,43533	7,10782	6,80169	6,51523	6,24689	5,99525	5,75902	5,53705	5,32825
10	9,47130	8,98259	**8,53020**	8,11090	7,72173	7,36009	7,02358	6,71008	6,41766	6,14457	5,88923	5,65022
11	10,36763	9,78685	9,25262	8,76048	8,30641	7,88687	7,49867	7,13896	6,80519	6,49506	6,20652	5,93770
12	11,25508	10,57534	9,95400	9,38507	8,86325	8,38384	7,94269	7,53608	7,16073	6,81369	6,49236	6,19437

recursos. Isso tudo sem considerar que, ao folhear um livro de matemática financeira recente, é possível encontrar exemplos e cálculos com tabelas. Se for fazer algum concurso, como as calculadoras não são permitidas, todas as contas serão realizadas por tabelas. Mas, o melhor seria se pudesse ser "produtor" de tabelas se trabalhasse em uma empresa de comércio, pois muitas companhias fornecem tabelas para os vendedores usarem na "linha de frente", ou seja, se o cliente quiser parcelar um valor em dez vezes e se o juro praticado lá for de 3% ao mês, o vendedor procura o fator e multiplica pelo valor financiado.

Financeiros com capacidade de "fazer Tabelas" são muito requisitados. Mas professor, como é que esta tabela foi elaborada? Ora, alguém suficientemente aculturado em finanças colocou uma fórmula em cada uma daquelas interseções (períodos por taxas de juro) e o Excel fez o resto. Estudaremos na Fórmula 18-2: prestações, cálculo do valor à vista ou presente e juro composto, logo adiante.

$$VP = PMT \times \frac{1 - (1 + i)^{-n}}{i}$$

em que:

VP = valor presente
PMT = prestação
n = número de prestações
i = taxa de juro

$$R\$\ 1,00 = PMT \times \frac{1 - (1,03)^{-10}}{0,03}$$

$$PMT = \frac{1,00}{8,5320} = \mathbf{0{,}117231}$$

PMT = **0,117231** × R$ 2.149,61 = R$ 252,00

DICA

No lugar do valor, usei o número R$ 1,00. Assim, para saber o valor da prestação, é só multiplicar o fator encontrado pelo valor financiado.

Calculadoras Eletrônicas: uma Benção Divina

A criação das calculadoras se perde na história, e o ábaco é um exemplo disso. As chamadas réguas de cálculo usadas pelos engenheiros até a década de 1970 eram os únicos meios de manipulação de números. As calculadoras eletrônicas, nos formatos conhecidos, surgiram nos Estados Unidos nos anos 1960. Acontece que os americanos estavam perdendo a corrida armamentista para a União Soviética, assim, o governo resolveu investir em um projeto de submarinos e misseis nucleares sem precedentes na história, os projetos Polaris e Trident. Uma reivindicação dos engenheiros foi o desenvolvimento de um instrumento de cálculo que pudesse ser usado no campo, pois até então eles faziam contas

A RÉGUA DE CÁLCULO

A régua de cálculos não é um dispositivo usado para medição de distâncias ou traçar retas. É um aparato de cálculo baseado na sobreposição de escalas logarítmicas. Os cálculos são realizados por meio de uma técnica mecânica analógica que permite a elaboração das contas utilizando-se de guias graduadas, réguas logarítmicas que deslizam umas sobre as outras, e os valores mostrados em suas escalas são relacionados pela ligação por um cursor com linhas estrategicamente dispostas, com função de correlacionar as diversas escalas da régua. Foi inventada pelo padre inglês William Oughtred em 1622, baseada na tábua de logaritmos criada por John Napier, em 1614. É a mãe das calculadoras eletrônicas modernas, pois trabalha com logaritmos, o mesmo método das calculadoras. Seu ponto fraco é a precisão exigida atualmente, pois em um cálculo 1345 × 3442, aponta 4.650.000, e o valor exato é 4.629.490. Foi usada até 1970 e a sua contribuição para a história do planeta é inenarrável.

usando uma régua de cálculo, incômoda e imprecisa. Tente saber mais sobre isso e poderá fazer uma ideia do sofrimento daqueles profissionais. Eram seis anos de faculdade mais seis para aprender a usar a régua.

Uma importante empresa foi escolhida para desenvolver o instrumento que substituiria a régua. Assim nasceu a calculadora eletrônica e portátil, que comemora cinquenta anos em 2017.

O criador da calculadora foi um engenheiro cansado de sofrer com as réguas, Jack St. Clair Kilby (1923 – 2005), que também ganhou o Nobel de física em 2000, como um dos desenvolvedores do circuito integrado.

FV	PV	PMT
x^2	i	N
$\frac{1}{x}$	$\Delta\%$	RCL

A principal calculadora financeira do mercado é a HP 12C, programável, usada para cálculos financeiros envolvendo juro composto, taxas e amortizações. Ela usa um modo de cálculo chamado RPN[1] e foi a primeira a adotar o conceito de fluxo de caixa, com teclas diferentes para entrada e saída de recursos. Foi lançada no ano de 1981. É o maior fenômeno de vendas, pois nunca mudou, uma coisa difícil de entender, quando estamos acostumados a trocar de aparelho celular a cada seis meses, por obsolescência. A companhia tentou lançar modelos mais sofisticados, mas todos foram um fracasso. Assim, há quase trinta e cinco anos convivemos com o mesmo produto e, o que é importante, todos estão felizes.

---

[1] Notação Polonesa Reversa, RPN na sigla em inglês, de *Reverse Polish Notation*. Permite uma linha de raciocínio mais direta durante a formulação e melhor utilização da memória.

Resolver equações na calculadora é muito fácil: liste as variáveis, insira nas teclas correspondentes, coloque zero naquilo que não for usar e aperte a tecla procurada. Foi neste momento que os fabricantes de tabelas faliram.

n	i	PV	PMT	FV	Modo
10	3	????	252,00	0	FIM

Quando teclar o PV, imediatamente receberá o resultado de R$ 2.149,61.

Planilhas Eletrônicas para Profissionais Exigentes

Nos anos 1970, surgiu um produto de cálculo eletrônico chamado Lótus, o qual posteriormente evoluiu para o Lótus 123. O mundo nunca mais seria o mesmo. A planilha sempre existiu, mas em formato de papel, o que era um horror, pois a cada erro éramos obrigados a apagar tudo. Alguém seria capaz de imaginar como calcular o imposto de renda de um banco como o Bradesco, em uma planilha de papel? Assim, a planilha de cálculo é um tipo de programa que utiliza tabelas para fazer contas e apresentar dados. É formada basicamente por uma grade composta de linhas horizontais e colunas verticais. Com o surgimento do Microsoft Excel, as planilhas se espalharam pelo mundo, graças a Deus.

Sempre digo para os meus alunos: "se for capaz de imaginar uma situação, saiba que o Excel faz. Você pode não saber onde está, mas que faz, isso faz".

A parte relacionada à matemática financeira do Excel é completa, ele tem uma **FUNÇÃO** na página inicial, representada pela Figura 18-4.

FIGURA 18-4: Indicativo de função matemática do Excel.

Teclando a ferramenta de funções do Excel, descobre-se um mundo de facilidades (Figura 18-4). Mas não deixe que estas delícias o distraiam. Vá até a segunda caixa de diálogo onde está escrito "Ou selecione uma categoria" e escolha a categoria "Financeira".

Nesta caixa de diálogo estão todos os elementos dos quais a matemática financeira precisa. Para repetir o mesmo exemplo usado para tabelas e calculadoras, vamos calcular o valor presente de 10 prestações de R$ 252,00, sem entrada, a uma taxa de 3% ao mês, no Excel.

Percorra a lista das funções financeiras até o VP (as funções estão em ordem alfabética), clique nela e em seguida vá respondendo as perguntas feitas pelo computador, o resultado será R$ 2.149,61. Faça uma experiência e divirta-se.

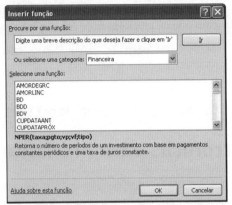

FIGURA 18-5:
Funções matemáticas do Excel.

Passo a passo pelo Excel:

1. **Clique em função**
2. **Escolha a função financeira**
3. **Role a barra de selecionar função até VP (valor presente)**
4. **A caixa de diálogo vai lhe pedir:**

   Taxa: insira a taxa na forma decimal ou 0,03

   Períodos: digite 10

   Pagamentos: 252,00 (é o valor das 10 prestações cujo valor presente está procurando)

   Valor futuro: como não tem digite 0

   Tipo: digite "0" para prestação sem entrada.

   Tecle ENTER: R$ 2.149,61

Repousando o cursor sobre a caixa de diálogo, o Excel explicará detalhadamente cada uma das suas funções. Por exemplo, no tipo de prestação, são fornecidas as seguintes alternativas: 1 para PMT com entrada, 0 para PMT sem entrada, ou deixe em branco para não especificado.

Mas, se quer arrasar mesmo e conseguir aquele emprego nas Casas Bahia, porque eles só contratam os melhores, faça uma fórmula no Excel. Isso é coisa para profissionais. Confira a fórmula a seguir:

TABELA 18-2   Uso do Excel com Fórmula

	A	B	C	D	E
1		3%	R$ 252,00	10	
2		=C1*(((1-((1+B1)^-D10)/B1))			
3					
4					

Quando você teclar ENTER, como num passe de mágica aparecerá: R$ 2.149,61.

Prestações sem Entrada

As prestações sem entrada são muito populares, pois trata-se de um argumento de venda espetacular. O cliente leva um sonho para casa e só começa a pagar trinta dias depois. Caso queira saber a dedução da fórmula, procure um livro texto de curso de graduação, porque vamos apresentá-la, diretamente, sem rodeios.

Esta fórmula poderá ser encontrada em outros formatos, entretanto, a minha experiência de sala de aula e do uso de calculadores mostra que este é mais fácil de executar (para ver mais detalhes revise a Fórmula 18-1 no Capítulo 15). Por outro lado, como veremos a seguir, facilita muito calcular o valor futuro de uma série de prestações, pois basta inverter o sinal do expoente para positivo na fórmula e reposicionar as variáveis.

Fórmula 18-1: Prestações, cálculo do valor à vista ou presente, juro composto.

$$VP = PMT \times \frac{1 - (1 + i)^{-n}}{i}$$

em que:

VP = valor presente
PMT = prestação
n = número de prestações
i = taxa de juro

Para calcular o valor futuro de uma série de prestações, use a mesma fórmula, apenas mude o sinal do expoente e as variáveis.

Fórmula 18-2: Cálculo do valor futuro de uma série de prestações, juro composto.

$$VF = PMT \times \frac{(1 + i)^n - 1}{i}$$

em que:

> VF = valor futuro
> PMT = prestação
> n = número de prestações
> i = taxa de juro

LEMBRE-SE

Essa fórmula também é conhecida como *Tabela Price*, a mais espetacular das fórmulas da matemática financeira. Sempre que pensar em comprar alguma coisa a prazo, a prestação será calculada usando a Tabela Price. Ela é assim chamada pois quando foi inventada o seu autor calculou as situações possíveis e as colocou em uma tabela, para que, quando os comerciantes e bancários fossem fazer a conta de um empréstimo ou a venda a prazo de uma mercadoria, bastaria procurar a interseção das colunas juro e tempo e multiplicar pelo valor emprestado, para encontrar a prestação (confira na Tabela 18-1). Atualmente, as tabelas são menos usadas, pois as calculadoras financeiras e, principalmente o Excel, tornaram estes cálculos banais.

Entretanto, quando for a uma revenda de veículos, será comum presenciar este diálogo:

» **Cliente:** quanto custa o carro?

» **Vendedor:** este carro custa R$ 35.000,00.

» **Vendedor:** quanto pretende dar de entrada?

» **Cliente:** R$ 10.000,00.

» **Vendedor:** em quantos pagamentos quer fazer o saldo de R$ 25.000,00?

» **Cliente:** qual é a sua taxa de juro?

» **Vendedor:** 1,4% ao mês.

» **Cliente:** 24 parcelas.

Neste instante, o vendedor pega sua tabela, olha para a coluna de 24 meses e faz a seguinte conta numa HP 12C reluzente:

Prestação = **0,049346** × R$ 25.000,00 = R$ 1.233,66

O que é o fator 0,049346? Alguém que leu este livro de capa a capa, montou esta tabela no Excel, usando a fórmula ou a função financeira da planilha:

$$VP = PMT \times \frac{1 - (1 + i)^{-n}}{i}$$

Fator para financiamento em 24 meses = R$ 1,00 = PMT × $\frac{1 - (1,014)^{-24}}{0,014}$

Fator para financiamento em 24 meses = R$ 1,00 = PMT × 20,264977

O SISTEMA FRANCÊS DE AMORTIZAÇÃO

Richard Price (1723 – 1791), reverendo inglês, criou o chamado *sistema francês de amortização*, mais conhecido como Tabela Price. O método é usado em amortização de empréstimos, cuja principal característica é apresentar prestações (ou parcelas) iguais. O método foi apresentado em 1771 em sua obra *Observações sobre Pagamentos Remissivos* (em inglês: *Observations on Reversionary Payments*) e foi idealizado para pensões e aposentadorias. No entanto, foi a partir da Segunda Revolução Industrial que sua metodologia foi adotada pelos bancos para cálculos de amortização de empréstimos. É a explícita prática do anatocismo, ou seja, cobra juros sobre os juros do período anterior.

$$\text{Fator para financiamento em 24 meses} = \frac{R\$\,1,00}{20,264977} = \mathbf{0{,}049346}$$

O valor de R$ 1,00 foi um artifício para calcular o fator. Assim, o financeiro fez uma tabela com todas as possibilidades e a empresa pode contratar um vendedor cuja capacidade matemática limite-se à multiplicação.

LEMBRE-SE

Calcular o valor presente (VP) significa "mover" no tempo cada uma das três parcelas de R$ 50,00 da figura 18.5; poderíamos fazer isso separadamente e depois somar o valor presente das três parcelas de R$ 50,00 e assim saber a quantia no instante zero, mas a fórmula fará isso automaticamente.

FIGURA 18-6: Fluxo de caixa.

Para explicar melhor, usando uma taxa de 2% ao mês, e calculando individualmente cada uma das parcelas:

Valor do período 1: VP = R$ 50,00 $(1{,}02)^{-1}$ = R$ 49,02

Valor do período 2: VP = R$ 50,00 $(1{,}02)^{-2}$ = R$ 48,06

Valor do período 3: VP = R$ 50,00 $(1{,}02)^{-3}$ = R$ 47,12

Somando tudo: R$ 49,02 + R$ 48,06 + R$ 47,12 = R$ 144,20.

Fazendo o cálculo pela fórmula do valor presente:

$$VP = PMT \times \frac{1 - (1+i)^{-n}}{i}$$

$$VP = R\$\,50{,}00 \times \frac{1 - (1{,}02)^{-3}}{0{,}02} = R\$\,144{,}20$$

Fazendo o cálculo do valor à vista ou valor presente das três prestações de R$ 50,00, a uma taxa de juro de 2%, na calculadora financeira, encontramos o valor de R$ 144,20.

n	i	PV	PMT	FV	Modo
3	2	????	50,00	0	FIM

Ao pressionar a tecla PV, aparecerá imediatamente R$ 144,20 no visor da calculadora.

Procura-se a Taxa de Juros Viva ou Morta

Chega de regras, vamos logo para um exemplo prático. As Casas Bahia estão anunciando um aparelho de TV Led Full HD 39', por R$ 1.205,46, em dez vezes iguais, sem entrada no cartão. Caso queira pagar à vista no boleto, o valor é de R$ 1.142,01. Meu desejo é estabelecer a taxa de juros e, caso esta esteja razoável, em torno de 1% ao mês, comprarei. O fluxo de caixa da operação está representado na Figura 18-6, são dez prestações de R$ 120,55, sendo a primeira a partir do instante 1 e a última no instante dez. No instante "0" (zero) coloquei o valor à vista de R$ 1.142,01 com sinal negativo.

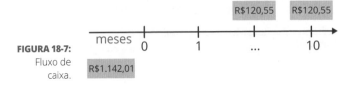

FIGURA 18-7: Fluxo de caixa.

em que:

VP = R$ 1.142,01
PMT = 120,55
n = 10 (dez)
i = dúvida ou valor procurado

Aplicando a fórmula:

$$R\$\ 1.142{,}01 = 120{,}55 \times \frac{1 - (1 + i)^{-10}}{i}$$

Resolver esta equação pela fórmula é muito difícil, não está ao alcance dos mortais comuns. Assim, quando se encontrar numa situação destas pode recorrer a uma tabela e tentar fazer uma interpolação. Meu conselho é que procure uma planilha eletrônica ou calculadora financeira (adiante, no Capítulo 21, analisaremos como fazer este cálculo no Excel).

n	i	PV	PMT	FV	Modo
10	????	1.142,01	120,55	0	FIM

Ao acionar a tecla "i", o visor da calculadora nos informa que a taxa de juro desta operação é de 0,99601% ao mês.

DICA

Na calculadora, o modo FIM é aplicado para os cálculos de prestação (PMT) sem entrada. Fazendo o cálculo pela fórmula, use a taxa no formato centesimal, mas na calculadora use o padrão percentual, sem o símbolo. O resultado da taxa também será no formato percentual.

LEMBRE-SE

Qual a razão de inverter o sinal do valor à vista colocado no fluxo de caixa no instante "zero"? A calculadora e o Excel fazem a conta por tentativa e erro, assim, testarão qual taxa torna a soma de todos os valores do fluxo de caixa no instante zero, igual a zero. Ora, se o fluxo de caixa fosse invertido, ou seja, as prestações tivessem sinal negativo e o valor à vista sinal positivo, o resultado seria o mesmo. Afinal, o que a calculadora precisa é comprar os valores, ou seja, as entradas e as saídas. Considerando que é mais fácil colocar o sinal negativo em um só valor do que em dez, optei pelo valor à vista.

FV	PV	PMT
x^2	**i**	N
$\frac{1}{x}$	Δ%	RCL

Procura-se uma Prestação que Caiba no Bolso

Mas vamos dar asas aos pensamentos e imaginar que somos um técnico em finanças que realizou seu sonho dourado. Qual o prêmio por ter se esforçado e estudado todas as lições? Foi contratado para trabalhar nas Casas Bahia, esta empresa que é um orgulho nacional.

A missão é a seguinte: calcular o valor da prestação de uma TV Led Full HD 39', cujo preço à vista é de R$ 1.142,01 a ser pago em dez vezes no cartão, sem entrada. Voltemos à fórmula.

$$VP = PMT \times \frac{1 - (1 + i)^{-n}}{i}$$

$$R\$\ 1.142,01 = PMT \times \frac{1 - (1 + 0,0099601)^{-10}}{0,0099601}$$

$$R\$\ 1.142,01 = PMT \times \frac{1 - (0,0099601)^{-10}}{0,0099601}$$

$$R\$\ 1.142{,}01 = PMT \times \frac{1 - 0{,}90565}{0{,}0099601}$$

$$R\$\ 1.142{,}01 = PMT \times 9{,}46333$$

$$PMT = \frac{R\$\ 1.142{,}01}{9{,}46333} = R\$\ 120{,}55$$

Fácil, não? Mas pela calculadora é mais fácil ainda:

n	i	PV	PMT	FV	Modo
10	0,99601	1.142,01	????	0	FIM

Aperte a tecla PMT e receberá imediatamente no visor da calculadora o resultado da prestação, ou seja: R$ 120,55.

Mas sabe aquela pessoa pessimista? Em vez de gastar nesta TV Led Full HD 39', poupará o dinheiro das dez prestações de R$ 120,55, investindo num CDB que pagará 0,99601% ao mês. Se souber de algum banco que está pagando tudo isso líquido me deixe saber, por favor. Ao final dos dez meses, quanto terá acumulado? A fórmula do valor futuro (VF) de uma prestação é fácil de deduzir, pois trata-se apenas de mudar o sinal do expoente, de negativo para positivo e reordenar as variáveis.

$$VF = PMT \times \frac{1 - (1+i)^{-n}}{i}$$

$$VP = R\$\ 120{,}55 \times \frac{(1{,}0099601)^{10} - 1}{0{,}0099601}$$

$$VP = R\$\ 120{,}55 \times \frac{0{,}10419}{0{,}0099601} = R\$\ 120{,}55 \times 10{,}46032 = R\$\ 1.260{,}99$$

Pela calculadora, a conta fica até sem graça, pois é muito fácil, basta praticar um pouco para virar um expert.

n	i	PV	PMT	FV	Modo
10	0,99601	0	120,55	????	FIM

Ao apertar a tecla FV, o valor de R$ 1.260,99 aparece imediatamente no visor da calculadora.

Não Deixe Espaços em Branco no Excel ou na Calculadora

DICA

Perceba que sempre estou colocando "zero" na tecla da calculadora que não está sendo usada. Acontece que em qualquer modelo estas cinco teclas trabalham integradas, ou seja, qualquer valor que estiver digitado entra no cálculo, então, para não perder aquele empregão nas Casas Bahia que tanto se esforçou para conseguir, coloque "zero" nas teclas que não estiver usando.

CUIDADO

Ademais, muitos alunos perdem a principal função da calculadora HP 12C, chamada "pilha operacional". Acontece que os quatro últimos números que foram introduzidos na tecla ENTER ficam armazenados. Se aprender a trabalhar com isso, rotacionar a "pilha operacional", poderá ganhar grande destreza e velocidade nas contas, pois inúmeras vezes, ao calcular uma equação, com as calculadoras normais, somos obrigados a anotar um número no papel e depois reintroduzi-lo na calculadora. Deste modo, se não "apagar" os dados depois de fazer uma conta, há como aproveitá-los em outra, entretanto, como ela trabalha com as teclas integradas, se não colocar zero na função financeira que não está usando, o resultado estará errado.

Como vimos, as prestações são acumulações de capital, quando estes vão se capitalizando a uma determinada taxa de juro.

FIGURA 18-8: Fluxo de caixa.

Ou seja, se aplicar todos os meses, durante quatro meses, em um título do Tesouro Nacional, a quantia de R$ 500,00 e imaginando que a taxa de juro de 0,93% ao mês não se alterasse, cada uma das aplicações iria se acumulando e os juros incidindo sobre o saldo acumulado no mês anterior.

TABELA 18-3   Cálculo do Valor Futuro

Mês	Primeira Parcela	Segunda Parcela	Terceira Parcela	Quarta Parcela
Primeiro	R$ 500,00			
Segundo	R$ 500,00	(R$ 500,00 × (1,0093)		
Terceiro	R$ 500,00	(R$ 500,00 × (1,0093)	R$ 500,00 × (1,0093)^2	
Quarto	R$ 500,00	(R$ 500,00 × (1,0093)	R$ 500,00 × (1,0093)^2	R$ 500,00 × (1,0093)^3

Fazer o cálculo um a um dá trabalho, mas o resultado acontece.

$VF = VP(1 + i)^n$

CAPÍTULO 18 **Juros Compostos: Pagamentos e Prestações**   219

VF = R$ 500,00 + (R$ 500,00 × (1,0093) + [R$ 500,00 × (1,0093)²] + [R$ 500,00 × (1,0093)³]

VF = R$ 500,00 + R$ 504,65 + R$ 509,34 + R$ 514,08 = R$ 2028,07

Pela fórmula do valor futuro de uma prestação, calcula-se o valor presente de todos os valores em apenas uma vez.

$$VF = R\$\ 500{,}00 \times \frac{(1{,}0093)^4 - 1}{0{,}0093} = R\$\ 2.028{,}07$$

Retomando o Capítulo 5, na verdade tudo resume-se a uma soma ou subtração e o resto foi a forma encontrada pelos estudiosos da matemática para facilitar a nossa vida. Sim, os logaritmos foram inventados para facilitar a nossa vida. É difícil de acreditar, mas é verdade. Veja que a fórmula do valor futuro de uma prestação não é nada mais que a soma do valor futuro de diversos pagamentos.

Por último, para firmar todos os conceitos, você, como analista das Casas Bahia, precisa calcular quanto será a prestação de uma geladeira, cujo preço à vista no boleto é de R$ 998,32. Ela será colocada em oferta para ser paga em 14 prestações sem entrada. A taxa de juro é de 12,3% ao ano.

Surge uma pergunta importante: como calcular a taxa equivalente mensal? Resposta: usaremos o método linear. Com a fórmula do VP de uma prestação sem entrada, calculamos o valor da prestação, isolando o termo que está faltando.

$$VP = PMT \times \frac{1 - (1 + i)^{-n}}{i}$$

em que:

VP = R$ 998,32
PMT = dúvida ou elemento procurado
n = 14 prestações
i = 12,3% ao ano (linear), ou 1,025% ao mês (12,3 / 100 / 12)

$$R\$\ 998{,}32 = PMT \times \frac{1 - (1{,}01025)^{-14}}{0{,}01025}$$

R$ 998,32 = PMT × 12,98011

$$R\$\ 998{,}32 = PMT = \frac{R\$\ 998{,}32}{12{,}98011} = R\$\ 76{,}91$$

Pela calculadora financeira é aquilo que os americanos chamam de *piece of cake* (expressão em inglês usada para mostrar quando algo é fácil demais).

n	i	PV	PMT	FV	Modo
14	1,025	998,32	????	0	FIM

Teclando o PMT, você recebe instantaneamente a informação de valor da prestação de R$ 76,31.

Prestações com Entrada

É possível fazer todas as contas das prestações com entrada usando o mesmo sistema que já mostramos neste capítulo. Afinal, é simplesmente somar (+) a entrada. Com isso, evitará alterar o modo da calculadora e cometer enormes enganos, além do que a fórmula é única. Já no Excel não há esse problema, pois a planilha vai lhe perguntando se há entrada ou não, em todas as operações.

FIGURA 18-9:
Fluxo de caixa de plano de financiamento de veículo.

LEMBRE-SE

Observando o fluxo de caixa abaixo, que amortiza uma dívida de R$ 721,16, com cinco prestações, com entrada, o que enxerga? Alguém poderia dizer tratar-se de um financiamento de R$ 571,16 (R$ 721,16 − R$ 150,00), em quatro prestações de R$ 150,00, com juro de 2% ao mês, sem entrada.

Mas como assim? É que se a primeira prestação foi paga à vista, não precisamos envolvê-la na conta neste momento, basta fazer todos os cálculos como se fossem sem entrada e ao final somar o valor pago à vista. Vamos entender essa questão um pouco melhor, pois é importante.

$$VP = PMT \times \frac{1 - (1 + i)^{-n}}{i}$$

em que:

VP = R$ 721,16
PMT = 150,00
n = 4 prestações
i = 2% ao mês
Modo = FIM (sem entrada)

$$VP = R\$ \ 150,00 \times \frac{1 - (1,02)^{-4}}{0,02} = R\$ \ 571,16$$

Somando o valor da entrada de R$ 150,00, ao valor presente das 4 prestações R$ 571,16, temos como resultado R$ 721,16.

Deste modo, para resolver a questão usando a fórmula, pode-se utilizar do artifício de calcular o valor presente das prestações e depois somar o valor da entrada. De outro modo, também é possível multiplicar o fator do valor presente de uma série de prestações sem entrada e simplesmente multiplicar por (1 + i), isso acrescenta um período no cálculo. Confira na Fórmula 18-3.

Fórmula 18-3: Prestações, cálculo do futuro ou montante, juro composto.

$$VP = PMT \times (1 + i) \times \frac{1 - (1 + i)^{-n}}{i}$$

$$VP = R\$\ 150,00 \times (1,02) \times \frac{1 - (1,02)^{-5}}{0,02} = R\$\ 721,16$$

Com Entrada ou Sem Entrada, Eis a Questão

O que fizemos com a fórmula que estávamos usando na seção anterior? Retiramos um período de capitalização de juro ao multiplicá-la (Fórmula 18-3) por (1,02).

DICA

Na calculadora, devemos dar atenção para algo importante: alterar o modo de cálculo para INÍCIO.

n	i	PV	PMT	FV	Modo
5	2	????	150,00	0	INÍCIO

Teclando a função PV da calculadora, o resultado imediatamente virá ao visor como R$ 721,16.

DICA

A calculadora HP 12C, por exemplo, possui teclado em inglês, assim a programação com entrada é feita pelo acionamento da tecla BEGIN (INÍCIO). Já para o modo sem entrada a tecla de programação é END (FIM). No caso do Excel, a planilha fará esta pergunta para o usuário, mas o modo padrão é sem entrada.

Do mesmo modo, ainda na calculadora HP 12C, se alterar o número de prestações para quatro e o modo de operação para END (FIM), ao teclar a função PV receberá informação de R$ 571,16, sendo necessário somar os R$ 150,00 que deu como entrada para obter o valor R$ 721,16.

Vejamos um exemplo. Para comprar um carro, devo pagar 24 prestações mensais de R$ 2.132,45, com entrada e taxa de juro efetiva composta de 24,97164% ao ano, qual o valor à vista do carro? O primeiro passo é calcular a taxa de juro efetiva equivalente ao mês.

$iq = [(1 + it)^{q/t} - 1] \times 100$

$iq = [\ (1 + 0,24)^{1/12} - 1\ ] \times 100 = 1,875\%$ ao mês

Agora é aplicar a fórmula:

$$VP = PMT \times (1 + i) \times \frac{1 - (1 + i)^{-n}}{i}$$

$$VP = R\$ \ 2.132,45 \times (1,01875) \times \frac{1-(1,01875)^{-24}}{0,01875} = R\$ \ 41.677,06$$

Qual a razão de tanta complicação, por que não fazemos todos os cálculos da mesma maneira evitando assim confundir o cliente? As razões são muitas, vamos enumerar apenas três:

> » As razões mercadológicas são de grande importância para quem vende. Vender sem entrada, por exemplo, é mais fácil. Entretanto, no sistema com entrada compromete-se mais o cliente e são aproveitadas nas épocas nas quais eles têm maior capacidade financeira: férias, 13°, restituição de imposto de renda, etc.
>
> » A segunda é de custos, pois uma prestação sem entrada tem custo muito menor para o vendedor: menor risco de inadimplência. Assim, vendendo com entrada é possível repassar este ganho de custos menor para o cliente, oferecendo o produto financiado com um juro reduzido, colocando-se em posição favorável diante da concorrência.
>
> » A terceira razão é muito importante. A prestação com entrada exige da companhia um investimento em capital de giro menor, ou seja, o Contas a Receber, uma conta do Ativo Circulante, será também mais baixo, reduzindo custos financeiros internos da companhia e melhorando a sua posição para enfrentar o concorrente do produto similar.

A Eterna Procura: a Taxa de Juros

Supondo que o valor da prestação tivesse que aumentar 10% pelas razões que enumeramos anteriormente, caso o carro fosse vendido sem entrada, para quanto iria a taxa de juros cobrada no financiamento?

Prestação atual × (1+ i)

Prestação atual R$ 2.132,45 + (1 + 10%)
Prestação aumentada = R$ 2.132,45 × 1,10
Prestação aumentada = R$ 2.345,70

$$VP = PMT \times \frac{1-(1+i)^{-n}}{i}$$

$$R\$ \ 41.677,06 = R\$ \ 2.345,70 \times \frac{1-(1+i)^{-24}}{i}$$

Como neste caso a dúvida é a taxa de juro, precisamos buscar ajuda na planilha ou na calculadora já que o cálculo pela fórmula não é possível.

n	i	PV	PMT	FV	Modo
24	????	41.677,06	2.345,70	0	INÍCIO

Procurando a taxa na calculadora, encontramos o valor de 2,55978% ao mês. Como o nosso parâmetro é a taxa anual efetiva, resta a taxa anual equivalente composta ao ano.

$$iq = [\,(1 + 0{,}0255978)^{12} - 1\,] \times 100 = 35{,}43\% \text{ ao ano}$$

O aumento na taxa de juro foi significativo, crescendo mais de dez pontos percentuais. O pessoal da área de vendas vai reclamar.

Quebrando a Cabeça para Fazer uma Boa Oferta

Uma concessionária de veículos está trabalhando um plano de pagamento de 18 meses. Tentando ser o mais competitivo possível, procurou séries estatísticas de comportamento de clientes, na faixa de consumo do carro que está ofertando, com vistas a saber alguns detalhes econômicos do consumidor:

» Assalariado com renda média de R$ 12.000,00

» Recebe férias e 13º salário

» É proprietário de um carro da mesma categoria, com idade de três anos, cujo valor é de R$ 28.000,00

» Tem capacidade de poupança, ou seja, é capaz de guardar dinheiro

» O carro novo que pretende comprar custa R$ 65.000,00

» A taxa de juro é de 1,3% ao mês

» A sua capacidade de endividamento mensal com a prestação do carro é de R$ 1.650,00

Aceitando o carro usado como entrada, o valor financiado seria de R$ 37.000,00 (R$ 65.000,00 − R$ 28.000,00). Mas não vai dar, pois com um saldo de R$ 37.000,00 e com essa taxa, a prestação será R$ 2.318,70, muito elevada.

$$VP = PMT \times \frac{1 - (1+i)^{-n}}{i}$$

$$R\$\ 37.000{,}00 = PMT \times \frac{1 - (1{,}013)^{-18}}{0{,}013} = R\$\ 2.318{,}70$$

É preciso buscar algum artifício para baixar o valor da prestação, caso contrário o carro não vende. O pessoal da área financeira teve a ideia de inserir dois balões. Eu explico: são pagamentos paralelos às prestações, também usados na área imobiliária (balão na entrega das chaves, por exemplo). Vamos calcular de quanto seriam estes balões.

» A entrada é o carro usado no valor de R$ 28.000,00

» Dezoito prestações de R$ 1.650,00, sem entrada

Calculando o valor presente das 18 prestações de R$ 1.650,00, saberemos quanto faltará para completar o valor do carro novo de R$ 65.000,00.

$$VP = R\$\ 1.650,00 \times \frac{1 - (1,013)^{-18}}{0,013} = R\$\ 26.329,43$$

O carro usado no valor de R$ 28.000,00, mais o valor à vista das 18 prestações, R$ 26.329,43, totalizam R$ 54.329,44. Mas faltam ainda R$ 10.670,58 para chegar no valor de R$ 65.000,00.

Então está resolvido: duas parcelas adicionais, chamadas balão em matemática financeira, para capturar o 13º salário da família. No instante zero, cada uma delas vale R$ 5.335,00 (simplesmente dividindo R$ 10.670,58 por dois). Resta levar para a data de pagamento do balão com a taxa de juro de 1,3% ao mês. Como o mês zero é setembro, o primeiro balão deverá ser pago em janeiro, ou seja, em quatro meses.

$VF = VP(1 + i)^n$

$VF = R\$\ 5.335,00(1,013)^4 = R\$\ 5.617,88$

Já o segundo balão deverá ser pago em janeiro do outro ano, ou seja, daqui a 16 meses.

$VF = R\$\ 5.335,00(1,013)^{16} = R\$\ 6.559,72$

É claro que não trabalharemos com números tão "quebrados". O pessoal do comercial não gosta. Podemos fazer o primeiro balão de R$ 5.600,00 e o segundo de R$ 6.700,00. Agora que já sabemos o valor do segundo balão, que está mais distante no tempo, podemos estimar um valor único para os dois balões de R$ 6.299,00 (trata-se de uma estimativa), que não trará alterações ao resultado e facilitará a publicidade (veja o resumo do planejamento na Figura 18-10).

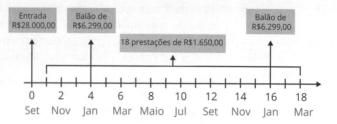

FIGURA 18-10: Fluxo de caixa de plano de financiamento de veículo.

Resta fazer um teste final para verificar se a conta "fecha" nos R$ 65.000,00. Confira o resumo na Tabela 18-3.

TABELA 18-3 Cálculo de Financiamento de Veículos

Pagamentos	Valores
Carro Usado como Entrada	R$ 28.000,00
Valor presente das 18 prestações de R$ 1.650,00	R$ 26.329,43
Valor presente do primeiro balão R$ 6.299,00(1,013)$^{-4}$	R$ 5.981,83
Valor presente do segundo balão= R$ 6.299,00(1,013)$^{-16}$	R$ 5.122,95
Total do valor presente	R$ 65.434,21

É, acabou que a minha estimativa ficou com uma sobra de R$ 434,21. Há duas maneiras de resolver: podemos fazer uma tentativa com o valor do balão a R$ 6.250,00 ou deixar o balão como está e damos o IPVA do resto do ano pago, mais uma película solar para o cliente.

O cliente nem imagina todo o planejamento por trás da oferta. A publicidade, com a oferta do carro ficará assim (lembre-se que estamos em setembro):

Veículo modelo XBacana, top de linha, completo: 2.0, ar, direção, vidros, central multimídia, bancos em couro, IPVA pago, película solar protetora, por apenas R$ 65.000,00, à vista ou a melhor condição de pagamento:

» R$ 28.000,00 no ato da compra

» 18 prestações fixas mensais, sem entrada de R$ 1.650,00

» 2 balões fixos de R$ 6.299,00, o primeiro só em janeiro e o segundo em janeiro do próximo ano.

Aceitamos seu carro usado como entrada, sempre com a melhor avaliação.

O cliente, ao ler o jornal, vai dizer para a esposa: "Maria, Maria, veja aqui, uma oferta de carro zero. Parece que foi feita para nós". É, e foi.

5 Pagamentos Não Uniformes, um Assunto para VPL e TIR

NESTA PARTE . . .

Finalmente, nesta parte haverá um pouco de sofisticação e aplicações de alto nível, o ponto alto dos cursos de matemática financeira, como as espetaculares técnicas para analisar investimentos, preços e projetos, a taxa interna de retorno e o valor presente líquido. Nesta parte também são abordadas as chamadas taxas de atratividade, ou seja, o nível de rendimento esperado por um investidor para colocar dinheiro no negócio, como estabelecer a taxa de atratividade da empresa. As séries de pagamentos não uniformes, diferentes das prestações, são erráticas, não têm valor fixo, muito menos periodicidade garantida, e, por conta disso, são mais divertidas para trabalhar. Mas na prática as técnicas estarão disponíveis apenas para aqueles afortunados que tiverem acesso às calculadoras eletrônicas ou às planilhas como o Excel. Nesta parte, estudaremos a taxa interna de retorno e o valor presente líquido. Apesar de os dois basearem-se nos mesmos conceitos, um representa uma taxa, portanto mais fácil de racionalizar e outro representa valor. O tamanho das suas aplicações práticas empresárias são ilimitadas. Você poderá explorar esta Parte V em milhares de aplicações, aumentando em muito a sua empregabilidade.

NESTE CAPÍTULO

Como usar a calculadora eletrônica

Excel é coisa de profissional

Taxa de atratividade e custo de oportunidade

Brincando com séries de pagamentos não uniformes

VPL e TIR são a mesma coisa?

Capítulo 19
Séries de Pagamentos Não Uniformes

Depois de ler esta parte, você não acreditará que há trinta anos este assunto era tão complicado, matematicamente falando; só as pessoas com muita experiência matemática, normalmente engenheiros, trabalhavam com o tema. O nome da disciplina na faculdade era Engenharia Econômica. Infelizmente para alguns, mas para a alegria geral, as calculadoras, mas principalmente o Excel, acabaram com este mito e hoje qualquer mortal, com um mínimo de treino pode executar cálculos como os da Figura 19-1, na qual estão representados pagamentos não uniformes.

LEMBRE-SE

É fundamental fazer a distinção com prestação, valores sempre iguais entre períodos também iguais. Mas nas séries de pagamentos não uniformes, como o próprio nome indica, os valores do fluxo de caixa podem ser diferentes, inclusive quanto ao período.

DICA

De qualquer forma, as técnicas que estudaremos para as séries de pagamentos não uniformes, notadamente TIR e VPL, também se aplicam para as prestações.

FIGURA 19-1:
Fluxo de caixa, série de pagamentos não uniforme.

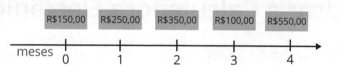

Observando o fluxo de caixa da Figura 19-1, nota-se que os valores são diferentes. Assim, para saber o valor à vista, poderíamos calcular o valor presente de cada um dos cinco pagamentos, individualmente, e depois somar tudo. Daria certo trabalho, mas é possível fazer.

$$VP = VF(1 + i)^{-n}$$

Desafortunadamente, a fórmula das prestações, neste caso, não teria utilidade, pois ela apenas se aplica se os valores e os períodos forem rigorosamente iguais.

$$VP = PMT \times \frac{1 - (1 + i)^{-n}}{i}$$

É claro que o valor de R$ 150,00, que está no instante zero, já está no presente. Deste modo, não precisa fazer nada com ele, apenas somar com os demais ao final da conta. Os financeiros chamam essa operação de descontar os valores, ou "levar" para o presente (levar para o instante zero, no caso).

Primeiro, para fazer essa operação, precisamos de uma taxa de juro (taxa de desconto ou taxa de atratividade). Que tal 3% ao mês? Para relembrar como calcular o valor presente a juro composto de um único pagamento, veja o Capítulo 17. A fórmula é:

$$VF = VP \times (1 + i)^n$$

Assim:

Valor presente do instante 1: R$ 250,00 × $(1,03)^{-1}$ = R$ 242,72
Valor presente do instante 2: R$ 350,00 × $(1,03)^{-2}$ = R$ 329,91
Valor presente do instante 3: R$ 100,00 × $(1,03)^{-3}$ = R$ 91,51
Valor presente do instante 4: R$ 550,00 × $(1,03)^{-4}$ = R$ 222,12

Agora, some tudo e não se esqueça do valor do instante zero. Por que não o adicionamos nos cálculos? Porque já está no presente. Você me perguntaria, mas e se fossem cem pagamentos? Boa questão, aí entra a planilha eletrônica e a calculadora, do contrário ficaria uma semana fazendo a conta individualmente.

VP = R$ 150,00 + R$ 242,72 + R$ 329,91 + R$ 91,51 + R$ 488,67 = **R$ 1.302,91**

Como Usar a Calculadora Eletrônica?

Então, se as séries não forem uniformes, ou usa-se a fórmula de valor presente de um único pagamento de juro composto, já que não é possível usar a fórmula do valor presente de prestações.

Agora uma boa notícia: podemos realizar todas essas operações com uma calculadora financeira ou planilha eletrônica.

CUIDADO

É possível resolver problemas complexos com os valores séries de pagamentos não uniformes quando a incógnita for o Valor Presente ou o Valor Futuro. Entretanto, se a dúvida for a taxa, seremos obrigados a recorrer ao Excel ou à calculadora.

Para fazer a mesma conta na HP 12C, será preciso programar a calculadora. Não é difícil, mas requer concentração e paciência. Vamos por partes. Você informa o valor do instante zero = 150,00 teclando CF_0 (*Cash Flow Zero*, em português fluxo de caixa do instante zero) e em seguida vai inserindo os valores na sequência na tecla CFj, veja na Tabela 19-1. A calculadora interpretará que eles estão na sequência e em intervalos regulares (iguais). Caso um destes períodos não tenha valor, coloque zero no lugar. Depois é só inserir a taxa de juro (3%) na tecla "i" e finalmente teclar NPV, *Net Present Value* (valor presente líquido).

Não se esqueça de que a calculadora está com o teclado em inglês. Caso queira mais detalhes sobre o assunto NPV, passe adiante para o Capítulo 20. Mas não tenha tanta preocupação com isso agora, pois veremos esse assunto detalhadamente nas seções posteriores.

TABELA 19-1 Função Fluxo de Caixa da HP 12C

Valor	Tecla Auxiliar	Função
150,00	g	CFo
250,00	g	CFj
350,00	g	CFj
100,00	g	CFj
550,00	g	CFj
3		i
	f	NPV
Resposta	NPV = R$ R$ – 1.302,91	

Excel, Coisa de Profissional

Cálculos como os realizados anteriormente são extremamente simples no Excel. Com apenas um pouco de treino e leitura, você se tornará um expert no assunto. Para aprofundar seus conhecimentos, vá um pouco adiante neste capítulo.

TABELA 19-2   Função Fluxo de Caixa do Excel

	A	B	C	D	E	F	G
1	0	1	2	3	4	5	6
2	R$ 150,00	R$ 250,00	R$ 350,00	R$ 100,00	R$ 550,00		
3							0,03
4							

Como fazer o cálculo passo a passo pelo Excel:

» Clique em FUNÇÃO

» Escolha a função financeira

» Role a barra de selecionar função até VPL (valor presente líquido)

» A caixa de diálogo solicitará:

- Taxa: insira a taxa na forma decimal ou 0,03, ou coloque o cursor sobre a célula G3 da Tabela 19-2 e tecle ENTER.

- Valor 1: clique no canto direito, em vermelho, e o Excel lhe mostrará a Tabela 19-2, fluxo de caixa do Excel.

- Marque o valor da coluna B2 até a D4.

- Tecle ENTER para obter o VPL de R$ 1.152,91

- Some com o valor que já está no presente R$ 150,00 + R$ 1.152,91 = **R$ 1.302,91**.

DICA

Quando estiver calculando o valor presente (VPL), nunca adicione o valor do instante zero, no caso R$ 150,00, pois o Excel pensará que deseja "levá-lo" para o presente, e "trará" (descontará) todos os valores um período a mais. O valor do instante zero deve ser somado separadamente, pois já se encontra no presente. Se marcar o primeiro valor do instante zero, o Excel calcula o VP dele: $(1 + i)^{-n}$

Brincando com Taxas de Atratividade

Alguém pensa que ganhar dinheiro, explorar uma oportunidade ou ter lucro é coisa nova? Grande engano! O rei da Babilônia, Hamurabi (2250 a.C.), já escrevia em seu código que os empréstimos poderiam ser pagos em grãos. E, caso a safra fosse prejudicada pela chuva, os juros seriam diminuídos.

No Velho Testamento, Deuteronômio, capítulo 23, versículos 19 e 20 encontramos duas curiosas regras:

> 19. A teu irmão não emprestarás com juros, nem dinheiro, nem comida, nem qualquer coisa que se empreste com juros.

> 20. Ao estranho emprestarás com juros, porém a teu irmão não emprestarás com juros; para que o Senhor teu Deus te abençoe em tudo que puseres a tua mão, na terra a quais vais a possuir.

Até o século XVII a usura, ou cobrança de juro, não era aceita pela Igreja. Os agiotas nem podiam ser enterrados no cemitério. Imagine uma lei dessas hoje; há-há-há-há não pegava.

Em matemática financeira, quando falamos em taxas e os investidores entram em cena, vem logo a mente uma pergunta: qual taxa de juro o atrairia para este negócio? Essa taxa que leva o investidor a colocar seu dinheiro em alguma coisa, chamamos de Taxa de Atratividade.

Isso mesmo. Para que uma pessoa coloque seu dinheiro em um negócio, é necessário um parâmetro de taxa de atratividade, ou seja, o valor total da taxa é que atrai as pessoas. É claro que devemos considerar risco, retorno, liquidez e, sobretudo, oportunidade como na Figura 19-2. Em tese, o tomador de dinheiro funciona da mesma forma, mas nem tanto, pois não é sempre que podemos escolher o quanto pagar quando tomamos um financiamento bancário, por exemplo.

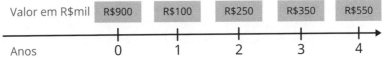

FIGURA 19-2: Decisão de investimento.

CAPÍTULO 19 **Séries de Pagamentos Não Uniformes** 233

Oportunidade Tem Custo?

O *custo da oportunidade* é o início e representa a remuneração do capital caso não o aplicássemos em nenhuma das alternativas. Já o *risco do negócio* é o segundo componente da taxa de atratividade, haja vista que o ganho deve pagar pelo risco da alternativa escolhida.

As pessoas costumam dizer: tal empresário está ganhando demais. E é verdade, ele tem que ganhar mais mesmo pois o risco de empreender um projeto privado é elevado e complexo de entender. Enquanto um bom investimento de uma pessoa física paga 3% ao ano em termos reais (descontadas taxas de administração, impostos e inflação), em uma empresa, especialmente pequena ou média, a rentabilidade deve ser 15% ao ano, por exemplo. Os riscos comparativos entre um investimento de pessoa física, como fundos e títulos, são incrivelmente diferentes quando confrontados com os de uma firma. E, para piorar, se houver a saída de um investimento e para o outro, fenômeno que os economistas chamam de *liquidez do investimento*, o processo se torna mais demorado e nem sempre é possível.

LEMBRE-SE

Vista sob esta ótica, a *taxa mínima de atratividade* (TMA), é uma taxa de juro que, no mínimo, levaria uma pessoa a decidir investir em algum negócio qualquer, correndo todos os seus riscos e enfrentando suas dificuldades. Mas você poderia me perguntar: qual é a TMA ideal? Essa é uma pergunta difícil de responder. Talvez não exista resposta, pois varia entre as pessoas e, no mundo dos negócios, muda também de acordo com o ramo e a coragem dos investidores. Resumindo, não há uma fórmula única para calculá-la. Contudo, não se desespere, mais à frente vamos sugerir um formato para arbitrar e calcular a taxa de atratividade.

Vamos raciocinar da seguinte maneira. Um empresário se dispõe a investir em um serviço de entregas especializadas que requer um investimento de R$ 900.000,00 no instante zero.

Trata-se de um negócio de apenas quatro anos. No primeiro ano, após pagar todas as despesas, sobra no caixa, líquido, limpinho, R$ 100.000,00, no segundo ano R$ 250.000,00, R$ 350.000,00 no terceiro e no quarto e último ano, sobram R$ 550.000,00. Como o prazo do investimento é muito curto e o risco alto, ele apenas faria o investimento se a taxa de lucro real for de 15% ao ano. O fluxo de caixa do empreendimento está representado na Figura 19-3.

FIGURA 19-3: Série de pagamentos não uniforme.

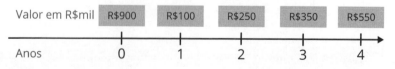

Adiante, no Capítulo 21, calcularemos o resultado deste investimento.

Como Definir uma Taxa de Atratividade

Mas de onde o investidor tirou a ideia de um retorno real de 15% ao ano? Temos várias alternativas.

> » Ver quanto está a taxa SELIC e arredondar para cima no primeiro divisor de cinco. O Banco Central estava cotando a SELIC a 11,75% ao ano (dezembro de 2014), arredondar para o primeiro divisor de cinco significa arredondar para 15% ao ano (se fosse 18,75%, arredondaria para 20%).
> » Ele poderia simplesmente calcular o WACC da empresa e usá-lo como parâmetro de decisão, aliás, é o que a maioria dos consultores recomenda.
> » Usar a Margem Líquida da empresa como referência.
> » Simplesmente arbitrar um valor razoável.

TUDO A VER COM ESTILO

O **Custo de Capital Médio Ponderado** (*Weighted Average Cost of Capital* ou *WACC*, em inglês) é taxa que mede o custo de todos os capitais utilizados para financiar o andamento da empresa. Esta taxa serve como referência para decisões de investimentos e parâmetros sobre retornos exigidos pelas aplicações dos acionistas. A frase "custo médio ponderado", refere-se à avaliação da proporção quantitativa de quanto cada um dos capitais que financia a empresa e os seus respectivos custos representa. Uma vez estabelecidos as proporções e os custos, estes valores são ponderados, sendo o resultado de tal cálculo o WACC. É uma taxa no formato percentual.

Brincando com Séries de Pagamentos Não Uniformes

Não subestime a importância desta parte. É uma das mais preciosas e úteis no dia a dia das organizações. Quem trabalha com este tipo de matemática financeira, os consultores por exemplo, preferem usar o Excel, já que as calculadoras, normalmente, não comportam questões com maior volume de informações, não diria complexas, mas um cálculo de preço, por exemplo, exigirá muitas espécies diferentes de dados e valores, os quais não são possíveis de inserir na calculadora. Na HP 12C, por exemplo, um fluxo de caixa está limitado a vinte períodos. Assim, se analisar um investimento em um veículo automotor que tem vida mínima de sessenta meses, como fica? Ademais, teríamos que fazer a conta das diversas variáveis no papel e no final inserir o fluxo de caixa líquido na calculadora para buscar o resultado. Então fica mais fácil fazer tudo no Excel. Mas não jogue a sua calculadora fora, ela é muito especial e útil para cálculos pequenos e rápidos.

Quais São as Técnicas para Analisar Investimentos?

Os métodos para analisar investimentos ou série de pagamentos (entradas ou saídas) no fluxo de caixa são muitos. Consultando um livro texto, destes usados nos cursos de graduação, encontraremos uma profusão de técnicas.

Entretanto, as mais usadas são o Pay Back (período de retorno), Valor Presente Líquido (VPL) e, a preferida entre nove de dez executivos, a Taxa Interna de Retorno (TIR). Para efeitos práticos, desaconselhamos o uso do Pay Back, pois ele é muito simplista. Caso seja preciso calcular o período de retorno do investimento, aplicaremos os métodos da TIR e do VPL, já que esses métodos incluem a taxa, tempo, valor presente e valor futuro.

Quanto à taxa interna de retorno, só use se não tiver outra opção melhor ou se não for possível usar o valor presente líquido. Você conferirá que, em determinados casos, a TIR será o único modo de obter a resposta que procura. Mas porque desaconselhar o uso da taxa de retorno se ela é tão importante e os executivos gostam tanto dela? Acontece que trabalhar com a TIR é muito difícil e, normalmente, os profissionais da área financeira, com exceções é claro, não estão suficientemente preparados para entendê-la em toda a sua extensão, muito menos para interpretar seus resultados.

Ademais, o uso da taxa de retorno é cheio de restrições tão complexas que passaríamos sobre elas, pisaríamos nelas e não as entenderíamos. Explicaremos um pouco desses detalhes adiante.

Finalmente, já vou avisando que o VPL não tem o charme da TIR, pois racionalizar e comparar em termos de taxas é muito mais fácil e os resultados do VPL são sempre apresentados em valores. O valor presente líquido não tem tantas restrições de uso como a TIR, mas para entender seus resultados é preciso pensar e ninguém pensa naquilo que não conhece. Deste modo, fora do mundo dos consultores financeiros, que normalmente são experts no assunto, as pessoas demoram a entender o resultado do VPL.

De toda maneira, se leu o Capítulo 18 e prestou atenção na Fórmula 18-2, entender os conceitos da TIR e do VPL ficará mais fácil, porque, em tese, a fórmula é a mesma.

$$VP = PMT \times \frac{1 - (1 + i)^{-n}}{i}$$

VPL e TIR São a Mesma Coisa?

Nesta fórmula, o VPL é o valor presente (VP) e a taxa "**i**" é a TIR. Reveja as partes dedicadas ao fluxo de caixa, no Capítulo 14, pois tanto as calculadoras como o Excel só trabalham segundo este modelo. Para calcular a TIR, por exemplo, a calculadora comparará o valor presente das entradas com o valor presente das saídas, ou seja, ela procurará qual a taxa de juro (TIR) que torna a soma de todos os valores do fluxo de caixa, no instante zero, igual a zero.

Parece brincadeira, mas não é. A calculadora e o Excel fazem esse cálculo por tentativa e erro, ou seja, experimentam uma taxa aleatória e depois já sabem se a taxa correta é maior ou menor. Em seguida, se for menor, por exemplo, vão experimentado todas as taxas menores possíveis até encontrar a correta. Na HP 12C, esse cálculo pode levar até uns trinta segundos, já no Excel, como os processadores dos computadores são mais rápidos, a resposta é instantânea.

> **NESTE CAPÍTULO**
>
> Um conceito básico sobre VPL, o qual você tem que decorar
>
> Como interpretar os resultados do VPL
>
> Depreciação, o que é isso?
>
> Calculando preços com a técnica do valor presente líquido
>
> Como calcular o valor presente de perpetuidades

Capítulo 20
As Maravilhas do Valor Presente Líquido

Conforme vimos no Capítulo 13, a matemática financeira foi construída sobre o conceito do "valor do dinheiro no tempo" e devemos obedecê-lo. Só podemos somar dois valores monetários se eles estiverem no mesmo instante de tempo, explicando melhor: se um valor estiver no instante "a" e outro no instante "b", deve-se "mover" o valor do instante "b" para o instante "a" para depois somá-los. Mas qualquer deslocamento (movimento) do dinheiro no tempo pressupõe uma taxa de juro associada.

Sempre ouvimos falar: em abril do ano passado ele ganhava R$ 5 mil por mês, este ano, mesmo mês, continua com os R$ 5 mil. Não é verdade, pois quem vive essa situação está ganhando menos. Os R$ 5 mil de abril do ano passado não compram as mesmas coisas hoje. E a inflação do período? O gato comeu? A Figura 20-1 mostra dois valores de R$ 1.500,00 e, para somá-los, é necessário deixar os dois valores no mesmo instante.

DICA

Algumas calculadoras, em especial a HP 12C, e mesmo planilhas eletrônicas que utilizam símbolos e teclas em inglês trazem o valor presente líquido abreviado como NPV, *net present value*.

Errado: R$ 1.500,00 + R$ 1.500,00 = R$ 3.000,00.

Certo: R$ 1.500,00 + VP de R$ 1.500,00 = VPL.

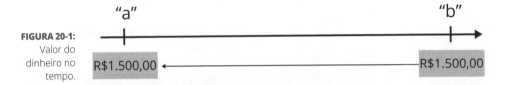

FIGURA 20-1: Valor do dinheiro no tempo.

Quando dizemos "errado", estamos falando sob o ponto de vista da matemática financeira. Em contabilidade, por exemplo, fazemos isso todos os dias, mas ao efetuar esse tipo de soma, os contadores sempre indicam tratar-se de valores correntes ou nominais (revise o Capítulo 5).

$VP = VF \times (1 + i)^{-n}$

Nesse conceito, se a taxa de juro fosse de 2%, a soma ficaria com o seguinte formato:

VP = R$ 1.500,00 + R$ 1.500,00 $(1,02)^{-1}$

VP = R$ 1.500,00 + R$ 1.470,59 = R$ 2.970,59

Um Conceito Básico sobre VPL

Pelo exemplo, concluímos que o valor presente líquido de uma série de pagamentos é a soma dos valores que compõem o fluxo de caixa, no instante zero, descontados a uma determinada taxa de juro ou atratividade.

CUIDADO

Por que não alteramos o valor do instante "a" de R$ 1.500,00? Isso ocorreu porque ele já estava no "presente".

O fluxo de caixa da Figura 20-2 contém uma série de quatro prestações (iguais), sem entrada de R$ 180,00; portanto, qual o valor presente líquido destas prestações? Ora, já vimos isso no Capítulo 18. É, isso mesmo, prestou bem atenção. Acontece que quero insistir no conceito para que domine bem o tema, pois ele é muito importante. Mas então o estudado no Capítulo 18 era VPL? Era sim, apenas que todos os valores eram iguais e os exemplos que veremos neste capítulo são mais complexos e os valores na maioria das vezes não serão iguais.

FIGURA 20-2: Série de pagamentos uniforme.

Então, para calcular o VPL do fluxo de caixa da Figura 20-2, deve-se "levar" todos os valores para o instante zero, a uma taxa de atratividade de 3% ao mês, e depois somar. Poderíamos, neste exemplo simples, fazer isso com todos os valores de uma só vez pela fórmula do valor presente de uma prestação sem entrada (Fórmula 18-2), ou individualmente, pela fórmula do valor presente de um único pagamento (Fórmula 17-2), usando de juro composto, é claro. Para saber mais sobre o valor presente das prestações e o valor presente de um único pagamento, revise os Capítulos 17 e 18.

TABELA 20-1 Formulário de Juro Composto

Valor Presente das Prestações	Valor Presente de um Único Pagamento
$VP = PMT \times \dfrac{1 - (1+i)^{-n}}{i}$	$VP = VF \times (1+i)^{-n}$

Como gosto de sofrer, vamos pelo mais difícil: o valor presente de um único pagamento, ou seja, vamos calcular o VPL deste fluxo de caixa, valor por valor.

Valor do instante 1: R$ 180,00 $(1,03)^{-1}$ = R$ 174,76

Valor do instante 2: R$ 180,00 $(1,03)^{-2}$ = R$ 169,67

Valor do instante 3: R$ 180,00 $(1,03)^{-3}$ = R$ 164,73

Valor do instante 4: R$ 180,00 $(1,03)^{-4}$ = R$ 159,93

Valor presente líquido .... = R$ 669,08

Graficamente, o valor presente líquido ficaria representado pela Figura 20-3.

FIGURA 20-3: Cálculo do valor presente líquido.

CAPÍTULO 20 **As Maravilhas do Valor Presente Líquido**

Mas Por Que Valor Presente Líquido?

Até agora não entendi. Por que do "líquido" no nome do método? Acontece que adiante colocaremos entradas e saídas, uma verdadeira maçaroca, assim, a soma dos valores do VPL será "líquida".

Mas onde entra a calculadora eletrônica nessa história? Como o exemplo quer apenas lhe mostrar o conceito, poderia usar as teclas financeiras da calculadora para resolver o problema do VPL, das quatro prestações de R$ 180,00:

n	i	PV	PMT	FV	Modo
4	3	????	180,00	0	FIM

VPL na Calculadora: Mais Fácil, Impossível

Também poderia fazer o cálculo pelo fluxo de caixa da calculadora, neste caso pela HP 12C, para ir treinando e melhor enfrentar os problemas mais complexos que estão por vir.

TABELA 20-2   Função fluxo de caixa da HP 12C

Valor	Tecla auxiliar	Função
0	g	CFo
180,00	g	CFj
180,00	g	CFj
180,00	g	CFj
180,00	g	CFj
3		i
	f	NPV
Resposta	NPV = R$ 669,08	

PARTE 5 **Pagamentos Periódicos, Mas Não Uniformes...**

Só para exigentes, VPL no Excel

E também pelo Excel, de acordo com a Tabela 20-3. Mas, como diria Jack, vamos por partes, monte o seu fluxo de caixa, coloque a palavra VPL na célula C4 e, antes de clicar em funções, clique na célula D4 isso mesmo, pois é na célula D4 que o resultado vai aparecer.

TABELA 20-3 Fluxo de Caixa

	A	B	C	D	E	F
1	0	1	2	3	4	
2	R$ 0,0	R$ 180,00	R$ 180,00	R$ 180,00	R$ 180,00	
3						0,03
4			VPL	R$ 669,08		

Clique em "funções", depois em "financeira", deslize até o VPL (a lista de funções está em ordem alfabética), clique em VPL, depois em "OK" e a planilha te perguntará a taxa, posicione o cursor na célula F3 e tecle ENTER. Em seguida a planilha te perguntará "VALOR 1", então marque as células de B2 até E2 e tecle "OK". O resultado aparecerá na célula D4: R$ 669,08.

Um Exemplo Prático de Valor Presente Líquido

Um jovem e dinâmico empresário (para ser dinâmico tem que ser jovem?) resolve investir na compra de uma máquina para melhorar a capacidade de produção da sua pequena indústria de embalagens. A taxa de atratividade efetiva composta calculada pelo WACC da empresa é de 18% ao ano.

Os dados da operação são os seguintes:

» Total do investimento, máquina, instalação, infraestrutura, etc. = R$ 192.300,00

» Receita proporcionada pela máquina = R$ 108.000,00

» Mão de obra = R$ 9.200,00, mais encargos sociais de 60%

» Materiais usados no processo de fabricação (insumos) = R$ 21.200,00

» Outras despesas = R$ 6.900,00

» Impostos = R$ 2.900,00

Com os dados em mãos, os colocaremos numa planilha Excel para então calcular o VPL.

LEMBRE-SE

Para resolver um problema idêntico na calculadora HP 12C, por exemplo, teríamos que fazer todos os cálculos da planilha no papel e inserir na calculadora apenas as informações da coluna "I" (fluxo de caixa líquido).

	A	B	C	D	E	F	G	H	I
1	Período em anos	Investimento incial	Receita	Mão-de-Obra	Encargos	Materiais	Outras despesas	Impostos	Fluxo de caixa líquido
2	0	-R$ 192.300,00							-R$ 192.300,00
3	1		R$ 108.000,00	-R$ 9.200,00	-R$ 5.520,00	-R$ 21.200,00	-R$ 6.900,00	-R$ 2.900,00	R$ 62.280,00
4	2		R$ 108.000,00	-R$ 9.200,00	-R$ 5.520,00	-R$ 21.200,00	-R$ 6.900,00	-R$ 2.900,00	R$ 62.280,00
5	3		R$ 108.000,00	-R$ 9.200,00	-R$ 5.520,00	-R$ 21.200,00	-R$ 6.900,00	-R$ 2.900,00	R$ 62.280,00
6	4		R$ 108.000,00	-R$ 9.200,00	-R$ 5.520,00	-R$ 21.200,00	-R$ 6.900,00	-R$ 2.900,00	R$ 62.280,00
7	5		R$ 108.000,00	-R$ 9.200,00	-R$ 5.520,00	-R$ 21.200,00	-R$ 6.900,00	-R$ 2.900,00	R$ 62.280,00
8									
9				taxa de atratividade		18,0%			
10				Valor presente líquido		R$ 2.460,21			
11				TIR		18,6%			
12									

FIGURA 20-4: Fluxo de Caixa

Eu aprendi uma coisa com os contadores: eles são muito inteligentes. Em contabilidade, normalmente só somamos os valores, pois isso evita muitos erros. Com a lição aprendida, perceba que coloquei os valores que saem do caixa em negativo (investimento, despesas, MO, materiais, etc.) e os valores de entrada (receita) com valor positivo. Com isso, na coluna "I" (fluxo de caixa líquido), apenas somei tudo. Esta técnica é legal, pois não fica naquela de isso soma, aquilo diminui, etc.

Uma vez pronto o fluxo de caixa, coloque a palavra VPL na célula D10 e depois clique na célula F10, isso antes de clicar em funções, pois é na célula F10 que o resultado aparecerá. Em seguida, clique em "funções", depois em "financeira", deslize e clique em VPL, depois em "OK" e a planilha te perguntará a taxa, posicione o cursor na célula F9 e tecle ENTER. Em seguida, a planilha te perguntará "VALOR 1", marque as células de I3 até E7 e tecle ENTER. O resultado aparecerá na célula F10: R$ 194.760,21.

DICA

Mas atenção, ainda falta somar com o valor que já está no presente: R$ 192.300,00, então, depois de somar, o VPL é de **R$ 2.460,21**.

244 PARTE 5 **Pagamentos Periódicos, Mas Não Uniformes...**

Como Interpretar os Resultados do VPL

Vamos interpretar este resultado. Como o valor do VPL é positivo, isso quer dizer que este fluxo de caixa foi capaz de pagar todos os gastos realizados e que também absorveu um lucro de 18% ano, embolsado pelo empresário e, ufa, ainda sobrou R$ 2.460,21.

Por que sobrou? Isso ocorreu devido à taxa de retorno do projeto ser maior que a exigida pelo investidor. Ele queria 18%, pois o investimento é tão bom que mesmo ele retirando os 18% de lucro, ainda sobraram R$ 2.460,21 no caixa, ou seja, a taxa de retorno dele é maior que 18%. Como isso é fácil de fazer no Excel, eu aproveitei e já calculei a taxa de retorno que é de 18,6% ao ano.

Confesso que as pessoas se atrapalham um pouco para fazer este raciocínio. Concordo também que seria mais fácil entender: se alguém deseja retorno de 18% e o projeto retornou 18,6%, o negócio está fechado. Entretanto, como disse antes, calcular a taxa de retorno exige muito conhecimento e só um consultor especializado poderia fazer isso devido às restrições que este método possui.

Finalmente, digo que na vida real a sorte não lhe sorriria tanto, primeiro porque os períodos dificilmente serão em anos, assim terá que calcular em meses, e isso aumentará muito o tamanho da planilha. Depois, calcular receita não é coisa trivial. É necessário saber a demanda, e às vezes isso é sazonal, pois fabricam-se vários produtos. Com sorte, uma planilha só para a receita. Daí pode--se imaginar a complexidade de calcular os outros itens que simplifiquei muito apenas para melhorar o entendimento da questão. A parte fácil? Calcular o VPL, pois uma vez que tenha suado muito a camisa para montar a planilha é só usar a coluna do fluxo de caixa líquido para calcular o VPL ou a TIR.

Uma Arapuca no Seu Caminho: Despesa com Depreciação

Se teve a paciência de ler este livro até aqui, vou lhe contar um segredo sobre a despesa com depreciação. Nos meus quarenta anos de magistério, vejo um erro constantemente presente, o qual distorce profundamente o resultado. Todos cometem, sem se dar conta.

Quando calculamos a TIR e o VPL, basicamente usamos duas fórmulas de juro composto: valor presente e valor futuro. Vamos mostrar aqui as fórmulas do valor presente (um pagamento e vários pagamentos), que para a nossa finalidade é a mesma coisa. Para saber mais sobre o valor presente das prestações e o valor presente de um único pagamento, revise os Capítulos 17 e 18.

TABELA 20-4   **Formulário de Juro Composto**

Valor Presente das Prestações	Valor Presente de um Único Pagamento
$VP = PMT \times \dfrac{1 - (1 + i)^{-n}}{i}$	$VP = VF \times (1 + i)^{-n}$

No exemplo da Tabela 20-5, calculamos o valor presente de quatro prestações de R$ 180,00, sem entrada, com a taxa de atratividade de 3%. A HP 12C nos mostrou que o valor presente (à vista) é de R$ 669,08.

TABELA 20-5   **Cálculo do NPV pela Função Fluxo de Caixa da HP 12C**

Valor	Tecla auxiliar	Função
0	g	CFo
180,00	g	CFj
180,00	g	CFj
180,00	g	CFj
180,00	g	CFj
3		i
	f	NPV
Resposta	NPV = R$ 669,08	

Raciocine comigo. Se um objeto tem valor à vista de R$ 669,08 e financiado tem valor **nominal** (corrente) de R$ 720,00 (4 × R$ 180,00), qual é a diferença entre os dois valores financiado e à vista? Ora, a diferença é o juro. Correto, acertou mais uma vez, estamos melhorando. Assim, R$ 59,92 (R$ 720,00 − R$ R$ 699,08) é o juro e R$ 699,08 é o principal.

LEMBRE-SE

A fórmula do VPL, VP, VF ou TIR, considera o valor do principal e do juro. Quando for calcular o VPL ou a TIR, use a depreciação apenas para calcular o imposto de renda, e não utilize seu valor para compor o fluxo de caixa líquido. Como a fórmula já prevê a depreciação (principal), se descontar novamente ela será retirada duas vezes: uma pela fórmula e outra por você. E o resultado? Estará errado. Entenda bem isso e seu próximo cargo será o de diretor financeiro.

246   PARTE 5 **Pagamentos Periódicos, Mas Não Uniformes...**

O Que É Depreciação?

Em contabilidade, tudo aquilo que é consumido no processo produtivo é considerado despesa. Isso é muito complicado e envolve grande conhecimento de contabilidade, pois há um leão mau e faminto no final desta história: o imposto de renda, tomando conta de uma equação não menos complicada.

O lucro tem dois grandes problemas sob a ótica da contabilidade, e não sei qual deles é o pior. O primeiro é que uma parte, em dinheiro, sai do caixa e vai para o leão. O segundo é que se ele não estiver corretamente calculado e a empresa for "pega" pelo leão, o castigo será cruel e o remédio amargo.

(+) **Receita**   (−) **Despesa**   (=) **Lucro**

Se Estiver na Dúvida, Consulte um Contador

Ainda nesta linha, quando compramos papel cartão e o usamos imediatamente, baixando do estoque, para a produção de embalagens, este "custo" será considerado uma despesa, pois o material foi consumido no processo produtivo. Entretanto, pense comigo, a máquina de embalagens custou R$ 192.300,00 e não será consumida na produção imediatamente após a compra, aliás, isso poderá demorar um longo tempo, talvez anos.

Em contabilidade, quem diz em quanto tempo um bem se consome na produção é a Receita Federal e ela faz isso por meio do RIR (Regulamento do Imposto de Renda). Neste documento (RIR) está explicado que poderá, por exemplo, calcular todos os meses 1/60 (um, sessenta avos) do valor do equipamento e levar para a conta de Despesa, ou seja, levará cinco anos até que recupere para a despesa o valor pago pela máquina. Já se comprar um envelope, uma caneta, gastar com luz, água, isso será debitado na despesa imediatamente.

Resumindo, bens de vida longa são levados para a despesa em períodos longos, isso chama Depreciação. Vamos fazer um exemplo para entender melhor esta questão e ver como ele afeta o VPL e a TIR.

Como a Depreciação Afeta os Fluxos de Caixa

O fluxo de caixa da Figura 20-5, na coluna "C", tem uma despesa de depreciação, ou seja, o contador consultou o RIR e viu que a sua "vida" é de cinco anos: R$ 192.300,00 ÷ 5 = R$ 38.460,00. Calculamos todos os demais itens do fluxo de caixa e criamos uma coluna "H" chamada fluxo de caixa para o IR. Novamente voltamos ao contador e ele nos disse que devemos proceder da seguinte maneira:

	A	B	C	D	E	F	G	H	I	J
1	Período em anos	Investimento incial	Depreciação	Receita	Mão-de-Obra	Encargos	Materiais	Fluxo de caixa para IR	Imposto de renda	Fluxo de caixa líquido
2	0	-R$ 192.300,00								-R$ 192.300,00
3	1		-R$ 38.460,00	R$ 108.000,00	-R$ 9.200,00	-R$ 5.520,00	-R$ 21.200,00	R$ 33.620,00	-R$ 1.681,00	R$ 65.559,00
4	2		-R$ 38.460,00	R$ 108.000,00	-R$ 9.200,00	-R$ 5.520,00	-R$ 21.200,00	R$ 33.620,00	-R$ 1.681,00	R$ 65.559,00
5	3		-R$ 38.460,00	R$ 108.000,00	-R$ 9.200,00	-R$ 5.520,00	-R$ 21.200,00	R$ 33.620,00	-R$ 1.681,00	R$ 65.559,00
6	4		-R$ 38.460,00	R$ 108.000,00	-R$ 9.200,00	-R$ 5.520,00	-R$ 21.200,00	R$ 33.620,00	-R$ 1.681,00	R$ 65.559,00
7	5		-R$ 38.460,00	R$ 108.000,00	-R$ 9.200,00	-R$ 5.520,00	-R$ 21.200,00	R$ 33.620,00	-R$ 1.681,00	R$ 65.559,00
8										
9					taxa de atratividade		18,0%			
10					Valor presente líquido		R$ 12.714,20			
11					TIR		20,9%			
12										

FIGURA 20-5: Fluxo de Caixa

Calcule o imposto de renda sobre o valor de R$ 33.620,00 (lucro para o imposto de renda), cuja alíquota na prática resultou em 5%: R$ 1.681,00 (R$ 33.620,00 × 0,05). Agora sim, é somar tudo novamente para encontrar o fluxo de caixa líquido. Na prática, a alíquota de IR não será exatamente esta, então é melhor consultar o contador para saber o valor exato.

TABELA 20-7 Cálculo do Lucro Contábil

Item	Valor
(+) Receita	(+) R$ 108.000,00
(–) Depreciação	(–) R$ 38.460,00
(–) Mão de obra	(–) R$ 9.200,00
(–) Encargos	(–) R$ 5.520,00
(–) Materiais	(–) R$ 21.200,00
(=) Lucro para IR	(=) R$ 33.620,00

Ufa. Resumindo tudo, somando as colunas B, D, E, F, G e I (não somamos as colunas C e H), obtemos o fluxo de caixa líquido. Agora, basta mandar o Excel calcular o VPL, de cujo valor restou R$ 12.714,20. Sobrando R$ 12.714,20 no caixa, após tudo pago e os 18% de lucro retirados, significa que a taxa de retorno deste projeto é maior que 18%. Por acaso aproveitei e perguntei ao Excel qual seria o valor exato, e ele me contou ser 20,9%.

DICA

Não subtraia a depreciação quando for calcular o fluxo de caixa líquido, pois a fórmula já fará isso. Se cair na tentação ou esquecer, o resultado estará errado, pois ela será subtraída duas vezes.

Calculando Preços com a Técnica do Valor Presente Líquido

O VPL é também uma poderosa ferramenta para calcular preços de produtos e serviços. Monte a planilha com todos os dados possíveis, de forma completa. Para calcular a receita, multiplique o preço pela quantidade produzida. Neste exemplo simplificado, estamos supondo que a máquina faz apenas um tipo de produto, porém, apesar de na prática isso ser mais complexo, o que importa é entender o conceito.

Assim, multiplicamos a quantidade de 33.750 unidades produzidas anualmente pelo preço de R$ 3,20 cada unidade e obtivemos a receita da coluna "D" da Tabela 20-9. Quando levar este preço para o seu chefe ele poderia lhe dizer: mas João, a concorrência está vendendo esta mesma embalagem por R$ 3,00! E agora? Poder simular alternativas é a grande vantagem de fazer as contas na planilha, então se simplesmente baixar o preço para R$ 3,00, o VPL fica negativo em (R$ 28.447,18), o que significa que a taxa de atratividade não está sendo atendida, pois ficou em 11,3%.

O que fazer? Procurar alternativas, fornecedores de matéria-prima mais baratos, cortar custos e outras. De qualquer forma, com ajuda do Excel, podemos simular várias situações e encontrar o preço ideal de venda para atender as necessidades da sua empresa. Faça isso, pois é promoção na certa.

FIGURA 20-6: Fluxo de Caixa

	A	B	C	D	E	F	G	H	I	J
1	Período em anos	Investimento incial	Depreciação	Receita	Mão-de-Obra	Encargos	Materiais	Fluxo de caixa para IR	Imposto de renda	Fluxo de caixa líquido
2	0	-R$ 192.300,00								-R$ 192.300,00
3	1		-R$ 38.460,00	R$ 108.000,00	-R$ 9.200,00	-R$ 5.520,00	-R$ 21.200,00	R$ 33.620,00	-R$ 1.681,00	R$ 65.559,00
4	2		-R$ 38.460,00	R$ 108.000,00	-R$ 9.200,00	-R$ 5.520,00	-R$ 21.200,00	R$ 33.620,00	-R$ 1.681,00	R$ 65.559,00
5	3		-R$ 38.460,00	R$ 108.000,00	-R$ 9.200,00	-R$ 5.520,00	-R$ 21.200,00	R$ 33.620,00	-R$ 1.681,00	R$ 65.559,00
6	4		-R$ 38.460,00	R$ 108.000,00	-R$ 9.200,00	-R$ 5.520,00	-R$ 21.200,00	R$ 33.620,00	-R$ 1.681,00	R$ 65.559,00
7	5		-R$ 38.460,00	R$ 108.000,00	-R$ 9.200,00	-R$ 5.520,00	-R$ 21.200,00	R$ 33.620,00	-R$ 1.681,00	R$ 65.559,00
8										
9				taxa de atratividade...............			18,0%			
10				Valor presente líquido...............			R$ 12.714,20			
11				TIR...............			20,9%			
12				Número de embalagens por ano...............			33.750			
				Preço unitário da embalagem			**R$ 3,20**			

Calculando o Valor Presente Líquido de uma Perpetuidade

Não são poucas as vezes que adotamos uma providência na empresa, fazendo determinada economia, como por exemplo, passar a enviar por e-mail aquilo que era remetido via Correios todos os meses aos clientes: resumo ou extrato de suas atividades de compra dos nossos produtos ou serviços, faturas emitidas e datas de vencimento, reclamações, providências, etc.

Na mesma linha, desde há pouco tempo, as empresas prestadoras de serviço de cartão de crédito não mais enviam a fatura mensal em papel, elas o fazem por e-mail, para um endereço previamente cadastrado pelo cliente.

Essas melhorias operacionais geram redução de despesas perpetuamente, então como avaliar o ganho obtido e apresentar, por exemplo, em uma reunião gerencial?

A empresa de cartão de crédito, numa ilustração hipotética, trocando o custo do envio do extrato em papel pelo resumo mensal eletrônico, economizou R$ 350.000,00. Aparentemente, o valor é inexpressivo para o porte da companhia, entretanto, se fosse avaliado o retorno perpétuo, a situação seria bem diferente.

Como resolver esta questão? Tenho uma proposta.

Partindo da Fórmula 18-2, básica para o valor presente de uma série de pagamentos uniformes (prestação) e juro composto:

$$VP = PMT \times \frac{1 - (1 + i)^{-n}}{i}$$

Tenho insistido que sempre prefiro escrever esta fórmula deste modo, com o expoente negativo, pois é mais fácil de fazer esta conta na calculadora e no Excel.

No caso de perpetuidade, não se pode usar o expoente "n", pois ele é infinito, então trocamos o expoente por infinito "∞". Ao fazer isso anulamos a equação, resultando na seguinte fórmula:

Fórmula 20-1: Valor presente de uma perpetuidade.

$$PV = \frac{FV}{i}$$

Não gosto de mostrar deduções, mas neste caso é importante que saiba pelo menos como a fórmula apareceu. Caso queira aprender mais sobre este assunto, consulte um livro texto de curso de matemática financeira dos cursos de graduação. Digo isso porque o tema é muito relevante. Anteriormente falei em avaliar a economia obtida pela empresa com medidas de contenção de despesas, mas poderia ser uma quantidade enorme de outros assuntos a serem avaliados com este conceito simples.

Por exemplo, quando se realiza um processo de *Valuation*, ou seja, a avaliação financeira do valor de uma empresa, para justificar qual o valor de mercado da mesma, para o caso de venda, por exemplo.

O consultor projeta um fluxo de caixa futuro, para nove ou dez anos, e ainda projeta o *Free Cash Flow* (fluxo de caixa livre). Uma vez que obtém os valores da perpetuidade (neste caso o valor de 2023), calcula o valor presente (VP) da mesma, dividindo-a pela taxa de atratividade (revise o Capítulo 18). A soma de todos os valores presentes do fluxo de caixa (VPL), incluindo 2023, é quanto vale a companhia.

FIGURA 20-7: Demonstração do *Free Cash Flow* (R$ mil)

Item	2016	2017	2018	2019	2020	2021	2022	2023
Receita Operacional Bruta	11.977,20	11.988,00	12.046,32	12.862,64	12.752,04	13.303,00	13.663,08	13.534,50
Deduções da Receita Operacional Bruta	(2.076,13)	(2.078,00)	(2.088,11)	(2.229,61)	(2.210,44)	(2.305,94)	(2.368,36)	(2.346,07)
Receita Operacional Líquida	9.901,07	9.910,00	9.958,21	10.633,03	10.541,60	10.997,06	11.294,72	11.188,43
Custo da Mercadoria Vendida	(6.880,00)	(6.880,00)	(6.880,00)	(6.880,00)	(6.880,00)	(6.880,00)	(6.880,00)	(6.880,00)
Lucro Operacional Bruto	3.021,07	3.030,00	3.078,21	3.753,03	3.661,60	4.117,06	4.414,72	4.308,43
Despesas de Vendas	(897,14)	(897,14)	(897,14)	(897,14)	(897,14)	(897,14)	(897,14)	(897,14)
Depreciação	(732,38)	(803,25)	(826,88)	(850,50)	(935,55)	(1.025,33)	(557,55)	(524,48)
Despesas/Receitas Financeiras	(1.440,00)	(1.517,00)	(1.480,00)	(1.780,00)	(1.820,00)	(1.809,00)	(1.876,00)	(1.849,00)
Lucro Operacional	(48,44)	(187,39)	(125,81)	225,39	8,91	385,59	1.084,03	1.037,81
Resultado não Operacional	2,24	2,24	2,24	2,24	2,24	2,24	2,24	2,24
Lucro antes IR + CSLL	(46,20)	(185,15)	(123,57)	227,63	11,15	387,83	1.086,27	1.040,05
IR + CSLL	(11,55)	(46,29)	(30,89)	56,91	2,79	96,96	271,57	260,01
Lucro Líquido do Exercício	(57,75)	(231,44)	(154,46)	284,54	13,94	484,79	1.357,84	1.300,07
(+) Depreciação	732,38	803,25	826,88	850,50	935,55	1.025,33	557,55	524,48
(-) Investimento em capital fixo	205,35	205,35	205,35	205,35	205,35	205,35	205,35	205,35
(-) Investimento no capital de giro	(19,62)	(19,62)	(19,62)	(19,62)	(19,62)	(19,62)	(19,62)	(19,62)
(=) Free Cash Flow	860,35	757,54	858,15	1.320,77	1.135,22	1.695,84	2.101,12	2.010,27

Observe a Figura 20-7. Não se preocupe com esta maçaroca de número, tenha atenção apenas para a última linha do *free cash flow*. Trata-se de uma projeção para oito anos, segundo os conceitos de *Valuation*. Calculando o VPL desta série de pagamentos não uniformes, ou seja, somando todos os valores no instante zero, saberemos quanto vale a companhia.

Mas você me contestaria: a empresa não vai terminar em 2023, devo desconsiderar as entradas de caixa a partir de 2023? Ora, os valores podem ser muito relevantes.

Respondendo a sua angustia, procederemos da seguinte maneira:

» Adotaremos uma taxa de atratividade, pode ser o WACC da empresa (para saber mais sobre WACC consulte o Capítulo 18). Neste exemplo, usaremos 10% ao ano.

» Calcularemos o valor presente de uma perpetuidade, considerando como perpétuo o valor do *free cash flow* do ano de 2023, ou seja: R$ 2.010,27.

CAPÍTULO 20 **As Maravilhas do Valor Presente Líquido** 251

- » Calcularemos o valor presente líquido de 2016 até 2023, sendo que o valor de 2023 é o valor da perpetuidade.
- » Calcularemos o valor presente líquido do fluxo de caixa resultante, considerando como ano zero 2015.

Com essas premissas, fizemos um fluxo de caixa no Excel, Figura 20-8 e calculamos o valor da empresa em R$ 15.073,46 (R$ mil). Explicaremos esta tabela com detalhes.

	A	B	C	D	E	F	G	H	I	J
1										
2		2016	2017	2018	2019	2020	2021	2022	2023	
3		R$ 860,35	R$ 757,54	R$ 858,15	R$ 1.320,77	R$ 1.135,22	R$ 1.695,84	R$ 2.101,12	R$ 20.102,72	
4										
5			VPL		R$ 15.073,46					
6			Taxa de atratividade		10%					
7										
8										

FIGURA 20-8: VPL do *Free Cash Flow* (R$ mil)

Veja os passos do cálculo:

- » Os anos correspondentes às nossas avaliações estão entre a linha B2 (2016) e a linha I2 (2023). Para obter os valores da linha B3 até a linha H3, simplesmente copiei o resultado do *free cash flow*, última linha da Figura 20-07.
- » O valor da linha I3 foi obtido baseado na fórmula de perpetuidade VP = VF / i, ou seja, da Fórmula 20-1, VP = R$ 2.010,27 / 0,10 = R$ 20.102,72.
- » Tendo o fluxo de caixa pronto, por meio das funções financeiras do Excel, calculei o VPL das linhas B3 até a linha I3, o qual, com a taxa de atratividade de 10% ao ano, resultou em R$ 15.073,46 (R$ mil).

LEMBRE-SE

O Excel "levou todos os valores do fluxo de caixa para o ano de 2015. Neste caso estamos falando que o valor da empresa, totalizando R$ 15.073,46 (R$ mil), é moeda de 2015 (para saber mais sobre valores corrente ou nominas, reveja o Capítulo 5).

O VPL final do *Valuation* também poderia ter sido feito na calculadora HP 12C, mas neste caso tudo deveria ser calculado no papel e depois inserir o *free cash flow* na calculadora, veja como:

252   PARTE 5   **Pagamentos Periódicos, Mas Não Uniformes...**

TABELA 20-8   **Fluxo de Caixa e Cálculo da TIR pela HP 12C**

Valor	Tecla auxiliar	Função
0,00	g	CFo
860,35	g	CFj
757,54	g	CFj
858,15	g	CFj
1.320,77	g	CFj
1.135,22	g	CFj
1.695,84	g	CFj
2.101,12	g	CFj
20.102,72	g	CFj
3		i
	f	VPL
Resposta	VPL = R$ 15.073,46	

CUIDADO

O objetivo deste exemplo de *Valuation* não é ensinar a técnica. Para isso deve procurar uma leitura específica e contar com a ajuda de um consultor especializado do Sebrae, por exemplo, pois a questão é extremamente técnica e envolve profundos conhecimentos de contabilidade, matemática financeira e finanças, para as quais não me julgo minimamente qualificado. O objetivo deste capítulo é mostrar as aplicações do cálculo do valor presente de uma perpetuidade, modestamente representada pela Fórmula 20-1.

> **NESTE CAPÍTULO**
>
> Taxa interna de retorno e sua aplicação comercial
>
> Como usar taxa interna de retorno com segurança
>
> Aplicando a taxa interna de retorno na prática empresarial
>
> Usando a taxa interna de retorno para calcular a taxa de juro efetivo

Capítulo 21

A Maior Amiga dos Financeiros: a Taxa Interna de Retorno

A mais importante e espetacular ferramenta para aplicações financeiras é a Taxa Interna de Retorno, ou simplesmente TIR. Como você está apto a calcular o valor presente de um fluxo de caixa, já pode utilizar a TIR.

LEMBRE-SE Esta taxa é mágica, capaz de tornar a soma de todos os valores atuais (valor presente ou descontado) do fluxo de caixa, no instante zero, igual a zero. Se de um fluxo de caixa for descontada a sua taxa interna de retorno, o VPL será sempre zero.

FIGURA 21-1: Fórmula representativa da TIR e VPL.

$$VP = PMT \times \frac{1 - (1 + i)^{-n}}{i}$$

 DICA Algumas calculadoras, em especial a HP 12C e mesmo planilhas eletrônicas que utilizam símbolos e teclas em inglês trazem a taxa interna de retorno abreviada como IRR, *internal rate of return*.

Veja um exemplo: um investimento de R$ 100.000,00 mil, cuja vida útil é de quatro anos e que produziu resultados líquidos de R$ 35.000,00 mil em cada ano (depois de descontadas todas as despesas).

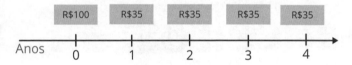

 FIGURA 21-2: Fluxo de caixa.

Com os conhecimentos adquiridos até este capítulo, calculando o VPL da Figura 21-2, a 15% (na verdade é 14,96254%, mas eu arredondei para 15%) ao ano, o valor presente será R$ 0,00. Se o valor presente for positivo, percebe-se logo que a TIR é ligeiramente maior do que 15%. Se o VPL for negativo, a TIR deste fluxo seria menor.

 DICA Quando o VPL for positivo, a taxa de retorno é igual ou maior que a TIR, já se o VPL for negativo, a taxa de retorno do projeto é menor que a TIR.

Até Criancinha Faz esse Cálculo na Calculadora

Com o fluxo de caixa da calculadora financeira, vamos calcular a taxa interna de retorno do fluxo de caixa da Tabela 21-1.

TABELA 21-1   Fluxo de Caixa e Cálculo da TIR pela HP 12C

Valor	Tecla auxiliar	Função
−100.000,00	g	CFo
35.000,00	g	CFj
35.000,00	g	CFj
35.000,00	g	CFj
35.000,00	g	CFj
	f	TIR
Resposta	TIR = 14,96254	

Então, se descontada a taxa de 14,96254% ao ano, a soma dos valores do fluxo de caixa, no instante zero, deverá ser igual a zero, ou seja, VPL = R$ 0,00. Resta testar.

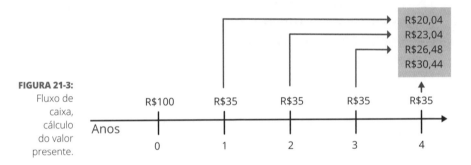

FIGURA 21-3: Fluxo de caixa, cálculo do valor presente.

VPL = R$ 20,04 + R$ 23,04 + R$ 26,48 + R$ 30,44 − R$ 100 = R$ 0,00

Mais um teste, calculando o valor presente, considerando a taxa de atratividade igual a TIR, um por um:

Valor do instante 0: R$ 100 $(1,1496254)^0$ = (R$ 100,00)

Valor do instante 1: R$ 35 $(1,1496254)^{-1}$ = R$ 30,44

Valor do instante 2: R$ 35 $(1,1496254)^{-2}$ = R$ 26,48

Valor do instante 3: R$ 35 $(1,1496254)^{-3}$ = R$ 23,04

Valor do instante 4: R$ 35 $(1,1496254)^{-4}$ = R$ 20,04

Valor presente líquido............................. = R$ 0,00

Não esqueça de que o Excel e a calculadora trabalham em regime de fluxo de caixa; entradas e saídas, assim o valor de R$ 100 mil, uma saída, deverá estar com sinal negativo. Repetindo: TIR é uma taxa que torna a soma de todos os valores do fluxo de caixa, no instante zero, igual a zero.

Trabalhando com a Taxa Interna de Retorno

Entendendo bem o funcionamento da TIR, seus conceitos e principalmente suas restrições, podemos trabalhar numa série de projetos diferentes com inúmeras aplicações práticas no mundo empresarial, em todas as áreas, quaisquer que sejam.

Sempre que possível, faça os cálculos no Excel. A calculadora é ótima, mas, por melhor que seja, sua capacidade é limitada. Algumas dificuldades:

» É preciso fazer a planilha do fluxo de caixa no papel e ao final introduzir na calculadora apenas a coluna do Fluxo de Caixa Líquido.

» Nas calculadoras não conversacionais, não é possível ver o valor digitado, eles são registrados na sequência, se errar um valor, terá que começar tudo novamente.

» Na HP 12C, por exemplo, o número de períodos é de vinte.

» Os erros são muito difíceis de serem encontrados.

Então devo abandonar a calculadora? Não, nunca. As calculadoras são maravilhosas para cálculos mais simples e rápidos e, ao contrário do Excel, sempre é possível levar no bolso do paletó.

Quando houver possibilidade de obter o mesmo resultado com a aplicação do VPL, esqueça da TIR, pois, apesar de ela parecer fácil de usar, é um instrumento tão poderoso que apenas um especialista treinado poderá entender suas aplicações, resultados e restrições. Mas não fique triste, ainda assim sobrarão milhões de possibilidades para seu uso.

As Armadilhas dos Fluxos de Caixa Erráticos

Veja um exemplo de restrição. Quando analisar um projeto de investimento empresarial, provavelmente o sinal do fluxo de caixa líquido vai se alternar diversas vezes, passando de negativo para positivo. Estes fluxos de caixa erráticos, ou seja, cujos valores não estão linearmente e continuamente dispostos, são chamados de Fluxos de Caixa Não Convencionais. Como isso não é possível prever, a TIR do fluxo de caixa poderá:

» Ter apenas uma TIR

» Ter duas ou mais TIR

» Não ter nenhuma TIR

O fluxo de caixa da Figura 21-3 é totalmente errático. Observe como os valores se alternam, ora positivos, ora negativos.

FIGURA 21-4: Fluxo de caixa errático ou não convencional.

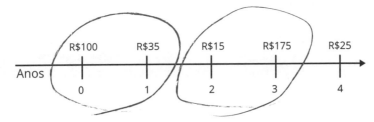

Mais de Uma ou Nenhuma TIR?

Como assim, nenhuma TIR? Isso mesmo, pode ser que nenhuma taxa torne a soma dos valores do fluxo, no instante zero, igual a zero. Há casos, por exemplo, que mais de uma taxa zera a soma do valor presente do fluxo. Lembre-se que este cálculo é feito por tentativa erro, ou seja, o Excel ou a calculadora experimentam uma taxa, se não zerar, já sabem que a próxima é maior ou menor e assim seguem tentando até encontrar uma que zere a soma.

TABELA 21-2   **Fluxo de Caixa Errático**

Período	Fluxo de Caixa Líquido
0	(R$ 100.000,00)
1	R$ 35.000,00
2	(R$ 15.000,00)
3	R$ 175.000,00
4	(R$ 25.000,00)

Veja um exemplo simples com um fluxo de caixa errático, não convencional.

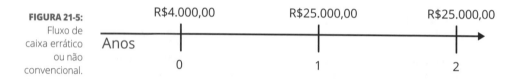

FIGURA 21-5: Fluxo de caixa errático ou não convencional.

Neste exemplo, duas taxas zeram a soma dos valores no instante zero, 25% e 400%, confira.

TABELA 21-3   **Cálculo do VPL: Fluxo de Caixa Errático**

VPL a Taxa de 25% ao Ano	VPL a Taxa de 400% ao Ano
Instante 0: (R$ 4.000,00) $(1,25)^0$ = (R$ 4.000,00)	Instante 0: (R$ 4.000,00) $(5)^0$ = (R$ 4.000,00)
Instante 1: R$ 25.000,00 $(1,25)^{-1}$ = R$ 20.000,00	Instante 1: R$ 25.000,00 $(5)^{-1}$ = R$ 5.000,00
Instante 3: (R$ 25.000,00) $(1,25)^{-2}$ = (R$ 16.000,00)	Instante 3: (R$ 25.000,00) $(5)^{-2}$ = (R$ 1.000,00)
VPL..............................= **R$ 0,00**	VPL..............................= **R$ 0,00**

Mas não passe a odiar a TIR por conta disso. Procure entendê-la melhor lendo livros mais aprofundados sobre o assunto, especialmente os livros textos dos cursos de graduação

Aplicando a Taxa Interna de Retorno

Embora tenha recomendado inúmeras vezes para não usar o método da TIR, pois os resultados não são confiáveis, aqueles que estudaram e conhecem bem o assunto, assim como os consultores, adoram trabalhar com a TIR na análise de projetos de investimentos, pois conhecem suas restrições e têm muita atenção com elas. Ademais, se o fluxo de caixa líquido não for errático, com entradas e saídas muito malucas e variadas, a taxa interna de retorno pode funcionar muito bem.

Até Médico Pode Usar a Taxa Interna de Retorno?

Recentemente, em uma de minhas aulas, fiz como de costume e perguntei a cada um dos alunos o que fazia na vida, já que se tratava de um curso de pós--graduação e todos eles eram formados. Para variar, a metade era de engenheiros, com aquelas calculadoras científicas programáveis que teriam feito de Einstein muito mais do que ele foi. Mas havia também administradores, economistas, etc.

Um rapaz de cerca de quarenta anos, de origem nipônica, sentado na primeira carteira exibia uma HP 12C novinha. Quando ele disse que era médico a turma caiu na risada. Ele explicou que não tinha nenhuma graça nisso, pois várias foram as razões que o levaram a fazer um curso maçante de oitenta horas.

- » Operações financeiras em bancos são constantes na sua vida.
- » Como médico, está habituado a trabalhar com equipamentos de alto investimentos que produzem serviços.
- » Pela sua formação, tinha grandes limitações em precificar serviços prestados por equipamentos, como ressonância, ecografia, etc.

E mais: havia comprado recentemente um aparelho de imagem e precisava aprender a precificar o serviço. Como o nosso grupo era formado por dezoito pessoas, constituímos logo um estado maior, abrimos uma planilha do Excel, projetamos no quadro e, sob a orientação do consultor Dr. Iwamoto, precificamos o aparelho.

Foi muito divertido, gastamos três horas e meia, não saímos para o intervalo e, como o curso era a noite, só fomos embora porque fomos expulsos: a escola tinha que fechar. Após muita discussão, descobrimos que a operação da máquina tem as seguintes características financeiras:

» Custo da máquina, instalada no local de prestação do serviço: R$ 150.000,00;

» Quantidade de exames por dia = 30 por dia, 22 dias úteis, 12 meses = 7920 exames;

» Receita unitária, líquida por exame = R$ 33,00;

» Infraestrutura, aluguel da sala, climatização = R$ 15.520,00;

» Materiais usados nos exames: descartáveis, umectantes, material de limpeza = R$ 18.000,00;

» Mão de obra: médico para operar a máquina mais uma assistente = R$ 115.000,00;

» Outras despesas = R$ 55.000,00;

» Impostos = 13%.

Como Construir um Fluxo: Eis o Segredo

Com os dados, montamos um fluxo de caixa e fizemos as simulações. É claro que na aula não foi possível fazer o fluxo de caixa tão simplificado quanto a Tabela 21-4. Foi necessária uma planilha mensal, com mais de sessenta linhas e as colunas que observa na Tabela 21-4 foram somadas de forma a dar uma aparência mais didática ao exemplo do livro.

Como pode-se notar, o fluxo de caixa resultante é bastante linearizado, existe apenas uma troca óbvia de sinal, no instante zero, pois o investimento no equipamento acontece neste momento. Nos demais anos, o valor é sempre o mesmo e bastante coerente. Para calcular a TIR deste fluxo de caixa, basta seguir os passos do Excel.

Uma vez montado o fluxo de caixa, coloque a palavra TIR na célula D11 e depois clique na célula G11, isso antes de clicar em funções, pois é na célula G11 que o resultado aparecerá. Em seguida, clique em "funções", depois em "financeira", deslize e clique em TIR e a planilha vai te perguntar VALORES, clique no canto direito da caixa de diálogo, em vermelho e a planilha aparecerá, marque as células J2 até J7 e tecle ENTER. O resultado aparecerá na célula G11: 21,7% ao ano.

O IMPÉRIO ROCKEFELLER

Os Rockefellers são a família mais famosa de Cleveland, Estado de Ohio, Estados Unidos. Por intermédio de John D. Rockefeller (1839-1937), empresário obstinado, sagaz e extremamente audacioso, construíram um império baseado na indústria do petróleo, principalmente através da Standard Oil Company. Mas, os Rockefellers também são reconhecidos como financistas e banqueiros pela sua associação ao lendário Chase Manhattan Bank, hoje JP Morgam Chase e como industriais, pois são acionistas da mais importante indústria militar do mundo, sob o ponto de vista estratégico e tecnológico, Lockheed Martin.

LEMBRE-SE

Resultados matemáticos não tomam decisões por si. Os Rockefeller e os Klein não fizeram fortuna calculando cientificamente a viabilidade dos projetos. Gerentes tomam decisões baseados no feeling e nas experiências e podem ser orientados por cálculos e indicações matemáticas, o que não é mau. As planilhas podem dar um caminho, mas a decisão pertence ao "homem".

FIGURA 21-6:
Fluxo de Caixa

	A	B	C	D	E	F	G	H	I	J
1	Período (anos)	Investimento inicial	Depreciação	Receita	MO	Infraestrutura	Materiais	Outras despesas	Fluxo de caixa para IR	Imposto de renda	Fluxo de caixa líquido
2	0	-R$ 150.000,00									-R$ 150.000,00
3	1		-R$ 30.000,00	R$ 261.360,00	-R$ 115.000,00	-R$ 15.520,00	-R$ 18.000,00	-R$ 55.000,00	R$ 27.840,00	-R$ 3.619,20	R$ 52.060,80
4	2		-R$ 30.000,00	R$ 261.360,00	-R$ 115.000,00	-R$ 15.520,00	-R$ 18.000,00	-R$ 55.000,00	R$ 27.840,00	-R$ 3.619,20	R$ 52.060,80
5	3		-R$ 30.000,00	R$ 261.360,00	-R$ 115.000,00	-R$ 15.520,00	-R$ 18.000,00	-R$ 55.000,00	R$ 27.840,00	-R$ 3.619,20	R$ 52.060,80
6	4		-R$ 30.000,00	R$ 261.360,00	-R$ 115.000,00	-R$ 15.520,00	-R$ 18.000,00	-R$ 55.000,00	R$ 27.840,00	-R$ 3.619,20	R$ 52.060,80
7	5		-R$ 30.000,00	R$ 261.360,00	-R$ 115.000,00	-R$ 15.520,00	-R$ 18.000,00	-R$ 55.000,00	R$ 27.840,00	-R$ 3.619,20	R$ 52.060,80
8											
9				taxa de atratividade...............			20,0%				
10				Valor presente líquido............			R$ 5.693,66				
11				TIR.........................			21,7%				
12				Número de ecografias por ano.....			7.920				
				Preço unitário da ecografia........			R$ 33,00				

CUIDADO

Pelas razões as quais expliquei anteriormente, praticando o cálculo da TIR, não serão poucas vezes que ao clicar o ENTER final, receba uma mensagem de erro em vez da tão esperada taxa interna de retorno. Acontece que o computador não conseguiu encontrar (após as tentativas e erros) uma taxa que zerasse a soma de todos os valores do fluxo de caixa no instante zero. Assim, uma pessoa mais experiente, um consultor, por exemplo, poderia inserir na caixa de diálogo da TIR no Excel uma estimativa de quanto ele acha que seria a taxa, ajudando o computador a escolher. Dá certo na maioria das vezes.

LEMBRE-SE

Nunca acrescente a variável inflação ao fluxo de caixa. Construa todos os valores e hipóteses sobre a premissa de valores na data de hoje. Podemos fazer isso porque a inflação age igualmente sobre todos os elementos do fluxo de caixa, tanto entradas como saídas, assim, estatisticamente, estes efeitos se anulam. Ademais, isso é uma previsão, é como uma estatística, trata-se de estimar valores e resultados e dificilmente encontraríamos um profissional que tivesse capacidade para manejar todas estas variáveis. Na literatura e na prática, nunca encontrei um só exemplo que agregasse inflação nestes cálculos.

Dê Asas à sua Imaginação e à TIR

Dê asas à sua imaginação, com esta técnica simples poderá calcular a viabilidade de complexos projetos de investimentos, preços de produtos e serviços, avaliar se os preços praticados são rentáveis, pois as condições mudam constantemente. Caso não tenha bons conceitos de contabilidade, pergunte a um contador se o fluxo de caixa atende às normas contábeis. Faça o fluxo de caixa mais perto possível da realidade, em bases mensais — na prática nunca pegará uma moleza como a da Tabela 21-4, cujos valores são anuais.

Calculando a Taxa de Juro Efetivo em Empréstimos Bancários

A taxa interna de retorno é o único instrumento capaz de calcular o custo real de uma operação financeira. Em 2006 tive um aluno, engenheiro, chamado Marcio Assunção. Na sua monografia de conclusão de curso, ele pacientemente calculou em uma planilha mensal várias hipóteses de custos de financiamento habitacional de três importantes bancos: sistema financeiro da habitação, consórcio imobiliário e financiamento habitacional com prestação fixa, ou seja, quando o mutuário assina o contrato já sabe de antemão o valor de todas as prestações.

O Engenheiro Márcio conseguiu os contratos, cujos financiamentos abrangiam as mesmas situações e valores, e com eles construiu os fluxos de caixa dos financiamentos para depois calcular a TIR.

Como o trabalho foi público, mostrarei algumas conclusões. Omitirei o nome dos bancos para não ferir suscetibilidades. Os dados correspondem à conjuntura da época, inclusive de inflação, indispensável para calcular o reajuste do saldo devedor dos contratos.

Veja algumas das conclusões. O comparativo entre financiamento e consórcio, ambos produtos do mesmo banco, de uma carta de crédito de R$ 100.000,00 de 120 meses, mostraram resultados praticamente iguais. Custo efetivo do cliente de 21,20% ao ano no consórcio e de 18,48% no financiamento. Interessante que a propaganda do consórcio diz: compre sem juros.

TABELA 21-4   Fluxo de Caixa

Plano	VPL a 1% ao Mês	TIR Mensal	TIR Anual
Consórcio	R$ 126.586,00	1,615% ao mês	21,20% ao ano
Financiamento	R$ 120.376,95	1,423% ao mês	18,48% ao ano

Ao final da monografia, são resumidos dois principais resultados das projeções de financiamentos estudadas pelo formando para financiamento de imóveis em dez anos no valor de R$ 100.000,00.

TABELA 21-5   Fluxo de Caixa

Banco – Linha	Sistema de Amortização	Taxa de Juros Anual Efetiva	Índice de Reajuste	Primeira Prestação, em R$	Última Prestação, em R$	VPL a 1% ao Mês, em R$	TIR Anual, ou Custo Efetivo
Banco A – SBPE-SFH	SAC	10,00%	TR	1.729,20	1.458,17	116.560,24	17,34%
Banco B – SFH	SAC	12,00%	TR	1.841,31	1.413,38	120.376,95	18,48%
Banco B – SFH	TP	12,00%	TR	1.458,57	2.253,53	122.748,95	18,32%
Banco C – Super Casa 20	TP	16,95%	Não há	1.840,49	1.822,02	119.513,75	18,05%

Apenas uma ferramenta poderosa como a TIR, usada no Excel, é capaz de fazer essas análises tão complexas.

Não Importa o Modo de Fazer a Conta, as Taxas São as Mesmas

Duas coisas me chamaram a atenção. A primeira é que todos os financiamentos têm praticamente o mesmo custo efetivo. Isso levou a conclusão de que não importa como a conta seja feita, juro composto, juro simples, financiamento habitacional, consórcio habitacional. O cliente vai sempre pagar o custo da operação. As Tabelas 21-4 e 21-5 mostram que os resultados são muito parecidos.

O segundo ponto, e o mais importante, é a capacidade e o poder da planilha eletrônica em fazer cálculos complexos, os quais, exagerando, antes da sua criação, há não mais de 35 anos, eram impossíveis de executar mesmo para um matemático muito preparado. Digo isso para que veja o poder que tem nas mãos se dominar estas técnicas, as quais, com o uso destas ferramentas, TIR e VPL, são de alcance espetacular.

Quanto Custou um Empréstimo? Use a Taxa Efetiva

Vamos examinar um exemplo, mas para isso simplificarei muitas partes. Trata-se de um empréstimo em moeda externa, em dólares, tomado por uma empresa aqui no Brasil. Lendo o contrato, descobri as seguintes condições:

- » Valor de US$ 100.000;
- » O valor contratado será pago em parcela única, ao final de seis anos;
- » Juros de 9,2% ao ano, calculados linearmente sobre o saldo devedor;
- » Os juros serão pagos (remetidos) semestralmente, sobre o saldo devedor. Eles têm carência de um ano, ou seja, o primeiro pagamento de juro será no ano 1;
- » O banco que intermedeia a operação aqui no Brasil cobrará uma taxa de administração de 1,2%, pago no desembolso do empréstimo, ou seja, no instante que a empresa receber o dinheiro creditado na conta-corrente;
- » O empréstimo exigiu a contratação de um advogado que custou US$ 2.000, cujo valor será pago no desembolso;
- » Quando os juros forem remetidos para o exterior, será cobrada uma taxa de 15% a título de imposto de renda. Como o banco lá fora espera receber o valor integralmente, a taxa do imposto será calculada no formato "por dentro".

Depois de ler atentamente o contrato, coloquei as informações do empréstimo num fluxo de caixa no formato gráfico. É claro que no dia a dia será necessário fazer o fluxo de caixa no Excel. E, muito pior, como estes financiamentos têm data certa de pagamento, a planilha deverá ser elaborada em dias. Não esqueça de colocar zeros nos espaços em branco, entre os valores.

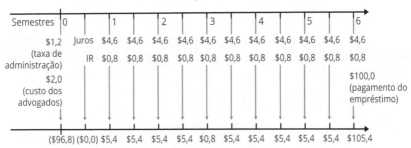

FIGURA 21-7: Fluxo de caixa de um empréstimo bancário.

É claro que me perdoou por apresentar uma Figura como a 21-7, tão poluída, mas no gráfico é mais fácil de entender e se demonstrasse na planilha não daria para reproduzir no livro. É evidente que fiz toda a conta na planilha.

Sem Excel Você Terá Mais Trabalho

A Figura 21-6 pareceu confusa? Exatamente, com muitos números no gráfico em papel, o fluxo fica poluído. Como veremos adiante, ainda nesta seção, a visualização e o entendimento melhoram ao colocar o fluxo no Excel.

LEMBRE-SE

Quando for calcular algo complexo como o fluxo da Figura 21-6, nunca esqueça que a calculadora, assim como o Excel, trabalha com fluxo de caixa. Quando repetirmos este empréstimo no Excel, veremos que o problema desaparece, pois ao fazer uma coluna para o fluxo de caixa líquido, a própria planilha já organiza os valores.

Entretanto, na calculadora, com o fluxo em papel, será preciso criar uma linha abaixo dos valores e fazer a soma dos mesmos. Veja, por exemplo, nas saídas do instante zero: somei os custos de administração do banco de US$ 1.200 e de advogados de US$ 2.000, totalizando US$ 3.200. Mas a calculadora só aceita um valor no instante zero, assim diminui o valor do empréstimo US$ 100.000 e lancei o valor o líquido, ou seja, US$ 96.800. Por último, no primeiro semestre não se paga nada, assim coloquei um zero.

Perceba, ainda que, nas saídas, somei os valores do semestre (juros mais IR), totalizando US$ 5.400; no último semestre somei ainda o pagamento do principal, totalizando uma saída de caixa de US$ 105.400.

CAPÍTULO 21 **A Maior Amiga dos Financeiros: a Taxa Interna de Retorno**

Mas o melhor vem agora: inserir os dados do fluxo de caixa na calculadora.

TABELA 21-6   **Fluxo de Caixa e Cálculo da TIR pela HP 12C**

Valor	Tecla auxiliar	Função
96.800	g	CFo
0,0	g	CFj
−5.400	g	CFj
10	g	Nj
−105.400	g	CFj
	f	TIR
Resposta	TIR = 5,19%	

DICA

As calculadoras eletrônicas têm uma tecla para números repetidos, que na HP 12C é reconhecida pelo símbolo "Nj", deste modo não será necessário incluir os dez valores de US$ 5.400, apenas indicar, depois do valor, que ele se repete dez vezes, assim como fizemos na Tabela 21-7.

É só mandar a calculadora executar a função da TIR. Após uns trinta segundos de demora, o resultado aparecerá já no formato de porcentagem, ou seja, 5,19% ao semestre. Como o parâmetro de custo está ao ano, ainda teremos que transformar esta taxa em anual. Para saber mais sobre taxa composta equivalente, revise o Capítulo 15.

$iq = [\,(1 + it)^{q/t} - 1\,] \times 100$

$iq = [\,(1,0519)^{2/1} - 1\,] \times 100 = 0,1065$ ou **10,65%** ao ano

Procure fazer o fluxo de caixa no Excel, pois fica menos poluído e é mais fácil de entender. Ademais, já pode deixar a fórmula da taxa anual pronta. Na calculadora, seríamos obrigados a fazer uma planilha no papel e ao final inserir apenas o fluxo de caixa líquido da coluna "**J**".

FIGURA 21-8: Fluxo de Caixa e Cálculo da TIR

	A	B	C	D	E	F	J
1	Período (semestres)	Empréstimo	Taxa de administração	Advogados	Juros	Imposto de renda	Fluxo de caixa líquido
2	0	R$ 100.000,00	-R$ 1.200,00	-R$ 2.000,00			R$ 96.800,00
3	1						R$ 0,00
4	2				-R$ 4.600,00	-R$ 811,76	-R$ 5.411,76
5	3				-R$ 4.600,00	-R$ 811,76	-R$ 5.411,76
6	4				-R$ 4.600,00	-R$ 811,76	-R$ 5.411,76
7	5				-R$ 4.600,00	-R$ 811,76	-R$ 5.411,76
8	6				-R$ 4.600,00	-R$ 811,76	-R$ 5.411,76
9	7				-R$ 4.600,00	-R$ 811,76	-R$ 5.411,76
10	8				-R$ 4.600,00	-R$ 811,76	-R$ 5.411,76
11	9				-R$ 4.600,00	-R$ 811,76	-R$ 5.411,76
12	10				-R$ 4.600,00	-R$ 811,76	-R$ 5.411,76
13	11				-R$ 4.600,00	-R$ 811,76	-R$ 5.411,76
14	12	-R$ 100.000,00			-R$ 4.600,00	-R$ 811,76	-R$ 105.411,76
15							
16			TIR semestral	5,19%		TIR anual	10,65%

CAPÍTULO 21 **A Maior Amiga dos Financeiros: a Taxa Interna de Retorno**

6 Aprendendo a Calcular Variações e Desvios

NESTA PARTE . . .

Uma das maiores dificuldades mostradas pelos alunos de matemática financeira e comercial é entender a avaliação numérica de metas e objetivos. Calcular as variações entre previsto e realizado, saber como compor taxas de juros e corrigir valores e números usando as informações da Fundação Getúlio Vargas (FGV) e do Instituto Brasileiro de Geografia e Estatística (IBGE). Estas habilidades podem fazer diferença na sua empregabilidade, especialmente se dominar os cálculos de soma e subtração de taxas de juro. Ademais, conhecer desvios e metas, proceder avaliações de resultados e entender perfeitamente como são constituídos os índices e números índices de inflação, mais conhecidos como o IGPM e o IPCA, irão colocá-lo em destaque e como fonte de referência e informações dentro da empresa.

> **NESTE CAPÍTULO**
>
> Somar ou diminuir percentuais?
>
> Evite decorar fórmulas e fazer formulários
>
> Exercite a prática de usar planilhas eletrônicas
>
> Calculadoras e planilhas são os seus melhores amigos

Capítulo 22
Divertindo-se com Variações e Taxas

Algumas coisas, por serem simples, acabam trazendo dificuldades nas análises financeiras e comerciais; calcular variações e desvios percentuais de metas, por exemplo.

Ademais, algumas pessoas menos preparadas mostram certa dificuldade em trabalhar com percentuais e taxas.

Somar ou Diminuir Percentuais, Eis a Questão

Somar percentuais, por exemplo, inevitavelmente leva ao erro. A Tabela 22-1 mostra o IPCA e o IGPM no último trimestre de 2014. Qual foi a inflação acumulada?

TABELA 22-1   Indicadores Selecionados de 2014

	Outubro	Novembro	Dezembro
IPCA/IBGE	0,42%	0,51%	0,78%
IGPM-FGV	0,28%	0,98%	0,62%

Se você pensou que a inflação acumulada pelo IPCA foi de 1,71% (0,42 + 0,51 + 0,78), está totalmente enganado. Para somar ou diminuir dois percentuais, siga os seguintes passos:

» Passo 1: Primeiro percentual; dividir por 100 e somar um

» Passo 2: Segundo percentual, dividir por 100 e somar um

» Passo 3: Multiplique um pelo outro

» Passo 4: Subtrair um

» Passo 5: Multiplicar por cem.

Na prática: 0,42 / 100 = 0,0042

» Passo 1: 0,42 / 100 = 0,0042 + 1 = 1,0042

» Passo 2: 0,51 / 100 = 0,0051 + 1 = 1,0051

» Passo 3: 1,0042 × 1,0051 = 1,0093214

» Passo 4: 1,0093214 − 1 = 0,0093214

» Passo 5: 0,0093214 × 100 = 0,93214%

Considerando que o nosso exemplo é de um trimestre, é preciso somar mais o mês de dezembro:

» Passo 1: 0,93214 / 100 = 0,0093214 + 1 = 1,0093214

» Passo 2: 0,78 / 100 = 0,0078 + 1 = 1,0078

- Passo 3: 1,0093214 × 1,0078 = 1,0171941
- Passo 4: 1,0171941 − 1 = 0,0171941
- Passo 5: 0,0171941 × 100 = 1,71941%, com arredondamento estatístico 1,72%.

No exemplo, a diferença foi de apenas um centésimo, mas se calcular o ano todo será "exponencialmente" maior.

Para sensibilizar com o tamanho do erro que poderia ser causado em termos de acumulação percentual, imagine se a soma fosse de 50% + 50%, que agora já sabemos não ser 100%'.

- Passo 1: 50 / 100 = 0,50 + 1 = 1,50
- Passo 2: 50 / 100 = 0,50 + 1 = 1,50
- Passo 3: 1,50 × 1,50 = 2,25
- Passo 4: 2,25 − 1 = 1,25
- Passo 5: 1,25 × 100 = 125%.

Mas, se gosta de fórmulas, segue mais uma para a sua coleção:

Fórmula 22-1 — Acumulação ou Soma de Taxas: Juro Composto

$$\textit{Taxa acumulada} = i_{acuml} = \left[\left(\frac{1 + i/100}{1 + i/100}\right) - 1\right] \times 100$$

$$\textit{Taxa acumulada} = i_{acuml} = \left[\left(\frac{1 + 0,42/100}{1 + 0,51/100}\right) - 1\right] \times 100 = 0,93214\%$$

Não Decore Fórmulas, Exercite os Conceitos

Entretanto, isso é muito importante e na vida real não será possível consultar o caderninho de fórmulas. É preciso fazer esta conta automaticamente.

Nas minhas aulas de matemática financeira, obrigo os alunos a cantarem uma musiquinha, mas em vez de batucar na caixinha de fósforo, batucamos na HP 12C, veja como é:

50 entra, 100 divide, 1 mais

50 entra, 100 divide, 1 mais

Multiplica

1 menos

100 vezes

A primeira vista parece tolice, mas não tem como não saber fazer este cálculo, é preciso repetir esta operação mil vezes e tê-la decorada para o resto da vida. É como trocar a marcha do carro: fazer sem pensar. Saber fazer esta operação é básico e indispensável.

Consultando o site da Natura Cosméticos S.A., a empresa informa — informação aberta, livre e gratuita, à disposição de qualquer pessoa, sem restrições em: natu.infoinvest.com — aos seus acionistas o resultado acumulado até setembro de 2014, comparado com o mesmo mês do ano anterior.

TABELA 22-2   Natura: Resultados Econômicos e Financeiros

Natura Cosméticos S.A.		Valores em R$ Milhões	
	9M14	9M13	Var. (%)
Receita Líquida Consolidada	R$ 5.226,20	R$ 4.844,70	7,9%
Lucro Líquido Consolidado	R$ 507,60	R$ 548,50	-7,5%

Fonte: site da empresa — http://natu.infoinvest.com.br/ptb/5048/CDPortIngles.pdf

A Receita Líquida Consolidada da Companhia apresentou uma variação positiva quando comparada ao ano de 2013, de 7,9%, enquanto o Lucro Líquido Consolidado cai 7,5%. Para analisar com mais profundidade estas informações seria necessário "deflacionar" a receita pela inflação do período, ou seja, subtrair a perda de poder aquisitivo da moeda, pelo IPCA/IBGE, por exemplo.

» Passo 1: 7,9 / 100 = 0,0787458 + 1 = 1,0787458

» Passo 2: 6,41 / 100 = 0,0641 + 1 = 1,0641

» Passo 3: 1,0787458 / 1,0641 = 1,0137636

» Passo 4: 1,0137636 − 1 = 0,0137636

» Passo 5: 0,0137636 × 100 = 1,37636%, ou 1,38% (arredondamento estatístico).

É realmente uma empresa vitoriosa, até em gestão. Manter a Receita Líquida Consolidada positiva, em 1,38%, num ano complicado como foi 2014, não é para qualquer administração.

Sucesso e Planilhas Eletrônicas: Amigos Inseparáveis

LEMBRE-SE

Sempre é útil manter na área de trabalho do seu computador uma planilha contendo o controle de indicadores fundamentais na economia, inflação, PIB, emprego, etc. Um controle assim o deixará "antenado" com os acontecimentos, além de poder citar os números quando estiver participando de uma reunião de trabalho; isso é muito bom para a reputação. Neste sentido, dois indicadores pelo menos, são indispensáveis de tê-los à mão: o IGPM-FGV e o IPCA-IBGE (para saber mais sobre o IGPM e o IPCA revise o Capítulo 15).

Faça isso no Excel e coloque duas colunas, uma com o número índice e outra com a variação percentual do mês (para saber mais sobre números índices e inflação revise o Capítulo 15).

TABELA 22-3 Índice de Inflação do IGPM-FGV

Mês	2012 ÍNDICE	%	2013 ÍNDICE	%	2014 ÍNDICE	%
Janeiro	474,429	0,25%	511,955	0,34%	540,997	0,48%
Fevereiro	474,138	−0,06%	513,439	0,29%	543,053	0,38%
Março	476,166	0,43%	514,518	0,21%	552,122	1,67%
Abril	480,229	0,85%	515,289	0,15%	556,429	0,78%
Maio	485,140	1,02%	515,289	0,00%	555,705	−0,13%
Junho	**488,342**	**0,66%**	**519,154**	**0,75%**	**551,593**	**−0,74%**
Julho	494,891	1,34%	520,504	0,26%	548,228	−0,61%
Agosto	501,957	1,43%	521,285	0,15%	546,748	−0,27%
Setembro	506,804	0,97%	529,104	1,50%	547,839	0,20%
Outubro	506,926	0,02%	533,654	0,86%	549,396	0,28%
Novembro	506,774	−0,03%	535,202	0,29%	554,769	0,98%
Dezembro	510,220	0,68%	538,413	0,60%	558,213	0,62%
Ano	**510,220**	**7,81%**	**538,413**	**5,53%**	**558,213**	**3,69%**
Médio	492,168	5,77%	522,317	6,13%	550,424	5,38%

O número índice do IGPM pode ser encontrado no site da FGVDados, ou no Jornal Valor. Observe que somei os percentuais de inflação medida pelo IGPM em 2014 (última coluna da tabela 22-3), todos de uma vez, usando o conceito que expliquei anteriormente (divide por cem, soma um e multiplica). Mas, neste caso, como o IGPM experimentou deflação (queda nos preços) em alguns meses de 2014, assim, em vez de multiplicar, divida, veja o exemplo:

» IGPM acumulado de 2014 = 1,0048 × 1,0038 × 1,0167 × 1,0078 / 1,0013 / 1,0074 / 1,0061 / 1,0027 × 1,002 × 1,0028 × 1,0098 × 1,0062 = 1,0369

» 1,0369 – 1 = 0,0369

» 0,0369 × 100 = 3,69% (IGPM acumulado de 2014)

Como isso é muito importante, repeti, em destaque, o cálculo do mês de janeiro.

0,48% / 100 + 1 = 1,0048   0,38% / 100 + 1 = 1,0038   1,0048 × 1,0038   1,0086182

Siga repetindo sempre com o próximo percentual e, quando chegar ao final, diminua de 1 e multiplique por 100. É claro que uma pessoa que lê um livro como este não fará esta conta na mão, o Excel fará isso automaticamente, basta atualizar todos os meses.

Corrigindo Números Índices

E para corrigir o número índice? Se pesquisar os valores todos os meses no Jornal Valor, é só copiar o número índice e o percentual, mas se não tiver acesso ao Jornal, corrija o número índice conforme indicado na Tabela 22-5, isso se souber o percentual:

TABELA 22-4   Cálculo do IGPM — 2014 – Cálculo do IGPM/FGV

Mês	Índice	%	Cálculo
Janeiro	540,997	0,48%	0,48 / 100 + 1 = 1,0048 × 538,413 = 540,997
Fevereiro	543,053	0,38%	0,38 / 100 + 1 = 1,0038 × 540,997 = 543,053
Março	552,122	1,67%	1,67 / 100 + 1 = 1,0167 × 543,053 = 552,122
Abril	556,429	0,78%	0,78 / 100 + 1 = 1,0078 × 552,122 = 556,429
Maio	555,705	–0,13%	0,48 / 100 + 1 = 1,0013 / 556,429 = 555,705

O QUE SÃO NÚMEROS ÍNDICES

Os institutos que calculam a inflação e perda de poder aquisitivo (ou ganho) da moeda seguem uma metodologia preestabelecida e fazem os cálculos considerando o consumo de famílias. Os institutos levantam todos os possíveis itens de consumo destas famílias, um a um, depois os precificam, estabelecendo o que chamam de "preço da cesta de consumo da família". Este levantamento é realizado todas as semanas, e por meio da comparação do preço da cesta de consumo da família, realizam a média quadrissemanal do preço da cesta. A variação dos preços apurada é o chamado percentual mensal de inflação. Os dois mais importantes institutos que realizam estes levantamentos no Brasil são o IBGE e a FGV, calculando o IPCA e o IGP-DI, respectivamente. Uma vez apurado o percentual de inflação do mês, eles corrigem uma base, ou seja, no caso do IGP-DI, a base de preços é 100,00, em agosto de 1994, o início do Plano Real. Deste modo, todos os meses a Fundação Getúlio Vargas atualiza a base pela variação percentual da inflação que calculou. Em novembro de 2014, o número índice do IGP-DI, atualizado pela inflação, chegou a 549,04. Como a inflação medida no mês de dezembro por este índice foi de 0,38% o número índice foi atualizado para 551,126 (549,04 × 1,0038). Os números índices são espetacularmente úteis para atualizar valores, dentre outras milhares de aplicações (veja mais no Capítulo 15).

Como é muito importante, repetiremos o cálculo do número índice do mês de janeiro.

538,413   0,48% / 100 + 1 = 1,0048   540,997 × 1,0048   540,997

Siga repetindo sempre com o próximo número índice e quando chegar ao final, diminua de 1 e multiplique por 100.

LEMBRE-SE

Perceba que, no mês de maio, como houve deflação de 0,13%, em vez de multiplicar o número índice por este percentual, dividimos.

Acompanhar Investimentos e Mercado: um Hábito Saudável

O Valor, por ser um jornal de negócios, apresenta todos os últimos dias úteis de cada mês uma avaliação de ativos, indicadores e investimentos, calculando o percentual acumulado e depois deflacionando estes mesmos percentuais pelo IPCA para saber o ganho real. Vejamos alguns exemplos interessantes, aplicando conhecimentos que acumulamos até esta parte do livro.

Observe que o Fundo DI, sétima linha da Tabela 22-5, tem um rendimento acumulado em 2014 de 11,03%. trata-se de um fundo de investimento, referenciado ao CDI, uma das aplicações financeiras mais comuns e procuradas do mercado. Os fundos referenciados DI são investimentos conservadores e são usados para proteger o patrimônio do investidor, pois são atrelados ao CDI (Certificado de Depósito Interbancário), que por sua vez acompanha a variação da taxa básica de juros da economia brasileira, a Selic. Quando a Selic aumenta, o rendimento do Fundo DI sobe; quando a Selic cai, o mesmo ocorre com o Fundo DI. CDI é o certificado de depósito interbancário, é a taxa de juro cobrada quando os bancos realizam operações entre si. Em dezembro de 2014 a taxa estava cotada a cerca de 11,2% ao ano. Receber 100% do CDI por uma aplicação financeira significa receber 11,2% ao ano, bruto.

Para acumular o rendimento do Fundo DI em 2014, os jornalistas do Valor fizeram a seguinte operação: dividiram cada uma das variações mensais por cem e somaram um, depois multiplicaram todas entre si (não havia nenhuma variação negativa porque, se tivesse, teria que dividir em vez de multiplicar). Ao final, diminuíram um e multiplicaram por cem. Confira:

Fundo referenciado DI, rendimento anual = [(1,0086 × 1,0079 × 1,0078 × 1,0083 × 1,0087 × 1,0082 × 1,0096 × 1,0087 × 1,0092 × 1,0096 × 1,0085 × 1,0100) − 1] × 100 = **11,03%**

É possível conferir este valor na sétima linha da penúltima coluna "Ano" da Tabela 22-5. Como isso é muito importante, vamos repetir, em destaque, o cálculo de primeiro mês.

0,86% / 100 + 1 = 1,0086   0,79% / 100 + 1 = 1,0079   1,0086 × 1,0079=1,01656794

Mas tenha cautela com rendimentos de aplicações financeiras. É preciso comparar com alguma referência de mercado para saber se foi bom ou não, ou melhor ainda, é necessário calcular a taxa real (saiba mais sobre a taxa real no Capítulo 12). O referencial de mercado para investimentos é a taxa do CDI, quando alguém fizer uma aplicação muito boa significa que ela empatou ou ficou em torno da taxa do CDI.

Considerando que o Fundo Referenciado DI teve um rendimento anual de **11,03%** e a taxa do CDI no mesmo período foi de **10,81%** (coluna "Ano", quarta linha da Tabela 22-1), ou seja, ficou 0,22 pontos percentuais acima do CDI. Como média, este investimento foi espetacular, ademais, o risco dele é muito baixo, quando comparado com a Bolsa e o Dólar, por exemplo.

FIGURA 22-1: Acompanhamento de Indicadores Selecionados

Ativo - 2014	Jan	Fev	Mar	Abr	Mai	Jun	Jul	Ago	Set	Out	Nov	Dez	Ano	Real
Renda Fixa														
Selic (1)	0,85%	0,79%	0,77%	0,82%	0,87%	0,82%	0,95%	0,87%	0,91%	0,95%	0,84%	0,96%	10,90%	4,22%
CDI (1)	0,84%	0,78%	0,76%	0,82%	0,86%	0,82%	0,94%	0,86%	0,90%	0,94%	0,84%	0,96%	10,81%	4,13%
CDB (2)	0,75%	0,77%	0,75%	0,88%	0,82%	0,78%	0,81%	0,79%	0,79%	0,79%	0,78%	0,75%	9,89%	3,27%
Poupança (3)	0,61%	0,55%	0,53%	0,55%	0,56%	0,55%	0,61%	0,56%	0,59%	0,60%	0,55%	0,61%	7,08%	0,63%
Fundo DI (4)	0,86%	0,79%	0,78%	0,83%	0,87%	0,82%	0,96%	0,87%	0,92%	0,96%	0,85%	1,00%	11,03%	4,34%
Fundo Renda Fixa (4)	0,69%	1,10%	0,86%	1,02%	1,11%	0,75%	0,92%	1,08%	0,57%	1,05%	0,99%	0,85%	11,55%	4,83%
Renda Variável														
Ibovespa	-7,51%	-1,14%	7,05%	-2,40%	-0,75%	3,76%	5,00%	9,78%	-11,70%	0,95%	0,18%	7,55%	-1,77%	-7,69%
Dólar Comercial PTAX (5)	3,57%	-3,83%	-3,02%	-1,19%	0,13%	-1,63%	2,95%	-1,23%	9,44%	-0,28%	4,74%	4,62%	14,33%	7,44%
Euro (5)	1,43%	-1,51%	-3,28%	-0,53%	-1,53%	-1,27%	0,70%	-2,99%	5,10%	-1,23%	4,39%	2,32%	1,21%	-4,89%
Ouro	6,73%	2,18%	-4,76%	-2,07%	-1,58%	3,75%	-1,06%	-0,54%		2,70%	-1,27%	3,74%	6,06%	14,03%	7,16%
Inflação														
IGP-M	0,48%	0,38%	1,67%	0,78%	-0,13%	-0,74%	-0,61%	-0,27%	0,20%	0,28%	0,98%	0,62%	3,69%	
IPCA	0,55%	0,69%	0,92%	0,67%	0,46%	0,40%	0,01%	0,25%	0,57%	0,42%	0,51%	0,78%	6,41%	

(1) dezembro projetado, (2) rendimento bruto primeiro dia útil do mês, (3) rentabilidade primeiro dia do mês, depósitos a partir de 4/5/2012, (4) estimativa ambina, (5) em dezembro até o dia 29, (6) em dezembro estimativa
Fonte: Jornal Valor, D1, 30 e 31 de dezembro de 2014

Como um dos componentes da taxa de CDI é a inflação, já deve estar imaginando que este investimento obteve um ganho real, quando comparado ao IPCA. Se pensou assim acertou, pois o Fundo Referenciado DI, descontado o IPCA, teve um ganho (real) acima da inflação de 4,34%, um dos melhores investimentos sem risco do ano de 2014. Como os jornalistas do Valor chegaram a esta conclusão? Ora, simplesmente diminuíram o rendimento bruto anual dos fundos DI, da variação anual do IPCA:

» Passo 1: 11,03 / 100 = 0,1103 + 1 = 1,1103

» Passo 2: 6,38 / 100 = 0,0641 + 1 = 1,0641

» Passo 3: 1,1103 / 1,0641 = 1,0434

» Passo 4: 1,0434 – 1 = 0,0434

» Passo 5: 0,0434 × 100 = **4,34%**

CUIDADO

O rendimento do fundo referenciado DI foi de 4,34% no ano. Entretanto, este tipo de investimento deve pagar imposto de renda, fazendo com que esta taxa diminua um pouco. Aplicações como a LCI e a Caderneta de Poupança, por exemplo, não são tributadas.

Eventualmente, se repetir as contas da Tabela 22-5 na calculadora, encontrará um centavo de diferença. Acontece que simplesmente copiei os valores do Jornal e todos estavam com apenas duas casas decimais (é claro que os jornalistas não publicariam a matéria com cinco casas decimais, pois não caberia na página, além de ficar feio e poluído, assim, este "um centésimo" perde-se em algum lugar dos meus cálculos.

Alguém da sua família tem dinheiro na Caderneta de Poupança? Fique tranquilo, pois quem tinha saiu com a mesma coisa que entrou, digo isso porque normalmente a Poupança não tem rendido mais que a inflação. E não poderia ser muito diferente, pois esta aplicação tem um custo elevado devido a alguns fatores, principalmente:

- » Aceita qualquer valor, ou seja, não tem aplicação mínima;
- » O risco do investimento é praticamente zero;
- » O aplicador não paga taxas administrativas;
- » A liquidez é imediata, pediu resgate, vai imediatamente para a conta-corrente;
- » Não há incidência de impostos, principalmente do imposto de renda e IOF.

Segundo o UOL Economia Finanças Pessoais, o IOF (Imposto sobre Operações Financeiras) incide sobre transações de crédito. É um imposto regulatório, de competência da União, pois tem como finalidade a arrecadação e a regulação da atividade econômica. Dependendo da necessidade econômica, o Governo aumenta ou diminui a sua alíquota.

Aproveitando, se alguém lhe falar mal da poupança não dê atenção; ela cumpre sua finalidade, aceita depósitos muito baixos e tem uma série de vantagens como as enumeradas anteriormente. Caso aplicasse em um fundo de investimentos que aceitasse aportes do mesmo tamanho, certamente teria ganho menor que os da poupança. Uma alternativa seria aplicar o dinheiro nos títulos do Tesouro Nacional, neste caso as condições são muito parecidas e o rendimento maior. Entretanto, "caindo na real" como dizem os meus alunos, o Tesouro Direto, como são chamadas estas aplicações, é inatingível, muito complicado para este tipo de investidor. Resumindo, cada um na sua, aplicando naquilo que pode, um sem falar mal do outro. É feio.

Anote e deixe sobre a mesa as operações de somar e diminuir percentuais. Para **somar** dois percentuais:

- » Passo 1: primeiro percentual; dividir por 100 e somar um
- » Passo 2: Segundo percentual, dividir por 100 e somar um
- » Passo 3: **Multiplique** um pelo outro
- » Passo 4: Subtrair um
- » Passo 5: Multiplicar por cem.

Para **diminuir** dois percentuais:

- » Passo 1: primeiro percentual; dividir por 100 e somar um
- » Passo 2: Segundo percentual, dividir por 100 e somar um
- » Passo 3: **Divida** um pelo outro
- » Passo 4: Subtrair um
- » Passo 5: Multiplicar por cem.

> **NESTE CAPÍTULO**
>
> Não tem outro jeito, existem algumas coisas na vida que somos obrigados a decorar
>
> Pense positivo! Todos os esforços serão recompensados
>
> Mercado financeiro e commodities: avaliando preços, variações, metas e desvios

Capítulo 23

Desvios Percentuais: É Sempre Bom Saber

Nas minhas aulas na universidade, percebo que os alunos são capazes de resolver questões muito complexas relacionadas à matemática financeira e comercial, mas às vezes tropeçam no básico. Quando na empresa alguém pergunta qual foi o desvio percentual de uma meta que previa a venda de 100 veículos no mês, e que, no entanto, vendeu 110, a resposta aparece rapidamente: foi um desvio positivo de 10%.

Todavia, quando projetávamos vendas totais no mês de R$ 123.876,00 e o resultado foi de R$ 119.349,00, os problemas começam a aparecer. Por quê? A razão é que neste caso não é possível resolver "visualmente". Uma pessoa terá que fazer a conta.

Não Tem Jeito, Algumas Coisas Você Tem que Decorar

Dominar os conceitos básicos de matemática e especialmente saber calcular taxas e desvio com rapidez pode ser a diferença na sua carreira.

A orientação que passo aos alunos sempre dá resultados. Sabemos que o valor inicial é 100, mas obtivemos 110, logo tivemos um desvio positivo de 10% e usamos a mesma estrutura para calcular todos os demais desvios, apenas substituindo os números.

O dado ou valor que estiver mais próximo de você será o nominador, e o mais distante o denominador.

Fórmula 23-1: Cálculo do desvio percentual.

$$Desvio\ percentual = \left[\frac{Resultado}{Meta} - 1\right] \times 100$$

$$Desvio\ percentual = \left[\frac{110}{110} - 1\right] \times 100 = 10\%$$

Confira como o raciocínio faz sentido. A meta era R$ 100,00 (100% da meta, matematicamente representamos por 1,0), mas atingiu R$ 110. Divida a que está mais próxima no tempo, ou seja, o resultado pela meta: R$ 110 / R$ 100 e terá como resultado 1,10, ou seja, alcançou 100% da meta (1,0), mais 10% (0,10), totalizando 1,10. Como apenas quer saber o desvio, subtraia o 100% (1,0) e terá o resultado em decimal = 0,10, acrescente o símbolo de percentual e mude a vírgula duas casas para a direita (multiplique por 100) e o desvio será de 10% positivo.

Positivo? Sim, pois se tivesse alcançado R$ 98, por exemplo, o desvio seria negativo, confira.

$$Desvio\ percentual = \left[\frac{98}{100} - 1\right] \times 100 = -2\%$$

Outro modo de fazer a conta é subtrair o resultado da meta e depois dividir pela meta para saber quanto foi o desvio, confira:

$$Desvio\ percentual = \frac{110 - 100}{100} = 0,10 = 10\%$$

Use a mesma estrutura, apenas substitua os números.

$$Desvio\ percentual = \left[\frac{R\$\ 119.349,00}{R\$\ 123.876,00} - 1\right] \times 100 = -3,65$$

DICA

Não esqueça que o número 100 é mágico, então, caso fique na dúvida, faça a conta usando 100 e 110, depois que tiver certeza que calculou certo, troque os números pelos valores reais, veja mais este exemplo da Tabela 23-1.

TABELA 23-1   Metas e Desvios

Meta	Cálculo	Decimal	Percentual
Previsto R$ 100, vendido R$ 110	(110 − 100)/100	0,10	10%
	(110/100) − 1	0,10	10%
Previsto R$ 123.876, vendido R$ 119.349	(119.349,00 − 123.876,00)/100	0,0365	−3,65%
	(119349/123876) − 1	0,0365	−3,65%

A calculadora HP 12C tem esta fórmula pronta e pode ser acessada pela tecla Δ%, facilitando o cálculo do desvio.

$\sqrt{x}$	Ln	%
x^2	Δ%	y^x
$\frac{1}{x}$	x^2	RCL

TABELA 23-2   Cálculo do Desvio Percentual pela HP 12C

Digite	Tecle
100	Enter
110	Δ%
Resultado	10%
Digite	**Tecle**
123.876	Enter
119.349	Δ%
Resultado	3,65%

As percentagens nada mais são que razões, cujos valores estão relacionados a 100, daí decorre a expressão que usamos muitas vezes sem dar atenção: *por cento*, ou seja, *de cada cem partes uma parcela tem* ... Quando representamos essa relação na forma centesimal, colocamos 0,50; já no formato percentual deve-se multiplicar por 100 e agregar o símbolo "%", resultando em 50%.

Caso fique na dúvida, pense sempre da seguinte forma, usando o número mágico 50%:

> 50% ou 0,50 são a mesma coisa, não tem como errar. Ora, então, 0,10 é 10%, 0,20 é 20% e assim por diante. Daí vem a conclusão mais difícil, parece mentira, mas é verdade, se 0,50 é 50%, então "1" é 100%. Veja mais detalhes no Capítulo 11.

Observe mais um exemplo usando a Receita Líquida Consolidada da Natura. Em 2013, 100% da receita foi R$ 4.844,70. Em 2014, a receita aumentou 7,9%.

$$\frac{R\$\ 4.844,70}{????} = \frac{100\%}{7,87458\%} = \longrightarrow \frac{R\$\ 4.844,70 \times 0,0787458}{1} = R\$\ 381,50$$

Então, a Receita Líquida Consolidada da Natura em 2014 será de R$ 4.844,70 + R$ 381,50 = R$ 5.226,20 (R$ milhão).

Pensando melhor, ficaria mais inteligente fazer o cálculo da seguinte forma:

- » Receita de 2014 = R$ 4.844,70 + (R$ 4.844,70 × 0,078458)
- » Receita de 2014 = R$ 4.844,70 (1 + 0,078458)
- » Receita de 2014 = R$ 5.226,20

TABELA 23-3 Cálculo da Atualização de Valores pela HP 12C

Valor	Tecla
R$ 4.844,70	ENTER
7,87458	ENTER
	100 divide
	1 mais (+)
	vezes (×)
R$ 5.226,20	Resultado

DICA

Para acrescentar um percentual (%) qualquer num determinado valor, ou quantia, divida este percentual por 100, some 1 e multiplique pelo valor.

Esforços Recompensados

Você estudou muito bem as lições, fez tudo certinho, manteve a Tabela do Excel com os indicadores IPCA e IGPM sobre a mesa de trabalho e seu chefe resolveu dar-lhe um aumento de 20% como reconhecimento pelo belo desempenho. Considerando que o salário era de R$ 4.820,50, de quanto foi o seu aumento? Para quanto foi o salário?

Primeira parte:

Ganho de salário = salário antigo × percentual de aumento
Ganho de salário = R$ 4.820,50 × 0,20 (20% dividido por 100)
Ganho de salário = R$ 964,10

Segunda parte:

Para quanto foi o salário novo = salário antigo + (salário antigo × percentual de aumento)
Salário novo = R$ 4.820,50 + (R$ 4.820,50 × 0,20)
Salário novo = R$ 4.820,50 + 964,10
Salário novo = **R$ 5.784,60**

Mas se tivesse feito a conta assim, o seu chefe teria ficado tão feliz que lhe teria dado um aumento de 30% em vez de 20%.

Salário novo = R$ 4.820,50 (1 + 0,20)
Salário novo = R$ 4.820,50 × 1,20
Salário novo = **R$ 5.784,60**

A propósito, se você tiver um chefe que dê 20% de aumento, por favor me mande o endereço, porque quero enviar um currículo para ele.

O contrário também é verdade: se conhece o número atual e sabe que ele foi aumentado em 20% em relação ao antigo, basta apenas dividir o número novo, pelo percentual, dividido por cem, mais um.

DICA

Para reduzir um número de um percentual, basta dividir esse valor por 1 + taxa.

O salário de João foi aumentado em 20%, agora ele ganha R$ 5.784,60. Quanto era o seu salário antigo?

Salário antigo = R$ 5.784,60 / (1 + 0,20)
Salário antigo = R$ 5.784,60 / 1,20
Salário antigo = R$ 4.820,50

Quando estão usando a calculadora HP 12C, alguns alunos erram esta conta, cometendo um erro muito comum:

CAPÍTULO 23 **Desvios Percentuais: É Sempre Bom Saber**   287

TABELA 23-4 Cálculo da Atualização de Valores pela HP 12C para Aumentar (certo)

Valor	Tecla
R$ 4.820,50	ENTER
20%	+
R$ 5.784,60	Resultado

TABELA 23-5 Cálculo da Deflação de Valores pela HP 12C para Diminuir (errado)

Valor	Tecla
R$ 5.784,60	ENTER
20%	–
R$ 4.627,68	Resultado

TABELA 23-6 Cálculo da Deflação de Valores pela HP 12C para Diminuir (certo)

Valor	Tecla
R$ 5.784,60	ENTER
20%	ENTER
100	÷ (divide)
1	+ (mais)
	÷ (divide)
R$ 4.820,50	Resultado

CUIDADO

Acontece que para incluir usamos uma taxa de juro ou taxa por fora, assim, para retirar também será necessário usar o mesmo tipo de taxa. Entretanto, 20% a menos de R$ 5.784,60 é retirar por dentro, ou usar uma taxa de desconto, causando erro no resultado. Para saber mais sobre este assunto, procure nos Capítulos 14 e 15.

Acompanhando o Mercado Financeiro e de Commodities

O jornal Valor trouxe na sua última edição de 2014 (30 e 31 de dezembro) um balanço sobre o comportamento das commodities durante o ano.

TABELA 23-7   Variações de Preços de Commodities (US$) em 2014

Commodities	Dezembro/2013	Dezembro/2014	Variação (%)
Cobre (1)	$7.371,00	$6.319,50	
Alumínio (1)	$1.811,00	$1.864,00	
Estanho (1)	$22.550,00	$18.750,00	
Níquel (1)	$14.000,00	$15.310,00	
Petróleo Brent (2)	$110,53	$58,66	
Café (3)		$177,37	56,92%
Soja (4)		$1.038,08	−21,11%
Boi gordo (5)		R$ 140,74	25,77%

(1) US$/tonelada métrica; (2) US$/barril; (3) US$ cent/libra; (4) US$/bushel; (5) R$/arroba.

Dentre as várias commodities analisadas, três não mostravam o valor de dezembro de 2013, apenas a variação percentual: café, soja e boi gordo. Conforme vimos, para calcular a variação devemos dividir o valor que está mais próximo de nós pelo valor mais distante, menos um, depois multiplicar por cem, para obter o resultado na forma percentual.

$$\text{Desvio percentual} = \left[\frac{\text{Valor atual}}{\text{Valor anterior}} - 1\right] \times 100$$

Calculando a variação percentual do preço da tonelada métrica de cobre em Dólar, concluímos que o preço da commodity variou negativamente no ano: (14,27%).

$$\text{Desvio percentual} = \left[\frac{\text{US\$ } 6.319,50}{\text{US\$ } 7.371,00} - 1\right] \times 100 = -14,27\%$$

Já no caso do Alumínio, o resultado foi melhor (para quem vendeu a commodity é claro), pois os preços subiram 2,97% no mercado internacional.

CAPÍTULO 23 **Desvios Percentuais: É Sempre Bom Saber**   289

O QUÊ SÃO COMMODITIES?

Commodity significa literalmente mercadoria ou substância extraída da terra, como grãos e minérios de todas as espécies. É um termo de língua inglesa que, com seu plural *commodities*, é utilizado para designar bens e às vezes serviços para os quais existem procura sem atender à diferenciação de qualidade do produto no conjunto dos mercados e entre vários fornecedores ou marcas. As commodities são habitualmente substâncias extraídas da terra e que mantém até certo ponto um preço universal normalmente cotado numa moeda de referência e com aceite mundial, como o dólar.

$$Desvio\ percentual = \left[\frac{US\$\ 1.864,00}{US\$\ 1.811,00} - 1\right] \times 100 = 2,97\%$$

Os produtores de estanho querem esquecer rapidamente o ano de 2014, acenderam velas para que acabasse, pois foi um período péssimo. A commodity caiu 16,85%.

$$Desvio\ percentual = \left[\frac{US\$\ 18.750,00}{US\$\ 22.550,00} - 1\right] \times 100 = (16,85\%)$$

Não vou comentar sobre o níquel, mas o ano foi negro para o petróleo, literalmente, há muitos sheikes sauditas sem sono, Putins desesperados e Maduros pensando em suicídio, todos procurando saber como pagarão as contas, pois o preço "desabou".

$$Desvio\ percentual = \left[\frac{US\$\ 58,66}{US\$\ 110,53} - 1\right] \times 100 = (46,93\%)$$

Para completar a Tabela 23-7, temos três commodities sem o valor de 2013. E agora, como fazer? Sempre insisto que uma coisa tem que decorar, isso se não conseguir guardar o conceito, que é simples: use o valor atual de 110 e o anterior de 100. Cem é um número mágico, pois não é preciso fazer a conta para saber que o resultado foi de 10% positivo.

Monte a equação, substitua os números e isole o que estiver faltando. Não fique anotando fórmulas específicas, opere a equação algebricamente, pois vai treinar a sua mente e ficar mais esperto.

DICA

$$Desvio\ percentual = \left[\frac{110}{100} - 1\right] \times 100 = 10\%$$

Ora, vamos preencher esta equação com os dados que temos e tomar como primeiro exemplo a Soja, pois dos três é o mais "difícil", considerando a variação negativa.

$$\text{Desvio percentual} = \left[\frac{US\$ \ 1.038,08}{?} - 1\right] \times 100 = (21,11\%)$$

O 100 está multiplicando a equação, então vamos "trocá-lo" de lado e passá-lo dividindo (21,11%).

$$\text{Desvio percentual} = \left[\frac{US\$ \ 1.038,08}{x} - 1\right] = \frac{(21,11\%)}{100}$$

O número um está diminuindo, assim também vamos "mudá-lo" de lado, passando a somar:

$$\text{Desvio percentual} = \left[\frac{US\$ \ 1.038,08}{x}\right] = 1 + (-0,2111)$$

$$\text{Desvio percentual} = \left[\frac{US\$ \ 1.038,08}{x}\right] = 0,7889$$

$$\text{Desvio percentual} = \left[\frac{US\$ \ 1.038,08}{0,7889}\right] = US\$ \ 1.315,86$$

Agora temos o quadro completo. Esses jornalistas do Jornal Valor são mesmo muito preparados, não acha?

TABELA 23-8 Variações de Preços de Commodities (US$) em 2014

Commodities	Dezembro/2013	Dezembro/2014	Variação (%)
Cobre (1)	$7.371,00	$6.319,50	−14,27%
Alumínio (1)	$1.811,00	$1.864,00	2,93%
Estanho (1)	$22.550,00	$18.750,00	−16,85%
Níquel (1)	$14.000,00	$15.310,00	9,36%
Petróleo Brent (2)	$110,53	$58,66	−46,93%
Café (3)	$113,03	$177,37	56,92%
Soja (4)	$1.315,86	$1.038,08	−21,11%
Boi gordo (5)	R$ 111,90	R$ 140,74	25,77%

7
A Parte dos Dez

NESTA PARTE . . .

Neste capítulo, repetiremos alguns conceitos e dicas para facilitar o seu aprendizado, mas lembre-se que, como disse o frade Carmelita Descalço João da Cruz no século XVI, "não há prazer sem dor", é preciso um mínimo de esforço para conseguir ser bom em alguma coisa. Sem suar a camisa, nem os gênios conseguem chegar lá.

> **NESTE CAPÍTULO**
> Valor do dinheiro no tempo
> Taxas de juro
> Juro simples e composto
> Calculadoras financeiras
> Excel e suas funções financeiras
> Prestações
> TIR e VPL
> Aplicações financeiras, como avaliar?

Capítulo 24
Matemática Financeira e Comercial em Dez Passos

Na escola, mais precisamente no segundo grau, aprendemos que "se um corpo está em repouso ele vai permanecer neste estado até que uma força externa seja aplicada". Por outro lado, explicam os psicólogos que depois que iniciamos alguma atividade ou tarefa, a tendência é continuar a ação. Ademais, a prática leva a perfeição. Algumas pessoas não muito hábeis ou com qualidades para a música, porque, por gostarem muito, passam o dia todo tocando um instrumento e acabam por se tornar prodígios. No seu livro *Outliers*[1], Malcolm Gladwell, explica que o ser humano é capaz de fazer qualquer coisa, basta repetir milhares de vezes, "para alcançar nível de excelência em alguma coisa, é preciso repeti-la 10.000 vezes". Com a matemática não é

---
1 Gladwell, Malcolm. *Fora de Série*. Editora Sextante, Rio de Janeiro, 2008.

diferente, se não treinar o cérebro a pensar, não conseguirá; para isso é preciso paciência e perseverança. Então comece pelo que considera mais fácil, e as atividades mais difíceis fluirão como consequência[2].

O Valor do Dinheiro no Tempo

Em finanças, não existe a prática do "empréstimo de pai para filho". Sempre que um indivíduo cede uma quantia em dinheiro para alguém, é pressuposto básico que a soma será devolvida no futuro e mais, acrescida de uma quantia a título de aluguel, que chamamos de juro (Figura 24-1).

FIGURA 24-1: Conceito de valor do dinheiro no tempo.

Baseado no conceito do valor do dinheiro no tempo, surge mais uma premissa básica que complicará toda a matemática financeira e comercial, ou seja, não é possível comparar dois valores monetários se eles não estiverem no mesmo instante de tempo. Eu explico: imagine que um comerciante vendia um tablet por R$ 600,00, à vista, em outubro de 2015. Em outubro de 2016, um ano após, alguém que não conhece o conceito que estudamos, poderia dizer erroneamente que ele continua custando a "mesma coisa", ou seja, R$ 600,00. Mas isso não é verdade, e a inflação do período? O gato comeu (Figura 24-2)?

FIGURA 24-2: Diferença entre valores nominais e reais.

Mas o que fazer para comparar os valores? É preciso deixá-los no mesmo instante de tempo. Ou seja, será preciso "MOVER", um dos dois valores; assim, quando os dois estiverem no mês de outubro de 2016, podemos fazer

---

2 http://sossolteiros.bol.uol.com.br/10-dicas-infaliveis-para-superar-a-preguica/

a comparação. Contudo, com o conceito da Figura 24-1, será preciso associar uma taxa de juro para então MOVER a quantia que está em outubro de 2015 para outubro de 2016. Mas qual será esta taxa de juro? Ora, você terá que estimar uma (veja no Capítulo 19). Neste caso, usaremos 10%.

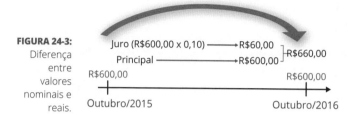

FIGURA 24-3: Diferença entre valores nominais e reais.

Considerando que levamos o valor de outubro de 2015 para outubro de 2016, usando a taxa de juro de 10%, agora, nesta nova data, ele passou a valer R$ 660,00 (R$ 600,00 × 1,1). Como os dois valores estão no mesmo instante de tempo, é possível comparar e verificar que o valor pelo qual o tablet é vendido em de outubro de 2016, é 9,09% menor ((R$ 600,00 / R$ 660,00 − 1) × 100), quando comparado com o valor de venda de outubro de 2015, isso a uma taxa de juro de 10%.

Resumindo, são premissas de finanças (para saber mais a respeito, consulte o Capítulo 13):

» Não existe empréstimo sem a cobrança de juros;

» A quantia emprestada sempre será devolvida;

» Não se pode comparar dois valores a menos que eles estejam no mesmo instante de tempo, e;

» Para mover o dinheiro no tempo é preciso associá-lo uma taxa de juro.

Taxas de Juro

O assunto taxa de juro é uma maçaroca de conceitos e definições, pois existem dezenas de tipos de taxas e as suas aplicações podem produzir resultados muito diferentes e, às vezes, desastrosos. Assim, quando estiver trabalhando com juro, seja em um contrato, acordo ou financiamento, faça com que a taxa seja muito bem explicada e entendida. Se você tratar o assunto superficialmente, provavelmente estará desempregado em pouco tempo.

» Taxa Nominal

- » Taxa Efetiva
- » Taxa Real
- » Taxa de Câmbio
- » Taxa de Desvalorização da Moeda
- » Taxa de Inflação
- » Taxa Periódica
- » Taxa de Desconto
- » Taxa Juro
- » Taxa por Dentro
- » Taxa por Fora
- » Taxa Proporcional
- » Taxa Equivalente
- » Taxa Over
- » Taxa Simples
- » Taxa Composta
- » Taxa Selic
- » Taxa Referencial de Juros ou TR,
- » Taxa Básica de Financiamento ou TBF
- » Taxa de Juros a Longo Prazo ou TJLP

Entretanto, qualquer que seja a taxa aparente, ou aquela que está expressa no contrato, sempre podemos calcular a Taxa Efetiva da operação. Essa taxa, que estamos chamando de efetiva, é o custo real, ou seja, depois de feitas todas as aplicações e conceitos usados pela taxa contratada, o valor que você está realmente pagando pelo empréstimo (se for o caso) é a **taxa efetiva**.

Para exemplificar esta situação, imaginemos que um financiamento de um veículo, no valor de R$ 10.000,00, foi realizado em 12 prestações mensais, sem entrada, a 15% ao ano (taxa nominal), ademais, o contrato previa também uma taxa de abertura de crédito de R$ 50,00 e o pagamento do boleto bancário (cada um deles) no valor de R$ 2,50.

Primeiro passo: calcular a taxa de juro mensal 15% / 12 meses = 1,25% ao mês (para taxas nominas, apenas dividir 15% por 12 meses).

Segundo passo: calcular o valor da prestação:

$$VP = PMT \times \frac{1-(1+i)^{-n}}{i}$$

$$R\$\,10.000,00 = PMT \times \frac{1-(1,0125)^{-12}}{0,0125} = R\$\,902,58$$

Fácil, não? Mas pela calculadora é mais fácil ainda:

n	i	PV	PMT	FV	Modo
12	1,25	10.000,00	????	0	FIM

Uma vez calculada a prestação, resta agora colocar todos os valores em um fluxo de caixa e calcular a taxa de juro efetiva deste financiamento de veículo. Observando a Figura 24-4, você percebe que eu coloquei todos os valores da operação no fluxo de caixa. Os valores acima da linha do horizonte são positivos (entrou no caixa) e os abaixo são negativos (saiu do caixa), pois foram os valores que você pagou. Finalmente, coloquei uma linha e fiz a soma de tudo. Lembre-se que nesta operação estamos procurando a taxa e, a menos que você seja um engenheiro do ITA, terá que usar o Excel ou uma calculadora para calculá-la. E, em qualquer caso, você só pode ter um valor em cada instante de tempo (fluxo de caixa líquido). Por conta disso, eu somei R$ 10.000,00 que é positivo, com R$ 50,00 que é negativo para obter R$ 9.950,00. Também somei as prestações que são negativas (R$ 902,58) com o pagamento mensal do boleto de R$ 2,50, totalizando R$ 905,08.

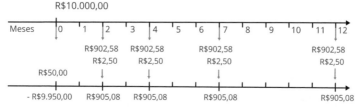

FIGURA 24-4: Fluxo de caixa.

Entretanto, como fica mais fácil, eu troquei os sinais, e coloquei o valor de R$ 9.950,00 como negativo e os outros 12 pagamentos de R$ 905,08 como positivo.

Fácil, não? Mas pela calculadora é mais fácil ainda:

n	i	PV	PMT	FV	Modo
12	????	-9.950,00	905,08	0	FIM

A taxa que obtive foi de 1,37415 ao mês. Perceba que ela é ligeiramente superior a taxa de 1,25% que nos foi apresentada inicialmente. Para comparar com a taxa de 15% ao ano, seria necessário transformar a taxa de 1,25% ao mês em ano. Veja como fazer pela calculadora:

n	i	PV	PMT	FV	Modo
12	1,37415	−1,00	0	????	FIM

O resultado da calculadora ficou em 1,17795. Como colocamos 1,00 no PV, temos que diminuir, ou seja, 1 − 1,17795 = 0,17795. Para finalizar, basta multiplicar por 100 = 17,795% ao ano de taxa efetiva.

Taxa nominal, ou contratada de **15% ao ano**
Taxa efetiva, ou paga de **17,795% ao ano**

Juro Simples

Podemos dizer que o juro é simples quando ele é aplicado apenas sobre o capital inicial. Este tipo de juro tem enormes aplicações práticas, especialmente no setor bancário, pois tem características que se aplicam muito bem às operações de curto e curtíssimo prazo. Os bancos, de modo genérico, possuem muitas operações por um dia. Se você usar o limite do cheque especial, por exemplo, o banco calcula o valor devido e imediatamente leva a débito na sua conta-corrente. Isso também vale para o cartão de crédito e tantas outras operações.

Assim, para calcular o juro, usamos a seguinte fórmula:

$$J = VP \times i \times n$$

Em que:

J = juro
VP = capital emprestado ou valor presente
i = taxa de juro
n = número de períodos

$$J = VP \times i \times n$$
$$J = R\$ 1.000,00 \times 0,1 \times 1$$
$$J = R\$ 100,00$$

Deste modo, qualquer que seja o período no qual estejamos trabalhando, o capital emprestado ou valor presente sempre será o mesmo (observe na coluna do juro simples, base de cálculo, da Tabela 24-1).

TABELA 24-1 Cálculo de Juro

Períodos	Juro Simples		Juro Composto	
	Base de Cálculo	Cálculo do Montante	Base de Cálculo	Cálculo do Montante
1	R$ 1.000,00	R$ 1.100,00	R$ 1.000,00	R$ 1.100,00
2	R$ 1.000,00	R$ 1.200,00	R$ 1.100,00	R$ 1.210,00
3	R$ 1.000,00	R$ 1.300,00	R$ 1.210,00	R$ 1.331,00
4	R$ 1.000,00	R$ 1.400,00	R$ 1.331,00	R$ 1.464,10
5	R$ 1.000,00	R$ 1.500,00	R$ 1.464,10	R$ 1.610,51

Segundo os dados da Tabela 24-1, o principal ou valor emprestado, neste exemplo de R$ 1.000,00, será sempre uma referência, ou seja, não varia com o tempo. Assim, o montante produzido será sempre menor. Todavia, como expliquei anteriormente, os bancos utilizam esta modalidade de aplicação de juro em larga escala, mas para pagamentos de apenas um período e, no primeiro período, o juro simples e o composto são iguais (para saber mais, releia o Capítulo 16).

Juro Composto

O juro composto é também conhecido por juro capitalizado ou juro sobre juro. Trata-se de uma modalidade largamente utilizada no sistema bancário e no comércio para operações de financiamento de prazos maiores. O juro composto atual sempre é calculado baseado no capital inicial e no juro do período anterior; trata-se de um processo cumulativo conhecido como capitalização, razão pela qual seu crescimento é exponencial. A denominada capitalização é o momento no qual o juro é incorporado ao principal. O juro gerado em cada um dos períodos é incorporado ao principal para o cálculo do juro do período seguinte. É muito útil conhecer as formas de aplicação do juro composto para cálculos de problemas do dia a dia. No comércio, por exemplo, muitos consumidores enganam-se com os anúncios, iludindo-se de forma geral, pois prestam atenção apenas no valor da prestação e, se ela cabe no bolso, o resto não importa e assim acabam pagando valores muito superiores ao valor à vista (para saber mais, releia o Capítulo 17).

TABELA 24-2 Cálculo de Juro

Períodos	Juro Simples		Juro Composto	
	Base de Cálculo	Cálculo do Montante	Base de Cálculo	Cálculo do Montante
1	R$ 1.000,00	R$ 1.100,00	R$ 1.000,00	R$ 1.100,00
2	R$ 1.000,00	R$ 1.200,00	R$ 1.100,00	R$ 1.210,00
3	R$ 1.000,00	R$ 1.300,00	R$ 1.210,00	R$ 1.331,00
4	R$ 1.000,00	R$ 1.400,00	R$ 1.331,00	R$ 1.464,10
5	R$ 1.000,00	R$ 1.500,00	R$ 1.464,10	R$ 1.610,51

Observe na Tabela 24-1 que, para calcular o juro do período 5, usamos o valor do principal, mais o juro acumulado até então, ou seja: R$ 1.000,00 de principal e R$ 464,10 de juro. Deste modo, ao aplicar a fórmula para calcular o juro, usamos o valor de R$ 1.464,10.

$J = VP \times i \times n$
$J = R\$ 1.464,10 \times 0,1 \times v\, 1$
$J = R\$ 146,41$

Mas agora não entendi. Para calcular o juro composto você usou a fórmula do juro simples? É, como disse, se você estiver trabalhando com apenas um período, as duas modalidades são iguais. Entretanto, para que não ficássemos calculando os valores a cada período, os matemáticos deduziram uma fórmula para facilitar as contas:

$VF = VP \times (1 + i)^n$

Em que:

VF = valor futuro
VP = valor presente
i = taxa de juro
n = número de períodos

$VF = VP \times (1 + i)^n$
$VF = R\$ 1.000,00 \times (1,10)^5$
$VF = R\$ 1.000,00 \times 1,61051$
$VF = R\$ 1.610,51$

Conhecer as fórmulas, deduzi-las e aplicá-las é indispensável, entretanto, para algumas operações, será preciso usar uma calculadora eletrônica ou a planilha Excel, como no caso de estarmos procurando a taxa de juro da operação. Acontece que, como explicamos no Capítulo 17, como as calculadoras estão disseminadas e muito mais ainda o Excel, para evitar erros e poupar trabalho, use estas ferramentas quando a incógnita for a taxa. No mesmo exemplo que vimos anteriormente, imagine que temos todos os elementos, mas nos falta saber qual foi a taxa de juro aplicada.

n	i	PV	PMT	FV	Modo
5	????	1.000,00	0	1.610,51	FIM

O resultado da calculadora ficou em 1,10. Como colocamos 1,00 no PV, temos que diminuir, ou seja, 1 − 1,10 = 0,10. Para finalizar, basta multiplicar por 100 = 10% ao ano de taxa efetiva.

Calculadoras Financeiras

Como escolher a melhor calculadora financeira; aquela que corresponde a sua necessidade de uso, no meio desta sopa de letrinhas e siglas: HP 12C, HP 10bII, HP 17 BII, Casio FC-100[3]?

Quando nos referimos a calculadoras financeiras, o maior sucesso de marketing de todos os tempos é a HP 12C que, em trinta anos de uso, continua imbatível. Mas cuidado, são vários os modelos de 12C, como a mais precisa e mais moderna HP 12C Prestige, a HP 12C Gold e a HP 12C Platinum.

Todas as máquinas são espetaculares, a diferença está apenas na sofisticação e precisão dos cálculos. Sempre recomendo que meus alunos adotem a HP 17BII. É uma calculadora conversacional, ou seja, a máquina vai perguntando e você insere os dados. O processador é super moderno, assim os cálculos são feitos muito rapidamente, tem um número enorme de funções e possuiu um fluxo de caixa poderoso; também serve para cálculos elementares e complexos, ao mesmo tempo. Ademais, é barata.

Mas, como disse antes, é preciso levar em consideração a adequação de uso de cada uma destas marcas e modelos. Tenha certeza que fora da linha HP existem marcas ótimas, com muitas funções, inclusive mais em conta. O lugar mais barato para comprar calculadoras financeiras é no Mercado Livre, lá você vai encontrar uma variedade enorme de máquinas, marcas e modelos, novos e usados, em excelente estado.

Entretanto, se você tem um computador, tablet ou smartphone[4], aproveite o avanço da tecnologia que permitiu a criação de centenas de dispositivos potentes

---

[3] http://www.guiaempresario.com/calculadora-financeira-qual-escolher-hp-12c-
-hp-10bii-hp-17-bii-casio-fc-100/
[4] http://canaltech.com.br/dica/apps/os-10-melhores-apps-de-calculadoras-pa-
ra-tablets-e-smartphones

que cabem na palma da mão. Além disso, a popularização destes gadgets nos trouxe inúmeras facilidades, como a possibilidade de usá-los para vários objetivos. Ademais, não precisa ficar carregando duas coisas, pois terá tudo dentro do celular, haja vista que há uma série de aplicativos capazes de transformar um simples celular em uma calculadora científica ou financeira seja no Android ou no iOS, e o melhor: a maioria é totalmente gratuita.

A própria Hewlett Packard (HP) não perdeu tempo e criou aplicativos para as principais plataformas da atualidade, oferecendo sua calculadora — com o mesmo visual do aparelho físico — também para tablets e smartphones, todavia, pagos. Você tem tudo aquilo que encontra na calculadora de verdade, mas por um preço bem mais acessível. O aplicativo Hewlett Packard 12C Financial Calculator está disponível para Android e iOS. E, acredite, vale a pena, pois o funcionamento é perfeito[5].

FIGURA 24-5: Imagem da HP 12C.

Como expliquei anteriormente, nas minhas aulas eu encontro alunos de todas as profissões e formações, são médicos, engenheiros, economistas, administradores e psicólogos. À primeira vista, você poderia dizer que algumas profissões nada têm a ver com uma calculadora financeira. Ledo engano! De uma forma ou outra, todos estamos fazendo contas; calculando qual é o juro da prestação ou o valor final do financiamento. Assim, para um psicólogo, trazer uma calculadora dentro da bolsa, ou como aplicativo no smartphone, não se trata de um luxo, mas de uma necessidade da vida moderna; do século XXI.

Assim, se você tiver noções mínimas de juro (i), valor financiado (valor presente: VP), períodos de tempo (n) e valor futuro (FV), poderá realizar cálculos básicos e conferir se o juro oferecido em uma peça publicitária é razoável ou não.

O site especializado Shoptime, oferecia um refrigerador Brastemp BRM48B403 L, em 27 de setembro de 2015, por R$ 2.299,90 valor à vista, ou doze pagamentos de R$ 213,36, a um juro anunciado de 1,69% ao mês. Será verdade? Vamos conferir?

---

5 https://play.google.com/store/apps/details?id=com.hp.hp12c&hl=pt_BR

n	i	PV	PMT	FV	Modo
12	????	−2.299,90	213,36	0	FIM

Inserindo os dados na HP 12C, obtemos o resultado de 1,69012% ao mês. É mesmo verdade, Shoptime não mente (para saber mais, releia o Capítulo 18).

O Excel e suas Funções Financeiras

A verdadeira revolução no mundo dos negócios aconteceu com a chegada das planilhas eletrônicas no início dos anos 1980. Desde aquela época (há trinta anos), as planilhas foram se aperfeiçoando e hoje são capazes de resolver todos os tipos de cálculos. As planilhas usam uma lógica muito simples, a qual pode ser desenvolvida de duas formas: colocando uma fórmula dentro de uma célula, ou fazendo operações entre células.

TABELA 24-3   Fluxo de Caixa em Excel

	A	B	C	D
1		5		
2		5		
3			=B1×B2	+B1×B2

Vamos ao primeiro exemplo (Tabela 24-3). Coloquei um número 5 na célula B1 e mais um número cinco na célula B2, para multiplicar um pelo outro e obter 25, basta colocar em uma célula qualquer a fórmula *=B1×B2* (tudo junto) e após o "enter" receberá o resultado 25 (veja a célula C3). Interessante notar a evolução do Excel. Os usuários precisam digitar a tecla "=" que está longe da parte numérica do teclado do computador localizada na extrema esquerda. Assim, a turma da Microsoft criou uma facilidade, ou seja, se você digitar o "+", em vez do "=", o resultado será o mesmo e podemos fazer toda a operação com a mão direita (veja a célula D3).

Ademais, o Excel, a mais conhecida das planilhas eletrônicas, tem uma vantagem espetacular que nenhuma outra ferramenta ou calculadora tem: está sempre ao seu lado. Como? Dificilmente alguém que esteja estudando ou trabalhando não tenha ao alcance das mãos um computador e 100% deles têm o aplicativo Excel instalado.

Baseado nisso, sempre oriento as pessoas que trabalham comigo ou aos meus alunos para que não façam contas "na mão" ou na calculadora; usem o Excel.

Em pouco tempo aprendemos mais uma ferramenta e aumentamos a nossa empregabilidade.

Na área de finanças, matemática financeira e comercial não é diferente, o Excel tem toda uma parte para fazer essas contas, no formato conversacional, no qual a planilha vai te perguntando os dados e com conhecimentos elementares qualquer um pode calcular prestações, juros e taxas.

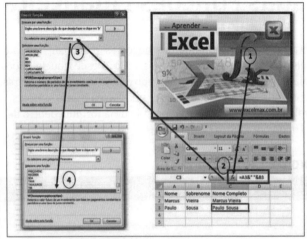

FIGURA 24-6: Funções financeiras do Excel.

Veja como é fácil. Primeiro a função científica do Excel, representada na planilha principal, conforme marcações 1 e 2 da Figura 24-6 (fx). Uma vez que clicar em funções, role a barra de procura até encontrar a função "financeira" (marcação 3), clicando sobre ela, o Excel abrirá uma enormidade de possibilidades (marcação 4), procure por taxa de juro (i), valor financiado (valor presente: VP), períodos de tempo (n) e valor futuro (FV). Com um mínimo de insistência, em pouco tempo você será um expert no assunto.

Prestações: Série de Pagamentos Uniformes

As prestações também são chamadas de série de pagamentos uniformes. Para ser prestação, os valores precisam ser iguais e os intervalos de tempo (períodos) também. Caso uma destas premissas não seja atendida, é preciso trabalhar com ferramentas especiais para calcular seus valores, tempos e taxas, como por exemplo a TIR e o VPL.

Vejamos um exemplo prático de uma série de três prestações, sem entrada, no valor de R$ 150,00, para as quais precisamos calcular o valor à vista (Figura

24-7). Como primeiro passo, baseado nos conceitos estudados, para calcular o valor à vista, precisaremos MOVER os três valores no tempo e depois somar. Faremos a soma no instante "zero". Todavia, será preciso associar uma taxa de juro. Neste exemplo, usaremos a taxa de 1,25% ao mês.

FIGURA 24-7: Fluxo de caixa.

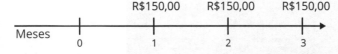

Explicando melhor, usando uma taxa de 1,25% ao mês, e calculando individualmente:

Valor do período 1: VP = R$ 150,00 $(1,0125)^{-1}$ = R$ 148,15
Valor do período 2: VP = R$ 150,00 $(1,0125)^{-2}$ = R$ 146,32
Valor do período 3: VP = R$ 150,00 $(1,0125)^{-3}$ = R$ 144,51

Somando tudo: R$ 148,15 + R$ 146,32 + R$ 144,51 = R$ 438,98.

Fazendo o cálculo pela fórmula do valor presente:

$$VP = PMT \times \frac{1 - (1 + i)^{-n}}{i}$$

$$VP = R\$\ 150,00 \times \frac{1 - (1,0125)^{-3}}{0,0125} = R\$\ 438,98$$

Fazendo o cálculo do valor à vista ou valor presente das três prestações de R$ 150,00, a uma taxa de juro de 1,25%, na calculadora financeira, encontramos o valor de R$ 438,98.

n	i	PV	PMT	FV	Modo
3	1,25	????	50,00	0	FIM

Ao pressionar a tecla PV, aparecerá imediatamente no visor da calculadora R$ 438,98. Como tratava-se de uma conta simples, realizamos os cálculos pela fórmula, primeiro MOVENDO cada uma das prestações individualmente. Posteriormente, usando a fórmula de prestações em entrada, MOVEMOS todos os valores de uma única vez. Por fim, usamos a calculadora eletrônica HP 12C.

Este modo de trabalho é possível de ser aplicado em quase todas as circunstâncias, entretanto, se a necessidade do cálculo for a taxa de juro utilizada, não há escape, será preciso buscar uma calculadora eletrônica (Figura 24-8) ou a planilha Excel.

FIGURA 24-8:
Imagem da HP 12C, prestação ou PMT.

Pelo Excel, a conta é mais fácil ainda, basta ir até funções, escolher a FINANCEIRA, rolar a barra de funções financeiras até "VP", clicar sobre ela que a planilha lhe perguntará os dados. Basta introduzi-los e o resultado sairá automaticamente.

TIR (Taxa Interna de Retorno)

A taxa interna de retorno é uma taxa mágica, pois é capaz de tornar a soma de todos os valores do fluxo de caixa, no instante zero, igual a zero. Perceba que a fórmula da TIR, das prestações (PMT) e do valor presente líquido (VPL) é a mesma. É a taxa mostrada na Figura 24-9. Neste caso, você precisará do auxílio da calculadora ou do Excel.

FIGURA 24-9:
Fórmula representativa da TIR e VPL.

$$VP = PMT \times \frac{1 - (1 + i)^{-n}}{i}$$

(VPL e TIR indicados na fórmula)

Vamos praticar com um exemplo fácil de quatro prestações de R$ 35,00, os quais estão sendo comparados com um valor presente de R$ 100,00, conforme ilustrado na Figura 24-10, pois a taxa de juro que torna esta soma de cinco valores, quatro positivos e um negativo, no instante "zero", igual a "zero" é a TIR.

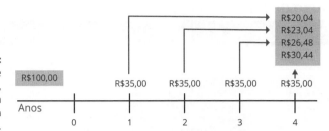

FIGURA 24-10:
Fluxo de caixa, cálculo da taxa interna de retorno.

Valor do período 1: VP = R$ 35,00 $(1,1496254)^{-1}$ = R$ 30,44
Valor do período 2: VP = R$ 35,00 $(1,1496254)^{-2}$ = R$ 26,48
Valor do período 3: VP = R$ 35,00 $(1,1496254)^{-3}$ = R$ 23,04
Valor do período 3: VP = R$ 35,00 $(1,1496254)^{-4}$ = R$ 20,04

Perceba que descontamos os quatro valores de R$ 35,00 a uma taxa de 14,96254% e depois somamos com o valor que estava no instante "zero" (R$ 100,00), obtendo como resultado R$ 0,00.

VPL = R$ 20,04 + R$ 23,04 + R$ 26,48 + R$ 30,44 − R$ 100 = R$ 0,00

Entretanto, o melhor modo de fazer esta conta é utilizando o Excel. É claro que você poderia fazê-lo com a calculadora, mas ela tem limitações. Ademais, é preciso iniciar-se na arte dos cálculos financeiros para fazer a conta de uma TIR na calculadora, coisa muito mais fácil no Excel.

FIGURA 24-11:
Imagem da HP 12C, taxa interna de retorno.

A grande vantagem do Excel aparece quando estamos trabalhando com séries de pagamentos não uniformes. Pois na calculadora HP 12C, para cálculo da taxa, você usa a tecla "i" (segunda na parte superior esquerda). Já para calcular a taxa (TIR) de uma série não uniforme, ou seja, na qual os valores dos pagamentos não são iguais, você precisará usar a tecla IRR (quinta tecla da parte superior), o que exigirá um treino especial.

TABELA 24-4 Fluxo de Caixa em Excel

A	B	C	D	E	F
1	0	–R$ 10.000,00			
2	1	R$ 2.400,00		TIR	5,475%
3	2	R$ 2.300,00			
4	3	R$ 2.350,00			
5	4	R$ 2.200,00			
6	5	R$ 2.450,00			

Abra uma planilha Excel e digite os dados (Tabela 24-3). Na coluna B, coloquei o número do período que começa com "zero" (B1) e na célula B6 o período 5. Depois digitei os valores na coluna C, não esqueça que o valor de R$ 10.000,00 é negativo. Em seguida fui inserindo os demais valores, todos positivos, até o último valor de R$ 2.450,00 (célula C6). Escreva a palavra TIR na célula E2 (pode ser em qualquer célula), posicione o cursor na célula F5 e clique em funções (*fx*), assim a função financeira aparecerá (caso a tenha usado por último), corra a barra de navegação até encontrar a TIR, clique sobre ela e se abrirá uma caixa de diálogo perguntando quais são os valores. Marque com o mouse os valores C1 até C6 e tecle enter, a taxa de 5,475 aparecerá na célula F2.

VPL (Valor Presente Líquido)

Como o próprio nome indica, o Valor Presente Líquido é a soma de todos os valores do fluxo de caixa, no instante "zero", descontados a uma determinada taxa de atratividade. Pelos conceitos que aprendemos neste livro, caso esta taxa de atratividade "zere" o fluxo de caixa, ela será chamada de TIR. Para relembrar, a TIR ou IRR em inglês, é uma taxa mágica, capaz de tornar a soma de todos os valores do fluxo de caixa, no instante "zero", igual a zero, ou seja, o Valor Presente Líquido será zero.

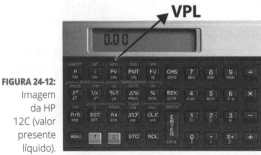

FIGURA 24-12: Imagem da HP 12C (valor presente líquido).

Atente para a Figura 24-12, na qual o Valor Presente (do inglês Present Value, PV) e o Valor Presente Líquido (do inglês Net Present Value, NPV) estão na mesma tecla na calculadora HP 12C. Por quê? Isso se deve a dois conceitos, NPV ou PV, serem a mesma coisa, a diferença está em que o PV (VP) calcula o valor presente de séries uniformes, ou seja, todos os pagamentos são iguais e o NPV (VPL), além de calcular o valor presente de séries uniformes (prestações), calcula também o valor presente de séries não uniformes. Vejamos um exemplo de Valor Presente Líquido para séries uniformes ou prestações:

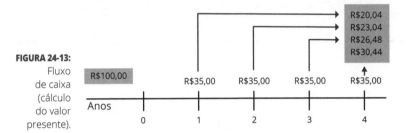

FIGURA 24-13: Fluxo de caixa (cálculo do valor presente).

Como trata-se de uma série de quatro prestações de R$ 35,00, você poderia calcular o VPL usando a função PV da calculadora da Figura 24-11, o que, convenhamos, é muito mais fácil que usar a função fluxo de caixa da calculadora para calcular o NPV. Ops, mas como acabamos de dizer, para fazer esta conta você precisa de uma taxa de atratividade. Neste caso, usaremos uma taxa de desconto de 10% ao ano para descontar os valores.

n	i	PV	PMT	FV	Modo
4	10	????	35,00	0	FIM

O resultado indicado pela calculadora é de R$ 10,95.

Todavia, se você fizer o mesmo cálculo usando o Excel, que é uma ferramenta muito poderosa, terá que seguir o procedimento seguinte: digite os períodos de tempo de "0" até 4, da célula B1 até a célula B5 (Tabela 24-4). Digite os valores do fluxo de caixa da célula C1 até a célula C4. Escreva "i" (taxa de atratividade de 10%) na célula E2 e coloque o valor da taxa (10%), na célula F2 (sempre na forma centesimal). Digite NPV ou VPL na célula E4. Isso feito, posicione o cursor sobre a célula F4, clique em funções (*fx*), financeira, corra a barra até encontrar o VPL, clique sobre ele e receberá a mensagem para indicar a taxa. Posicione o cursor sobre a célula F2 e tecle enter. Em seguida, o Excel vai te pedir os valores, assim, marque as células C2 até C5, tecle enter e o resultado que aparecerá é de R$ 110,95. É, mas você não acabou de dizer que o VPL era de R$ 10,95? Isso mesmo, mas o valor de R$ 100,00 já está no presente, assim, se você o marcar, o Excel pensará que é para descontá-lo também e a conta estaria errada. Deste modo, apenas some o resultado de R$ 110,95, com o valor do instante "zero": – R$ 100,00 para obter o VPL de R$ 10,95.

TABELA 24-5 Fluxo de Caixa em Excel

	A	B	C	D	E	F	G	H
1		0	-R$ 100,00					
2		1	R$ 35,00		i = ...	10%		
3		2	R$ 35,00					
4		3	R$ 35,00		NPV	R$ 10,95		
5		4	R$ 35,00					
6								

Mas o que significa este valor de R$ 10,95? Ora, ele nos diz que este fluxo de caixa pode absorver um lucro de 10% (desconto) e ainda sobra R$ 10,95. Mas por que sobra? Isso acontece porque a taxa de rentabilidade deste projeto é maior que 10%. Maior quanto? É de 14,96254% ao ano, ou seja, a mesma taxa da Figura 24-10.

E se o fluxo de caixa não fosse uma prestação, como o que vimos na Tabela 24-3? É a mesma coisa. Basta repetir o procedimento, com a taxa de atratividade de sua preferência e o resultado logo aparecerá.

E para fazer esta mesma conta da Tabela 24-4 na HP 12C? Dá um pouco mais de trabalho, mas é fácil também, veja na Tabela 24-5.

TABELA 24-6 Função Fluxo de Caixa da HP 12C

Valor	Tecla Auxiliar	Função
-100,00	g	CFo
35,00	g	CFj
35,00	g	CFj
35,00	g	CFj
35,00	g	CFj
10		i
	f	NPV
Resposta	NPV = R$ 10,958	

Esta ferramenta é poderosa, e vale a pena aprender e praticar, pois com ela você poderá calcular preços de produtos e serviços, analisar a rentabilidade de projetos de investimentos e um mundo de outras coisas interessantes, multiplicando a sua empregabilidade por dez.

Como Avaliar Aplicações Financeiras?

A partir do momento em que as pessoas começam a ter uma pequena capacidade de poupança, também iniciam uma compulsiva verificação sobre os valores investidos, por menores que sejam. Existem pessoas que verificam o saldo do banco todos os dias. Vira um hábito, senão um vício. Isso é bom? Ótimo, eu pessoalmente acredito que aprendemos por exaustão, assim, quanto mais contato tivermos com os serviços bancários, mais iremos nos especializar.

Neste livro, de forma até atrevida, fiz muitas recomendações e, agora que estou na parte final, não posso mudar a linha. Assim, lá vai mais um conjunto de conselhos.

Como Escolher o Seu Banco?

Procure uma entidade que atenda aos seus requisitos, procure não se apegar a pessoas, mas a processos. Empregados dos bancos mudam, você não pode ter conta-corrente numa entidade financeira baseado em relação pessoal. Pese as tarifas que são cobradas, as facilidades de acesso, físicas, como lojas perto da sua residência (de preferência) ou do trabalho. Normalmente, os bancos menores e os estatais têm taxas de serviço menores, bem como juros mais baratos. Todavia, são muito populares e se você for obrigado a ir até a agência para qualquer serviço, estará perdido com horas de fila. Deste modo, procure fazer tudo que puder pela internet. Nos dias de hoje, estas operações são muito seguras e, se você souber seguir minimamente as regras contra a espionagem, nunca terá problemas. Também, tanto quanto possível, não mantenha conta em mais de um banco.

Controle muito bem os extratos do banco, eles são preciosos instrumentos gerenciais. Mas faça seus próprios controles. Os bancos mentem? Não; nunca, mas a abordagem dos extratos é diferente de controles pessoais, principalmente quando dizem respeito às rentabilidades das aplicações, pois os bancos, quando publicam as tabelas de rentabilidade, não podem saber por quanto tempo você deixou o dinheiro aplicado lá e as tabelas são genéricas. Os impostos variam de acordo com o tempo das aplicações. Assim, os quadros de rentabilidade não necessariamente são líquidos de impostos.

Controlando Aplicações e Dados Pessoais

Minha recomendação é que você abra um arquivo de Excel, para começar, com duas planilhas. Coloque um nome comum na pasta, como por exemplo, "aula número um", "material de cozinha", salve em meio de outras planilhas de Excel, de modo que ela fique desapercebida pelo nome, coloque uma senha criptografada com um determinado grau de dificuldade, ou seja, combine letras, símbolos e números, pelo menos oito, com duas letras em maiúscula e duas em minúscula. Ufa.

Na primeira planilha, colocaremos nossos dados e senhas. No mundo de hoje, temos dezenas de senhas, cada uma criada para acesso a um determinado serviço: banco, prefeitura, Receita Federal, faculdade, Gmail, Yahoo, UOL, Facebook, Twitter, Google, Amazon, Americanas, Saraiva, apenas para citar alguns (Tabela 24-6).

TABELA 24-7   Controles e Senhas

Nome	Login	Senha	Observações
Caixa Econômica Federal	Adalberto2473	ApS2322@	Assinatura eletrônica 617891
Yahoo	AdalbertoSP	ApS2322@	
Gmail	AdalbertoSP	ApS2322@	
Google	AdalbertoSP@gmail.com	ApS2322@	
TAM	AdalbertoSP@gmail.com	345782	Assinatura eletrônica 611822
Veículo Corsa 2002	Renavam 30716897-3	Placa AVX-0048	
Identidade	985.365-1	SSP-SP	
CPF	091.029.935-00		
Título de Eleitor	1.170.425-2	Zona 2, Seção 176	

Na outra planilha, faça um controle das suas aplicações e investimentos. Para obter estes valores, copie o saldo do extrato bancário, e uma coluna de valor líquido para resgate. São os mesmos valores, no entanto você os terá numa linha de tempo e mais, poderá avaliar se as aplicações tiveram rendimento positivo ou negativo, os quais estão expressos na coluna DESVIO (Tabela 24-7).

TABELA 24-8 Controles de Investimentos e Aplicações

	Junho	Julho		Agosto	
Investimento	Valor	Valor	Desvio	Valor	Desvio
PGBL	R$ 22.135,14	R$ 22.312,22	0,80%	R$ 22.479,56	0,75%
Conta-Corrente	R$ 1.736,13	R$ 824,59	-52,50%	R$ 1.892,30	129,48%
Fundo A	R$ 5.872,45	R$ 5.890,07	0,30%	R$ 5.921,28	0,53%
Poupança	R$ 3258,79	R$ 3438,0235	5,50%	R$ 3637,4288	5,80%
Fundo B	R$ 9125,86	R$ 9207,9927	0,90%	R$ 9295,4687	0,95%
Total Caixa	R$ 42.128,37	R$ 41.672,89	-1,08%	R$ 43.226,04	3,73%
Total Em Espécie	R$ 42.128,37	R$ 41.672,89	(0,01)	R$ 43.226,04	0,04
Imóveis	-	-	-	-	-
Total Geral	R$ 42.128,37	R$ 41.672,89	(0,01)	R$ 43.226,04	0,04
Dólar Venda	R$ 3,11	R$ 3,43	10,13%	R$ 3,86	12,67%
IGP-M	R$ 582,401	R$ 586,426	-99,36%	R$ 588,042	0,28%
Euro	R$ 3,4603	R$ 3,7429	-100,00%	R$ 4,2229	12,82%
Indexado Dólar	R$ 13.546,10	R$ 12.167,27	-10,18%	R$ 11.201,36	-7,94%
Indexado IGP-M	R$ 72,34	R$ 71,06	-1,76%	R$ 73,51	3,44%
Indexado Euro	R$ 12.174,77	R$ 11.133,85	-8,55%	R$ 10.236,10	-8,06%

Para arrematar, verifique também a quantas andam as suas finanças em Dólar, Euro e IGP-M, para isso, anote todos os meses na planilha o valor de venda do Dólar e do Euro e divida o total das aplicações por estas moedas. Esses dados são facilmente coletados em jornais como Folha de São Paulo e Valor, por exemplo.

Para calcular a coluna desvio, vamos exemplificar o mês de agosto, para o investimento em PGBL:

$$DESVIO\% = \left(\frac{PGBL\ AGOSTO}{PGBL\ JULHO} - 1\right) \times 100$$

$$DESVIO\% = \left(\frac{R\$\ 22.479,56}{R\$\ 22.312,22} - 1\right) \times 100 = 0,75\%$$

Uma vez feita a conta inicial na planilha, basta copiar e colar ou demais meses. Por outro lado, se você gosta de sofrer, sempre é bom verificar como andam seus investimentos em moeda forte, Dólar ou Euro, basta tomar o valor das suas economias em dinheiro (espécie) e dividir pelo valor do Dólar, do último dia do mês, no caso, agosto.

Valor do investimento em Dólar = (R$ 43.226,04 ÷ $ 3,86 = $ 11.201,36)

Para saber mais sobre cálculos de variações, revise os Capítulos 22 e 23.

Apêndice
Formulário Utilizado Neste Livro

Fórmula 15-1: Taxa equivalente, juro composto.

Em juro composto, quando, a partir de uma taxa anual precisar calcular a taxa mensal, trimestral, etc, use esta fórmula. Ela também se aplica para o caso contrário, ou seja, se tiver uma taxa ao mês e quiser encontrar a equivalente efetiva composta ao ano.

$$iq = [(1 + it)^{q/t} - 1] \times 100$$

Em que:

iq = taxa que eu quero
it = taxa que eu tenho
q = número de períodos que eu quero
t = número de períodos que eu tenho

Fórmula 15-2: Transforma taxa de juro simples (linear) em efetiva composta.

$$\text{Taxa efetiva} = \left[\left(\frac{\text{taxa linear anual}/100}{360} \times n + 1\right)^{360/n} - 1\right] \times 100$$

Fórmula 15-3: Taxa real a partir da taxa aparente, juro composto.

Também é possível usar esta fórmula para somar ou diminuir taxas de juro.

$$\text{Taxa real} = \left[\frac{1 + \text{Taxa aparente}}{1 + \text{taxa de inflação}} - 1\right] \times 100$$

Fórmula 15-4: Taxa de desvalorização da moeda.

$$\text{Taxa de desvalorização da moeda} = \frac{\text{taxa de inflação}}{1 + \text{taxa de inflação}} \times 100$$

Fórmula 15-5: Taxa por dentro ou taxa de desconto.

$$\text{Taxa por dentro} = \frac{taxas}{1 - taxa} \times 100$$

Caso tenha um produto e queira tributá-lo ou agregar um valor "por dentro", também pode usar esta fórmula.

$$\text{Taxa por dentro} = \frac{\text{Base de cálculo}}{1 - taxa} \times 100$$

Para transformar uma taxa por fora em taxa por dentro, use a seguinte fórmula:

$$\text{Taxa por dentro} = \frac{\text{Taxa por fora}}{1 - \text{taxa por fora}} \times 100$$

Fórmula 15-6: Taxa por fora ou taxa de juro.

Valor total = base de cálculo × (1 + taxa)

Para transformar uma taxa por dentro em por fora, use a seguinte fórmula:

Taxa por dentro = Taxa por dentro × (1 − taxa por fora)

Fórmula 16-1: Cálculo do valor futuro, juro simples.

$VF = VP(1 + i \times n)$

Em que:

VF = valor futuro
VP = capital emprestado ou valor presente
i = taxa de juro
n = número de períodos

Fórmula 16-2: Juro simples, cálculo do valor presente.

$$VP = \frac{VF}{(1 + i \times n)}$$

Fórmula 16-3: Cálculo do valor do juro, juro simples.

$J = VP \times i \times n$

Em que:

J = juro
VP = capital emprestado ou valor presente
i = taxa de juro
n = número de períodos

Fórmula 16-5: Juro simples, formulário básico completo.

J = VP × i × n

Juro	Capital ou valor presente	Número de períodos	Taxa de juro
J = VP × i × n	$VP = \dfrac{J}{i \times n}$	$n = \dfrac{J}{VP \times i}$	$i = \dfrac{J}{VP \times n}$

Fórmula 17-1: Juro composto, um pagamento, cálculo do valor futuro.

Esta é a fórmula mais importante da matemática financeira para juro composto. Todas as outras fórmulas serão deduzidas dela.

$$VF = VP \times (1 + i)^n$$

Em que:

VF = valor futuro
VP = valor presente
i = taxa de juro
n = número de períodos

E, para calcular o valor presente de uma quantia futura, apenas inverta o sinal do expoente e troque as variáveis de posição:

Fórmula 17-2: Juro composto: um pagamento, cálculo do valor presente.

$$VP = VF \times (1 + i)^{-n}$$

Fórmula 17-3: Juro composto: conhecendo a taxa, tempo requerido para dobrar um capital.

$$n(\text{tempo para dobrar o capital}) = \frac{\log 2}{\log(1 + i)}$$

Em que:

Log = logaritmo
i = taxa de juro

Fórmula 17-4: Capitalização contínua, segundo número de Euler.

$$e^i$$

Em que:

e = número de Euler = 2,71828.
i = taxa de juro

Fórmula 18-2: Valor presente de uma série de prestações, sem entrada, juro composto.

$$VP = PMT \frac{1 - (1 + i)^{-n}}{i}$$

Em que:

PMT = prestação
VP = capital emprestado ou valor presente
i = taxa de juro
n = número de períodos

Fórmula 18-3: Cálculo do valor futuro de uma série de prestações com juro composto.

$$VP = PMT \times \frac{(1 + i)^n - 1}{i}$$

Em que:

PMT = prestação
VF = valor futuro ou montante
i = taxa de juro
n = número de períodos

Fórmula 18-4: Cálculo do valor presente (à vista), de uma série de prestações, sem entrada com juro composto.

$$VP = PMT \times (1 + i) \times \frac{1 - (1 + i)^{-n}}{i}$$

Em que:

PMT = prestação
VP = capital emprestado ou valor presente
i = taxa de juro
n = número de períodos

Fórmula 20-1: Valor presente de uma perpetuidade.

$$PV = \frac{FV}{i}$$

Em que:

VF = valor futuro
VP = capital emprestado ou valor presente
i = taxa de juro

Fórmula 21-1: Fórmula representativa da TIR e VPL.

$$VP = PMT \times \underbrace{\frac{1 - (1 + \overbrace{i}^{TIR})^{-n}}{i}}_{VPL}$$

Fórmula 22-1: Acumulação ou soma de taxas com juro composto.

Use esta fórmula para somar e diminuir frações. É o mesmo conceito da Fórmula 15-3.

$$Taxa\ acumulada = i_{acuml} = \left[\left(\frac{1 + i/100}{1 + i/100}\right) - 1\right] \times 100$$

Fórmula 23-1: Cálculo do desvio percentual.

$$Desvio\ percentual = \left[\frac{Resultado}{Meta} - 1\right] \times 100$$

Índice

A

adicionando, 54
analisar, 62, 124–125, 162, 196, 228, 236, 259, 276, 312
Anualidade, 169
Aristóteles, 18
Arquimedes de Siracusa, 32
Arredondamento, 44, 80

B

Bancários, 204, 214, 313, 264
BM&FBovespa, 110
bolso, 159

C

calculadora, 34, 38–40, 79–82, 88, 120–127, 141, 169, 179–180, 189–194, 199, 206, 210–211
Cálculo
    cálculo da área, 27, 32
    cálculo da taxa real, 145
    cálculo de empréstimos, 148
    cálculo de expoentes, 81
    cálculo de imposto, 73
    cálculo de Juro, 138, 301–302
    cálculo de porcentagens, 73
    cálculo do Juro, ii, 181, 301
    cálculo do terreno, 34
    cálculo do valor à vista, 209, 213, 216, 307
    cálculo do valor futuro, 171–172, 181–183, 185, 190, 192, 213, 219, 318–320
    cálculo infinitesimal, 33
    cálculo no Excel, 73, 216, 258
    cálculo pela fórmula, 215, 217, 223, 307
    cálculos de amortização, 215
    cálculos de prestação, 217
    cálculo singelo, 80
    Montante, 131, 136, 142, 145, 158, 169, 171–174, 181, 184–185, 189, 196, 222, 301–302, 320
calendário, 18
Câmbio, 105, 107–110, 112
carência, 203–204, 266
caso do Plimptom 322

commodities, 283, 289–290
compatibilizar, 194
consultor, 94, 245, 251, 253, 261, 263
convenções, 37, 40, 84, 120

D

decimais, 34, 36, 40, 44, 51–52, 57, 82, 176, 199, 281
deflacionar, 276
denominador, 40, 42, 54, 57–58, 62–68, 72, 84, 121, 284
depreciação, 47, 239, 245, 247–248
despesas, 47, 100–101, 107, 150, 152–153, 234, 244, 250–251, 262
desvalorização, 106, 157–158
desvios, 271, 283, 285
divida, 66–67, 196, 278, 286, 315
dividindo, 30, 54, 58, 61, 68–69, 76, 164, 173, 175, 225, 251, 291
divisão, 39
Dólar, 106–112, 152, 280, 289, 315–316

E

Einstein, 18
empréstimos, 90, 124–125, 168, 184–185, 215, 233
Equalizando, 199
equivalência, 107, 199
Erick Von Danigen, 21
Eudoxo de Cnido, 18
expoente, 79–87, 139, 163, 182, 192, 213, 218, 250

F

ferramentas, 34, 106, 123, 170, 180, 207, 266, 303, 306
finanças, 170, 207, 209, 217, 253, 296, 297, 306, 315
Fluxo de caixa, 119, 121, 124–127, 171, 181, 183, 188, 193, 205–206, 215–216, 219, 221, 226, 230, 256–260, 267, 299, 307, 309, 311
fórmula, 11, 14, 121, 123, 131, 137–140, 150, 155, 158, 172–176, 180–182, 187–194, 197, 199, 206–207, 209, 212–223, 230–231, 234

Formulário, 176, 241, 246
fração, 38, 41–42, 44, 54–64, 66–70, 72
fracionários, 51, 79, 82

G

Galileu Galilei, 21, 33
geometria, 11, 15, 18–19, 20, 33–34

I

IBGE, 143–144, 146, 148–153, 158, 272, 274–279
IGP-DI, 143–146, 149–155, 158, 272, 274, 276–277, 279–281, 287
IGP-M, 106, 149, 151–152, 315
Império Rockfeller, 263
inflação, 45, 106, 114, 143–155, 157–158, 186, 234, 239, 263–264, 272, 274–281, 296
investimentos, 2, 6, 109, 112, 140, 143–144, 146–147, 233–236, 256, 259–264, 279–282, 313–316

J

juros compostos, 87, 125, 183, 188, 197
juros simples, 114, 132, 170, 172, 174, 184

L

Leonhard Euler, 32–33
logaritmos, 34–38, 84–87, 210, 220
lógica, 24, 40, 64, 116, 305
lucro, 47–48, 102, 109–110, 168, 233–234, 245, 247–248, 276, 312

M

matemática, 10–11, 14–23, 25, 29, 31, 33–38, 40, 44–45, 48, 54–55, 58, 62, 71, 73–74, 80–87, 90
matemática financeira, 228
medida, 24–29, 45, 72, 106, 144, 146, 150, 153, 155, 158, 196, 198, 278, 279
medir, 10, 19, 23–29, 34
mercado, 105–112, 132–133, 140–142, 147, 150–152, 185–186, 205, 210, 251, 280, 289
mínimo múltiplo comum, 66–67
moeda, 47–49, 105–114, 157–158, 252, 266, 276, 279, 290, 316
multiplicação, 34, 39
multiplicando, 26, 39, 61, 76, 80, 148, 173, 176, 181, 183, 197, 291, 313

N

Necessidade de Medir, 24
negócios, 11, 34, 37, 54, 71, 80, 90, 92, 107, 151, 157, 169, 181, 234, 279, 305
Nicolau Copérnico, 21
notação científica, 32
numerador, 42, 54, 57–58, 61–64, 66–68, 72, 121
número negativo, 39
número positivo, 39

O

operação, 34, 39, 44, 63–64, 68–69, 81–82, 107–110, 117, 121, 123, 127, 130–132, 136, 139
Os Pitagóricos, 15

P

pagando, 110, 162–163, 199, 204, 218, 298, 301
parcela, 73, 100, 137, 161, 164, 174, 184, 199, 266, 285
periódicos, 166
perpetuidade, 34, 37–40, 43, 79–80, 82–85, 87, 137, 193, 250–253
planilha, 38, 46, 73–75, 80, 94–95, 121, 123–127, 180, 191, 206, 211, 214, 216, 221–223
Platão, 18
porcentagens, 34, 52, 61, 71, 73, 92, 176
potências, 15, 34, 40–42, 83, 137
profissionais, 105, 110, 207, 210, 212, 236
proporção, 13, 36, 64, 72, 76, 90, 94–102, 105, 106, 110, 134–135, 138–139, 152, 192, 235

Q

Quadrado, 31

R

Raio do círculo, 33
raiz, 37–40, 82, 84
razão, 19–20, 36–37, 91–93, 98, 100, 102, 119, 146, 150, 159, 168, 170, 172, 217, 223, 283, 301
Real, 44, 47, 49, 106–111, 131, 143, 145, 157, 279, 298
Regra de Três Composta, 90
Regra de Três Simples, 90
René Descartes, 18, 33

S

Séries de Pagamentos Não Uniformes, 229
Sinais, 38, 40
soma, 14–15, 30, 37–40
subtração, 39

T

Tabelas
    Análise de Aplicações Financeiras e Cálculo da Taxa Real, 145
    Calculando Potência no Excel, 81
    Cálculo da Atualização de Valores pela HP 12C, 286
    Cálculo da Atualização de Valores pela HP 12C para Aumentar, 288
    Cálculo da Deflação de Valores pela HP 12C para Diminuir, 288
    Cálculo da Diferença Percentual entre os Salários de 2015 e 2014, 75
    Cálculo da Taxa de Juro Real, 145
    Cálculo de Financiamento de Veículos, 226
    Cálculo de Imposto, 73
    Cálculo de Juro, 301–302
    Cálculo de Juro: Capitalização Composta, 138
    Cálculo de Respostas Corretas, 74, 76
    Cálculo do Desvio Percentual pela HP 12C, 285
    Cálculo do IGPM/FGV, 278
    Cálculo do Lucro Contábil, 248
    Cálculo do Montante de Juro Simples, 174
    Cálculo do NPV pela Função Fluxo de Caixa da HP 12C, 246
    Cálculo do Período, Modo Simplificado, 196
    Cálculo do Preço de Vendas do Terno, 74
    Cálculo do Valor Futuro, 171–172, 181, 183–184, 190, 219
    Cálculo do Valor Futuro, Comparativo, 185, 192
    Cálculo do VPL: Fluxo de Caixa Errático, 260
    Cálculos do Valor de Venda, 163
    Câmbio de Moedas, 109
    Comparação de Cotações do Iene, 112
    Comparativo de Taxa Linear Composta com Constante de Euler, 198
    Comparativo do Dólar 2014/2013, 106
    Contagem de Períodos, 46
    Controle de Custos, 102
    Controles de Investimentos e Aplicações, 315
    Controles e Senhas, 314
    Conversão de Decimal para Percentual, 57
    Conversão de Taxas na HP 12C, 141
    Conversão de Taxas na HP 12C Cálculo da Taxa Equivalente da Maior para a Menor, 200
    Cotação de Moedas, 109
    Cotação do Dólar, 109, 111
    Cotação do Iene, 111
    Cupom Fiscal de Compra em Supermercado, 162
    Demonstração do Resultado do Exercício, 47
    Estatística de Custos, 95
    Exemplo de Razão, 93
    Exemplos de Taxa por Dentro e por Fora, 164
    Fator do Valor Atual, 208
    Fluxo de Caixa, 243, 265
    Fluxo de Caixa e Cálculo da TIR pela HP 12C, 253, 257, 268
    Fluxo de Caixa em Excel, 305, 310, 312
    Fluxo de Caixa Errático, 260
    Fluxo de Caixa no Formato de Planilha Excel, 122
    Formatos de Apresentação de Moeda, 49
    Formulário de Juro Composto, 241, 246
    Função Fluxo de Caixa da HP 12C, 123, 231, 242, 312
    Função Fluxo de Caixa do Excel, 232
    Incidência de IR sobre Operações Financeiras, 144
    Indicadores Selecionados de 2014, 274
    Índice de Inflação do IGPM-FGV, 156, 277
    Índices Selecionados - Aplicações, 151
    Índices Selecionados: Variações Anuais, 149
    Juro: Capitalização Composta, 131
    Logaritmos, 88
    Metas e Desvios, 285
    Natura: Resultados Econômicos e Financeiros, 276
    Notações e Abreviaturas, 169–170
    Operações com Expoentes, 84
    Operando com Expoentes na Calculadora HP 12C, 82
    Ordem das Operações, 41
    Percentual, Decimal e Fração, 59

Peso dos Grupos de Consumo de Serviços e Produtos, 153
Porcentagem, Decimal e Fração, 56
Proporção de Custos Indiretos, 101
Proporção de Despesas, 101
Proporção de Vendas, 98
Proporção de Vendas por Vendedor, 99
Rateio de Custos, 98
Razão, 93
Redução de Frações, 58
Relação entre Fração, Decimal e Porcentagem, 77
Representação das Frações ¾ e ½, 55
Símbolos e Convenções, 39
Simulação de Aplicação Financeira, 144
Tabela de Custos, 96
Taxa Anual de Juro Linear ou Simples, 135
Taxa de Juro Efetiva, 136
Taxa de Juro Linear ou Simples, 134
Taxa por Dentro e por Fora, 161
Taxas de Juros do Cheque Especial, 132
uso de tabelas, 207
Uso do Excel com Fórmula, 213
Variações de Preços de Commodities, 289, 291

Taxa de Câmbio, 105–107, 298
taxa interna de retorno, 127–228, 236, 255–256, 261, 263–264, 308–309
taxas de atratividade, 228

V

Valor Futuro, 134–138, 169–172, 181, 183–185, 190, 192, 219, 231
Valor Presente, 120, 125, 127, 137, 172–176, 181–182, 188–191, 194, 199–200, 206–209, 211–216, 220–221, 225–226, 228, 230–232
Valor Presente Líquido, 122, 228, 236, 239, 242–243, 249–250, 310–311
Variações Anuais, 149
vendas
    despesas com vendas, 47
    imposto sobre vendas, 73
    preço de vendas, 74
    vendas mensais, 98